企业网络安全建设

黄　铮　黄砚夫　编著

电子工业出版社
Publishing House of Electronics Industry
北京·BEIJING

内 容 简 介

本书从实际应用角度，围绕网络攻击和威胁逐步展开对网络安全问题的讨论，从网络系统和应用系统方面，论述企业网络安全建设的要点，探讨网络安全防护的技术与措施，最终呈现出完整的企业网络安全建设解决方案。本书详细阐述了具有不同安全级别要求、满足实际需要的安全网络建设过程和指导思路，对具体的技术实施细节不过多地关注，从一般的互联网访问用户开始，逐步提出用户的工作需求、网络安全需求，围绕用户的需求，提出各种安全解决方案，逐步完善企业网络安全建设。

本书旨在阐述企业网络建设中的网络安全要点和安全策略。希望本书能够指导不同安全级别需求的用户建设满足需求的企业网络。本书适合从事企业网络方案总体设计、安全策略规划、网络安全管理工作的工程技术人员阅读，也可作为企业网络安全建设的实战指南。

图书在版编目（CIP）数据

企业网络安全建设 / 黄铮，黄砚夫编著. —北京：电子工业出版社，2022.6

ISBN 978-7-121-43626-0

Ⅰ. ①企… Ⅱ. ①黄… ②黄… Ⅲ. ①企业管理－计算机网络－网络安全－安全技术 Ⅳ. ①TP393.08

中国版本图书馆 CIP 数据核字（2022）第 094444 号

责任编辑：满美希　　　　　　　　特约编辑：田学清
印　　刷：北京雁林吉兆印刷有限公司
装　　订：北京雁林吉兆印刷有限公司
出版发行：电子工业出版社
　　　　　北京市海淀区万寿路 173 信箱　　　邮编：100036
开　　本：787×1092　　1/16　　印张：20　　字数：512 千字
版　　次：2022 年 6 月第 1 版
印　　次：2022 年 6 月第 1 次印刷
定　　价：89.00 元

凡所购买电子工业出版社图书有缺损问题，请向购买书店调换。若书店售缺，请与本社发行部联系，联系及邮购电话：(010) 88254888，88258888。

质量投诉请发邮件至 zlts@phei.com.cn，盗版侵权举报请发邮件到 dbqq@phei.com.cn。

本书咨询联系方式：manmx@phei.com.cn。

前　言

当前是世界多极化、经济全球化、文化多样化深入发展的时代，是科学技术飞速发展的时代，是信息化、物联网、移动网络的时代，是从物联网（Internet of Things，IoT）走入"万物互联"（Internet of Everything，IoE）的时代。

随着信息技术和网络技术的快速发展，国家、行业及企业的运行模式发生了翻天覆地的变化。国家、行业及企业总有需要保守的秘密，为了保护国家、行业及企业的核心秘密，采用集中式、传统的企业网络（局域网）组网模式是非常必要的。

创新发展需要与世界接轨，要认识世界、了解世界，同时要很好地保护自己不受伤害，就需要创建一个既能展示自己，又能保护好自己的平台。

当前网络信息安全面临的外部环境极其严峻，需要我们重视网络安全工作。

什么是网络安全？网络安全是指网络系统中的硬件、系统软件、应用软件及数据受到保护，不因偶然的或者恶意的原因而被破坏、更改、泄露，保证系统连续可靠正常地运行，网络服务不中断。

网络安全防护的总体要求是"防外部入侵、防恶意代码、防内部违规"。我们拟采用全方位、多层次、立体空间防御的思路，即利用各种安全设备进行边界防护，如防火墙、防毒墙、入侵防御系统、高级持续性威胁（Advanced Persistent Threat，APT）检测系统、网闸、可疑链接检测系统；使用各种检测系统进行系统智能防御，如夹带敏感信息检查系统、防病毒软件、VPN 认证系统（用两种以上方法，含硬件，进行用户验证登录）、入侵检测系统、漏洞扫描系统；采取各种系统安全加固措施，对系统进行全方位防护，如取消可写存储设备、系统最小化处理、加强运维管理、日志审计、数据库审计；采取立体空间防护措施，如加装防电磁干扰器，防范来自空中的触发信号，防止系统信号辐射外泄；采用安全协议和加解密技术，对数据存储、传输进行安全防护；加强网络制度建设，加强网络日常管理，定期对网络系统进行安全测评或复评、专门监督、检查；等等。随着攻击者能力的不断提高，用户正面临大量漏洞威胁和攻击，因此必须加强保护访问和防范攻击的能力，必须评估并了解最新的网络安全技术，以防范高级攻击，更好地实现数字业务转型。

本书从战略角度、全局角度研究在建设企业网络时要注意或关注的网络安全要点。在技术层面上，从顶层设计开始，用创新的思维来探讨、研究企业网络的安全要点，分级分层次地对企业网络进行网络系统设计，根据不同网络安全级别、不同网络安全区域，提出一系列有效解决问题的方法和措施，对于具体实施细节不做详细探讨，留待具体项目实施时仔细研究。

本书以介绍企业网络安全防护技术措施为主线，叙述在建设企业网络时，要重点关注的技术要点。本书共有 12 章，内容简介如下：

第 1 章主要阐述网络安全的重要性，讨论企业网络的安全需求和建设目标、建设原则、建设标准，以及企业网络面临的安全风险。

第 2 章主要介绍局域网安全设计原则、局域网的种类、局域网的典型网络架构。

第 3 章首先介绍几种基本的网络设备，接着介绍如何搭建能访问互联网的网络，然后介绍无线网络，最后简单介绍如何进行网络规划。

第 4 章主要介绍为保障与互联网相连的网络安全可采取的网络安全防护技术，重点介绍局域网安全防护技术，这是本书的一个重点内容。

第 5 章主要介绍如何组建隔离网络，需要采用哪些必要的防护技术，并简要介绍突破物理隔离网络的途径。

第 6 章主要介绍为保障内网安全可采取的安全防护措施，详细地介绍了应用系统安全防护技术，这也是本书的一个重点内容。

第 7 章主要讨论为满足有特殊需求的网络而采取的特殊手段，以及不同安全等级的网络系统相互连接时采取的技术措施。

第 8 章主要介绍企业上云后，云端数据将面临的安全风险，以及应采取的安全防范措施。

第 9 章主要介绍为保障网络系统的总体安全而采取的安全防护措施，具体有网络系统如何选型、区域空间防护的要点、主机安全加固、数据库安全加固，同时简要介绍了制定应急处置预案的必要性及方法，以及要加强应急处置预案的演练和培训，以提高处置突发事件的能力。

第 10 章通过几个示例来介绍如何组建满足不同需求的网络。

第 11 章主要介绍面对出现的网络新形态、新应用、新技术、新业态，我们如何做好准备，积极迎接网络安全防护的新挑战。

第 12 章为结束语，希望通过本书抛砖引玉，能为网络安全技术的发展贡献自己的微薄之力。

由于笔者水平及精力有限，本书不足之处在所难免，恳请读者提出宝贵的意见和建议，以便进一步完善。

笔者电子邮件地址：

13998366810@139.com

编著者

目　　录

第1章

企业网络安全概述

在新时代历史条件下需要对企业网络进行全方位、多层次、立体空间防御，尤其针对国家重点网络，如国防、军工、国家机关、基础设施等网络。对国家重点网络的安全性研究、建设、监督检查是非常必要的，这关系到国家的安全。

本章将从网络安全的重要性、企业网络安全的总体要求及局域网面临的安全风险等三个方面进行介绍。

1.1 网络安全的重要性

当前，以互联网、云计算、大数据、人工智能为代表的新一代信息技术蓬勃发展，给世界经济发展、社会进步、人民生活带来了重大而深远的影响，中国互联网也逐步由消费互联网进入工业互联网的新阶段，越来越多的工厂和重要设施连入互联网，成为数字经济的新动能和智慧社会的新支柱，掀起了以数字化转型为特征的新的工业革命浪潮，我们要抓住数字化、网络化、智能化发展机遇，处理好大数据在法律、安全、政府治理等方面应用的问题，持续推进网络化强国建设。历史上的工业革命如图 1-1 所示。

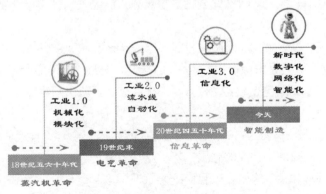

图 1-1 历史上的工业革命

2020 年是正式开启"云"、人工智能（Artificial Intelligence, AI）、5G 等新技术的元年。我们预期的物联网、智能工厂、无人驾驶、智慧医疗、智慧城市、"人机物"融合，是 5G 时代的产物，现正在逐步实现，但很多功能和效果仍需时间磨合和改进。一旦这些技术能够实现相互碰撞和融合，就会类似于原子弹一样相互吸引、融合，产生聚合作用，在激发新技术产生的时候，会释放出巨大的能量，但是如果网络系统被黑客入侵，就会产生非常严重的后果，其损失无法估量。

目前，网络信息获取和攻击已成为新常态，网络安全已成为重大战略问题。如今每天都会发生各种网络安全事件，不仅是普通百姓的网络被攻击，政府部门、国家基础设施、国家重点工程和设施的网络也不断地遭到攻击，这对我国已构成严重威胁。为了保障网络安全，我们要尽快采取措施，要有一种"等不起"的紧迫感和"慢不得"的危机感，研究网络安全要点、采取网络安全策略、实施网络安全技术手段。

可以预见，网络将成为未来各国争夺的一个极其重要的领域。网络战是未来战争的一个主战场。通过网络能够攻击国家的基础设施（如能源、重工、金融、水利、运输等设施）、军事设施、民生设施（如教育、煤气等设施）、政府和企事业网站等。如今的生活，我们已经离不开（互联网）网络。国家的重要基础设施、国家机关、国防设施、国家科研机构等，都组建了各自的局域网或广域网，因此网络安全关系到国家的安全，没有网络安全就没有国家安全，就没有国家的政治、国防、军事、经济、文化、社会安全稳定运行，广大人民群众利益也难以得到保障。国家安全是国家生存发展的基本前提，事关国家核心利益，因此我们要坚定地维护国家网络安全，要树立正确的网络安全观，加强信息基础设施网络安全防护，加强网络安全信息统筹机制、手段、平台建设，加强网络安全事件应急指挥能力建设，积极发展网络安全产业，未雨绸缪，防患于未然。我们要从战略的高度来认识网络安全，发动"网络攻击"就等同于发动战争，维护网络安全就是维护国家主权，维护"总体国家安全观"，因此围绕网络安全的争夺，对未来的国家、国防、军事、民生、文化、经济、社会安全等具有非常重要的意义。

当前中国正进行新时代中国特色社会主义现代化强国的建设，需要大量的信息化产业，这些信息化产业发展需要大规模的网络建设，这对网络安全提出了严峻的挑战。网络在带来便捷与高效的同时，也面临高风险，网络安全越来越重要，已经关系到国家安全、国防安全、企业安全、民生安全。

在法律层面，我们根据《中华人民共和国国家安全法》和《中华人民共和国网络安全法》采取措施，监测、防御、处置来源于中华人民共和国境内外的网络安全风险和威胁，保护关键信息基础设施等的国家网络免受攻击、侵入、干扰和破坏，惩治网络违法犯罪活动，维护网络空间安全和秩序。

在这样的大背景下，我们为什么还要关注企业网络的安全建设问题呢？这是因为一个国家要与世界接轨，要成为世界一流的强国，就要及时了解世界的发展动态，要知己知彼，对于一个现代化的企业同样如此。这就要求我们既要保证国家、企业的秘密不被泄露，又要与外界交流顺畅，那么就要建立一个既方便连接，访问国际互联网，与世界接轨，又方便企业运转，保守企业的商业机密的网络环境，我们要以安全可靠、自主可控作为企业网络建设的目标。

网络安全包括很多方面，简单地讲包括网络的主干网安全、公共网安全，以及企业网安全。通常我们的重要信息都是以企业网的模式存储的，这样企业网络的安全问题就非常重要，因此我们要研究企业网络的安全性问题。

总之，企业网络安全关系到国家、国防、企事业单位的信息安全，关系到国家的网络安全，关系到国家安全。我们要始终坚持以总体国家安全观为指导，以推进国家安全体系和能力建设、筑牢国家安全屏障为目的，严厉打击境内外组织和非法分子的网络攻击、窃密和渗透破坏活动，坚决维护国家网络空间安全。

网络安全技术涉及面很广，本书只探讨企业网络的安全问题。

1.2　企业网络安全的总体要求

【阅读提示：我们要建一个什么样的企业网络】

问题研究需要首先明确要研究什么？本书要研究的对象是企业网络，研究的内容是企业网络的安全性问题。一般地，企业网络是指企业自建的内部网络，通常企业网络整体上建在一个比较独立的区域，所以企业网络都属于局域网，局域网可以作为企业网络的代名词，局域网的安全性问题完全可以涵盖企业网络的安全性问题，因此研究局域网的安全性问题更具有普遍性。

下面我们就围绕局域网建设和使用中面临的安全性问题进行研究，主要有三方面的安全性问题，一是局域网本身的安全性问题，二是与局域网进行交互时带来的安全性问题，三是来自局域网外部的安全威胁。

局域网有许多独立的域，如核心数据服务域、数据交换域、公共数据服务域、核心工作域、公共工作域、边界防护域等。局域网的安全性问题就是指局域网内所有信息的安全性问题，我们就是要建一个能保证局域网内所有信息安全的网络。下面就围绕局域网的安全性问题进行详细的阐述。

1.2.1　局域网的安全需求

独立局域网的安全需求如下。

（1）局域网要有明确边界的独立区域，可以很容易地实现与互联网完全隔离。

（2）局域网上只保留一个数据输出或复制终端。

（3）局域网上只保留一个打印机设备、扫描设备等。

（4）局域网上的数据信息在存储、传输过程中都要经过特殊加密处理。

（5）局域网上各工作区域划分清晰，网络边界明确。

（6）系统日志能记录局域网上的所有行为。

（7）对网络系统要有严格的安全管理措施。

（8）要保证局域网信息的整体安全。

为保证网络系统的信息安全，需要对信息系统进行全方位的安全防护，具体包括物理安全、网络安全、操作系统安全、数据库安全、应用系统安全、运行维护安全、管理安全等。

1.2.2 连接外网的网络安全需求

连接互联网的局域网安全需求如下。

（1）局域网用户能方便地访问互联网信息；

（2）互联网上的指定用户能方便地访问局域网的资源，并能方便地传输信息；

（3）局域网用户能将获得的有效信息方便地存入局域网；

（4）局域网的防护体系能有效地保护访问互联网的行为，同时能防御外部的攻击；

（5）要能有效地保护局域网的信息安全。

网络安全需求看似简单，要想完全满足安全需求，仔细研究会发现，有相当的难度，其技术保证措施相当复杂，有时需要投入大量的资金，而且需要做大量的工作。

1.2.3 网络安全需求分析

网络安全管理体系有五个基本安全要素，即机密性、完整性、可用性、可控性与可审查性。

网络信息系统运行管理及安全保障体系设计应具有完整性、纵深性，能够对信息系统提供多级保护，同时能适应网络升级改造的需要。通过直观的安全管理手段，能集中管理所有资源。在提供安全管理信息支持时，应具有易用性及可扩展性，同时应能提供简单的帮助、建议，并能提供运行状况报告和风险报告，以期适应组织和环境的变化。

1．网络安全需求

首先要明确为保证网络安全需要保护什么？用什么样的机制保护？如何协调？

网络安全需要保护的对象如图 1-2 所示。

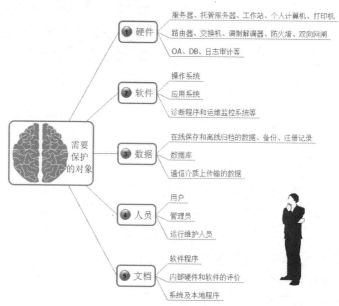

图 1-2 网络安全需要保护的对象

为了对网络系统进行基本的分析，按照提供的服务性质，我们把网络系统划分为重要业务区、内部服务器区、内部办公区等，对网络系统进行分区分级管理。具体网络划分区域管理如图 1-3 所示。

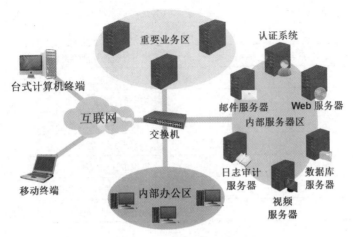

图 1-3　网络划分区域管理

网络区域分区示例如表 1-1 所示。

表 1-1　网络区域分区示例

局域网内部 网络分区	重要业务区	存放重要业务数据的服务器
	内部服务器区	存放各种办公应用的服务器
	内部办公区	用于内部办公的区域

局域网各区域安全管理需求及采取的技术措施如表 1-2 所示。

表 1-2　局域网各区域安全管理需求及采取的技术措施

区域名称	安全需求	应用技术
重要业务区	一、安全风险需求	
	操作系统弱点、漏洞	给操作系统打安全补丁；根据安全评估结果对操作系统进行加固；建议选用国产操作系统
	网络攻击防范	选用成熟的安全产品；使用入侵检测技术监控网络攻击；通过安全隔离设备实现隔离控制
	访问权限识别	使用双因子认证；使用 CA 认证技术加强控制
	病毒防范	选用具备集中管理能力的网络防病毒系统，加强全网病毒查杀能力
	访问监控	使用操作系统提供的日志记录；通过安全管理审计系统加强控制
	提供稳定的数据存储安全服务	采用双机容错数据备份系统保障数据安全
	二、应用管理需求	
	违规操作监控和误操作防范	通过安全管理审计系统加强控制
	三、网管需求	
	配置管理与调度管理	通过安全管理审计和网络管理配合来加强管理

续表

区域名称	安全需求	应用技术
内部服务器区	一、安全风险需求	
	操作系统弱点、漏洞	给操作系统打安全补丁；根据安全评估结果对操作系统进行加固
	网络攻击防范	通过入侵检测技术监控网络攻击
	病毒防范	选用具备集中管理能力的网络防病毒系统，加强全网病毒查杀能力
	访问监控	使用操作系统提供日志记录；通过安全管理审计系统加强控制
	二、应用管理需求	
	网络应用监控	通过安全管理审计系统加强控制
	三、网管需求	
	配置管理与调度管理	通过安全管理审计和网络管理配合来加强管理
内部办公区	病毒防范	选用具备集中管理能力的网络防病毒系统，加强网络病毒查杀能力
	访问监控	使用操作系统提供日志记录；通过安全管理审计系统加强控制

2．需要进一步考虑分析的内容

1）评定资产价值需要考虑的内容

（1）根据不同关键数据的重要程度划分数据级别；

（2）分析对资产（有形资产和无形资产）的潜在威胁和资产受此威胁攻击的可能性；

（3）任何对网络或网络设备造成威胁和损害的个人、对象或事件；

（4）网络系统存在可能被威胁利用的缺陷，即脆弱性。

2）分析受到威胁后造成的影响

（1）一旦遭到威胁，对网络造成直接的损失和潜在的影响；

（2）被破坏的数据给工作造成的危害程度；

（3）丧失数据的完整性给工作造成的危害程度；

（4）资源不可用给工作造成的危害程度。

3）风险缓解与安全成本需要考虑的内容

（1）确定能够接受多高的风险以及资产需要保护到什么程度；

（2）选择适当的控制方式将风险降低到可以接受的水平；

（3）在可接受的安全性下，需要的性能成本，如可用性、效率等；

（4）实施和管理安全程序的费用与潜在利益进行比较。

4）解决内网或内部用户的安全防范对策

（1）内部互访：如何控制不同部门之间的网络互相访问；

（2）管理维护：如何对不断变更的用户进行有效的管理；

（3）安全认证：如何加强本地用户和远程（拨号）用户的安全认证管理。对于这种情况，原则上可以采取以下应对措施：

当网络规模较小，只对少数的服务器提供远程访问服务时，才对服务器的本地安全数据提供安全认证。

随着网络规模的增加以及对访问安全要求的提高，一般需要一台安全认证服务器为所有的登录用户提供集中的安全数据库。为提高安全性，每个用户需要提供具有唯一特征的绑定信息，以实现统一的安全访问控制策略。

1.2.4　网络安全建设目标

局域网安全的建设目标是：在现有网络基础设施和装备的基础上，以保障网络系统信息安全、网络稳定运行为主线，充分利用先进的安全技术手段，建成并不断完善"全网安全管理体系"。充分利用先进的网管技术与安全技术优势，构建技术能力与网络整体安全策略相呼应的动态安全管理体系，并经规划→应用→审计→运维→应急处置的科学实现过程，满足网络安全管理体系的准确性、时效性和可分析性需求。同时，以网络实时监控、科学审计为依托，构建多层次立体综合安全框架，形成以安全保障系统、网络信息系统和专业业务系统核心业务安全为重点，以各个系统稳定运行为基础的网络安全管理体系。

网络安全管理需求是变化的，安全管理、信息系统、安全体系和事务处理应当是互相促进、平衡发展的。要重点做好网管核心的建设，实现"纵深防御"（具体做好保护、检测、响应和恢复四个环节），要保障信息的保密性、完整性、可用性、可控性和不可否认性。

1.2.5　网络安全建设原则

为达到信息化建设的规划目标，在规划设计中除遵循保证业务运行效率和具有良好的可扩展性能这两个基本原则外，还要遵循如下原则。

1．实用性原则

要充分考虑已有资源（软硬件及网络设备）的合理利用，避免出现不必要的浪费。

2．先进性原则

采用先进的网络工程学确保网络安全系统实用有效，要促使网络安全系统在技术上达到同行业国内领先水平和国际先进水平。

3．平衡性原则

开展实际研究（包括任务、性能、结构、可靠性、可维护性等），对网络的安全需求、网络面临的安全威胁、可能承担的安全风险与将要付出的代价进行定性与定量相结合的分析，制定规范和措施，确保安全策略稳步实施。

4．综合性、整体性原则

一个好的安全防护措施往往是多种方法适当综合应用的结果。一个计算机网络包括用户、设备、软件、数据等，各个环节在网络中的地位、影响和作用，只有从系统的角度去综合看待、分析，才能采取有效、可行的措施。即遵循整体安全性原则，根据规定的安全策略，制定出合理的网络安全体系结构。

5．易用性原则

用户和技术人员应能够方便地安装、运行、使用安全技术。产品应具备友好的全中文用户界面，产品应易于理解、易学、易操作。

6．动态管理原则

随着网络规模的扩大及应用需求的增加，网络应用与安全性也应不断变化，一劳永逸地解决网络应用与安全问题是不现实的，也就是说，要根据网络的变化不断调整应对的安全措施，要结合网络服务与安全技术服务来适应新的网络环境及安全需求。

1.2.6 网络安全建设标准

要根据网络的用途和使用场景，以及网络对安全性的要求，来确定网络要以什么样的标准进行建设。

关于网络建设的等级保护标准和分级保护标准，我国有明确的规定。在此叙述仅供参考，权威的规定请参见有关国家标准和法律法规。

1．安全保障体系总体框架

国家信息安全保障体系如图 1-4 所示，此图较清晰地展示了国家信息安全的法律法规，这些法律法规是建设相应等级计算机网络的重要指导性文件。

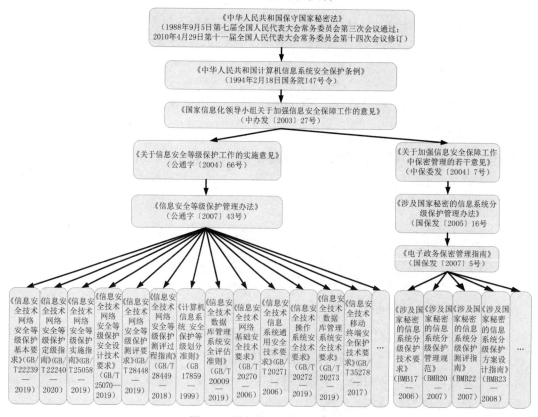

图 1-4　国家信息安全保障体系

2．等级保护

信息安全等级保护是对信息和信息载体按照重要性等级分级别进行保护的一种工作。信息系统安全等级保护是指对信息系统安全实行等级化保护和等级化管理。根据信息系统应用业务的重要程度及其实际安全需求，实行分级、分类、分阶段保护，以此来保障信息安全和系统正常运行，维护国家利益、公共利益和社会稳定。

等级保护的核心是对信息系统特别是对业务应用系统分等级、按标准进行建设、管理和监督，以切实保障重要信息资源和重要信息系统的安全。

信息系统安全等级保护基本要求构架如图1-5所示。

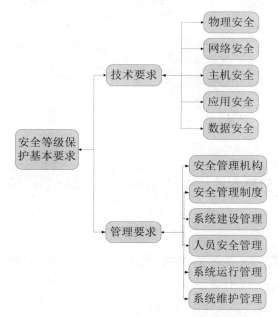

图 1-5　信息系统安全等级保护基本要求构架

安全等级保护基本要求分为技术要求和管理要求，技术要求的基本内容包括：物理安全、网络安全、主机安全、应用安全、数据安全等；管理要求的基本内容包括：安全管理机构、安全管理制度、系统建设管理、人员安全管理、系统运行管理、系统维护管理等。

落实等级保护措施（开展安全集成）主要有以下几方面的内容：制定安全方案、安全策略、安全制度、应急响应、安全培训、安全实施、风险评估。其具体内容如图1-6所示。

3．分级保护

涉密信息系统分级保护的对象是所有涉及国家秘密的信息系统。涉密信息系统安全分级保护是指对涉密信息系统安全实行分级化保护和分级化管理。涉密信息系统安全分级保护分为三级，即秘密级、机密级和绝密级，每一级都有相应的标准，具体参见相应的国家标准。

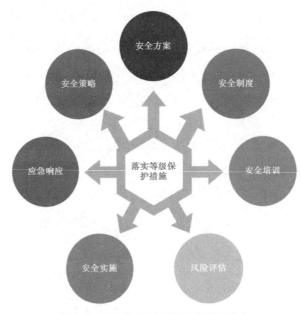

图 1-6　落实等级保护措施的具体内容

4．行业定制标准

特殊行业根据国家的相关标准及自身行业的特点，经相关部门批准，可定制、实施适合本行业的网络建设标准。

5．十项防护措施

在实施网络建设过程中，要切实落实好网络安全"进不来、不发作、散不开（不扩散）、找不到、看不到、拿不走、读不懂、毁不掉、改不了、逃不脱"十项防护措施，做到来源可追，去向可查，将网络安全工作落到实处。具体讲，这十项防护措施就是非法用户无法进入网络；非法进入者进入后没办法发挥作用；非法进入者无法在网络中渗透、扩散；非法进入者找不到攻击的目标；非法进入者看不到文件；非法进入者拿不走文件，即复制不了文件；非法进入者看了文件也读不懂；非法进入者销毁不了文件，即不能删除文件；非法进入者修改不了原系统中保护的文件；非法进入者所有的行为均被完整地记录下来，不能修改日志、入侵痕迹。

网络安全建设除参考国家相关标准、规定和规范外，还要考虑行业的特殊规定和用户的特殊性，这样才能建成满足用户安全需求的安全网络。

1.3　局域网面临的安全风险

下面从不同的角度来介绍局域网面临的安全风险。

1.3.1　从内容上进行风险分析

随着信息化、电子化的迅猛发展，网络规模急剧扩大，网络用户迅速增加，网络安全风险也变得越来越大。原来由单个计算机安全事故引起的危害可能被传播到网络系统中，从而引起大范围的网络瘫痪和损害。由于攻击者的技术水平不断提高，其采取定向攻击、精准攻击、持续性攻击等方式，攻击者的目标性更强，造成的危害更严重。另外，使用者缺乏安全防范意识、对网络安全政策的认识不足，以及缺乏有效的安全防控机制，都使网络安全风险日益严重。

1．涉及的内容

网络与信息安全涉及的内容有物理安全、传统通信安全、网络与系统安全、信息安全、业务安全和内容安全等，如图 1-7 所示。

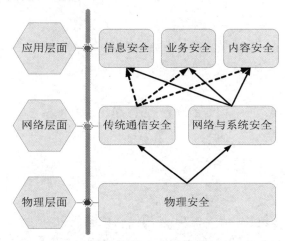

图 1-7　网络与信息安全涉及的内容

1）物理安全

物理安全的目的是保障人身、财产及通信设备、机房、综合布线等的安全。

物理安全的保护对象是人员、机房、办公场所、通信设施等。

物理安全面临的主要风险有通信设施的人为破坏（盗窃、蓄意破坏等）、传输线路的意外中断（人为挖断、自然灾害所致等）、机房及办公场所的安全隐患（火灾、鼠灾、水灾等）、威胁人身及财物的安全问题（地震、财物失窃等）、影响动力环境的安全（水、电供应等）、人员的人身安全、信息泄露等。

2）传统通信安全

传统通信安全的目的是保证设备可用、线路通畅。

传统通信安全的保护对象是设备、线路等。

传统通信安全面临的主要风险有设备单点故障（容灾备份、负荷分担不足等）、网络单点故障（缺少安全路由等）、配置数据出错（局部数据配置错误等）、超负荷运行（带宽容量不够、设备性能不足等）、应急通信（突发事件、大型赛事、大型政治经济活动等）等。

3）网络与系统安全

网络与系统安全的目的是保障通信网、业务系统、各支撑系统的稳定运行，避免网络及业务中断。

网络与系统安全的保护对象是移动通信网、IP 承载网、CMNet、智能网等，短信、彩信、彩铃等，业务支撑系统、网管系统、企业信息化系统等。

网络与系统安全面临的主要风险有网络的拥塞、阻断（蠕虫病毒等）、系统及网络设备的宕机（黑客攻击等）、系统及网络的资源耗尽（拒绝服务攻击等）、系统及网络资源的滥用（BT、非法 VoIP 等）、对系统和网络的恶意控制（僵尸网络等）等。

4）信息安全

信息安全的目的是保证信息的机密性、完整性及可用性。保护信息数据在传送、存储、访问或修改过程中不被破坏，在设备退网时保证敏感信息彻底清除等。

信息安全的保护对象是公司机密数据（侧重机密性），如财务数据、战略决策、技术体制、业务运营数据、招投标信息等；客户敏感信息（侧重机密性），如客户身份资料、客户短信/彩信内容、账单、通话记录、位置信息等；各类配置数据（侧重可用性），如局部数据、路由控制策略等；公共信息内容（侧重完整性），如供应商提供的服务信息内容、企业对外门户网站内容等。

信息安全面临的主要风险有内容的恶意篡改，机密信息泄露，对信息非法和越权的访问，配置的信息未授权更改等。

5）业务安全

业务安全的目的是保证各类业务、服务的合法合规提供，避免对客户利益造成损害。

业务安全的保护对象是各种业务流程及服务。

业务安全面临的主要风险有业务流程设计漏洞，或配置漏洞带来的安全问题；对电信企业来讲，服务提供商的欺诈行为（用含糊内容诱骗客户定购业务等）、服务提供商的违规经营（提供经营许可范围之外的服务等）等。

6）内容安全

内容安全的目的是防止通过网络传播危害国家安全、社会稳定、公共利益的信息。

内容安全的保护对象是各类承载信息的系统，如办公系统、业务系统、彩铃系统、短信系统、彩信系统、邮件系统、网站等。

内容安全面临的主要风险有泄露敏感信息，传播反动信息、色情信息、垃圾信息，打骚扰电话，传播其他非法信息。

2．网络安全风险的主要来源

网络安全风险的主要来源如下。

1）互联网的威胁（外部风险）

在使用互联网与外部世界沟通交流时，会遇到来自互联网的各种威胁。

2）办公网络信息被非法窃取（内部风险）

在企业使用网络办公时，使用或接触办公网络的所有人员，出于某种目的，都有可能会非法窃取企业的商业机密。

3）管理风险

为降低网络安全风险，除做好人员安全防护和技术安全防护之外，加强网络安全管理也是非常必要的，要避免由于管理的疏忽给网络系统带来风险。

由于网络系统的脆弱性，其面临各种各样的安全风险，具体罗列如下。

（1）各种自然因素；

（2）内部窃密和破坏；

（3）信息的截获和重放（中间人攻击）；

（4）非法访问；

（5）破坏信息的完整性；

（6）欺骗和抵赖；

（7）破坏系统的可用性。

1.3.2　从安全角度进行风险分析

首先，我们从五个方面来理解网络安全：①网络物理是否安全；②网络平台是否安全；③系统是否安全；④应用是否安全；⑤管理是否安全。其次，从攻击的角度来分析安全风险。针对每一类安全风险，结合局域网的实际情况来分析网络的安全风险，做好安全风险防控。上面提到的安全风险都应引起足够的重视，并且要针对面临的风险，采取相应的安全措施。这些风险由多种因素引起，它与整个局域网结构和系统的应用、局域网内网络服务器的可靠性等因素密切相关。

1．物理安全风险分析

网络的物理安全主要是指地震、水灾、火灾等环境事故，电源故障，人为操作失误或错误，设备被盗、被毁，电磁干扰，线路截获，以及高可用性的硬件、双机多冗余的设计、机房环境及报警系统等。它是整个网络系统安全的前提，在各个局域网之间的物理跨度是通过电信运营商实现的（使用 VPN/VPDN 技术建立安全网络），只要制定健全的安全管理制度，做好备份，并且加强网络设备和机房的管理，这些风险是可以避免的。

2．网络平台安全风险分析

网络平台安全涉及网络拓扑结构、网络路由状况及网络环境等。

局域网内部公开服务器区，如 WWW、E-mail、FTP 等服务器，作为内部信息交换的平台，一旦不能正常运行或者受到攻击、破坏，对业务工作和办公影响巨大。虽然局域网内部的公开服务器本身不为外界提供服务，但是员工的误操作以及病毒的感染会对它们造成影响，甚至造成破坏，所以网络的管理人员对各种安全事故做出有效反应是十分重要的，而且我们有必要将内部服务器或内部网络与普通员工的办公区进行隔离，避免网络信息外泄；同时要对进入服务器的服务请求加以过滤，只允许正常通信的数据包到达相应服务器主机，其他的服务请求在到达服务器主机之前就应该被拒绝。

3．系统的安全风险分析

系统的安全是指整个局域网操作系统和网络硬件平台可靠且值得信任。

从前，对于我们来说，恐怕没有绝对安全的硬件和操作系统可以选择，无论是 Microsoft Windows Server 还是其他任何商用 UNIX、Linux 操作系统，其开发厂商可能留有后门（Back-Door），可以这样说：没有完全安全的硬件和操作系统。但是，我们可以对现有的操作平台进行安全配置、对操作和访问权限进行严格控制，以此来提高系统的安全性。因此，不但要选用尽可能可靠的硬件平台和操作系统，而且必须加强登录过程的认证，特别在到达服务器主机之前的认证，以确保用户的合法性。此外，应该严格限制登录者的操作权限，将其具有的操作限制在最小的范围内；还要严格管控网络的出入口，对其链接进行甄别，防止网络被非法远程控制。

现在，我们可以选择和使用国产的设备和操作系统，再对其进行必要的安全加固，使其安全性得到巨大的提升。

4．应用的安全风险分析

应用系统的安全跟具体的应用有关，它涉及很多方面。应用系统的安全是动态的、不断变化的。应用系统的安全性涉及数据信息的安全性，数据信息的安全性涉及机密信息泄露、未经授权的访问、破坏信息完整性、假冒、破坏系统的可用性等。

以目前互联网上应用广泛的电子邮件系统（E-mail）来说，其解决方案有很多种，但其系统内部的编码甚至编译器导致的漏洞却很少有人能够发现，因此一套好的漏洞测试软件是非常重要的。但是应用系统是不断发展的且应用类型是不断增加的，其结果是安全漏洞也不断增加且隐藏得越来越深，因此，应用系统也是随网络发展不断完善的。

5．管理的安全风险分析

管理是网络安全中重要的组成部分。责权不明、管理混乱、安全管理制度不健全及缺乏可操作性等都可能引起管理安全的风险。责权不明，管理混乱，使得一些员工或管理员随便让一些外来人员进入机房重地，或者员工有意无意泄露他们所知道的一些重要信息，而管理上却没有相应制度来约束。

由于管理措施落实不到位，当网络出现攻击行为或网络受到其他安全威胁时（如内部人员的违规操作等），无法进行实时的检测、监控、预警和报告。当事故发生后，也无法提供黑客攻击行为的追踪线索及破案依据，即缺乏对网络的可控性与可审查性，这就要求我们必须对网络的访问活动进行多层次的记录，及时发现非法入侵行为。此外，要做好事件应急处突预案，及时止损，处置突发事件。

要建立全新的网络安全机制，必须深刻理解网络并能提供直接的解决方案，最可行的做法是管理制度和管理解决方案的完美结合。

6．黑客攻击

黑客的攻击行动是无时无刻不在进行的，而且黑客会利用系统和管理上的一切可利用的漏洞。公开服务器存在漏洞的一个典型例证是，黑客可以轻易地骗过公开服务器软件，得到服务器的口令文件并将之送回。黑客侵入服务器后，第一件事就是修改权限，从普通用户变为高级用户，一旦成功，黑客可以直接进入口令文件。黑客开发欺骗程序，将其植入服务器中，用以监听登录会话，当它发现有用户登录时，便存储一个文件并将其送回，这样黑客就拥有了他人的账户和口令。为了防止黑客，需要设置诱骗服务器，使得它不能离开自己控制的空间而进入另外的目录，还应设置组特权，不允许任何使用公开服务器的人访问全球广域网或万维网（World Wide Web，WWW）页面文件以外的东西。

黑客在攻击路径上可能遇到的安全防护手段如下。

第一层物理安全防护，包括办公场所安全、介质安全、电磁泄漏发射防护、门禁监控、设备安全、机房安全、综合布线等。

第二层边界安全防护，包括物理隔离、安全域划分、设置 VLAN、单向导入、出入口控制等。

第三层网络安全防护，包括防火墙、入侵防御、入侵检测、登录认证、网络审计与监控、网络接入管控、漏洞扫描、安全管理中心等。

第四层主机安全防护，包括操作系统安全加固、补丁升级、防病毒、数据输出管控、终端安全管理、堡垒机等。

第五层应用安全防护，包括 SSL VPN 网关、代码安全、Web 页面保护技术（WAF）、应用审计等。

第六层数据安全防护，包括数据存储、数据传输、数据备份、数据删除、数据防复制等。

黑客攻击路径上可能遇到的安全防护手段如图 1-8 所示。

图 1-8　黑客攻击路径上可能遇到的安全防护手段

对黑客而言，任何一个安全防护的漏洞都可能成为网络系统的突破口，从而对系统造成致命的打击。

7. 通用网关接口漏洞

有一类风险涉及通用网关接口（CGI）脚本。许多页面文件上有指向其他页面或站点的超链接，而有些站点会通过这些超链接所指站点来寻找特定信息，搜索引擎是通过执行 CGI 脚本的方式实现的。

黑客可以修改这些 CGI 脚本以执行他们的非法任务。通常，这些 CGI 脚本只能在所指 WWW 服务器中执行任务，但如果进行一些修改，它们就可以在 WWW 服务器之外执行任务。

要防止这类问题的发生，应将这些 CGI 脚本设置为较低级用户权限，并提高系统的防破坏能力，提高服务器备份与恢复能力，提高网站的防篡改与自动修复能力。

8．恶意代码

恶意代码不限于病毒，还包括"逻辑炸弹"和其他未经同意的软件，我们应该加强对恶意代码的检测，以防止恶意代码给我们带来不必要的损失。

9．病毒的攻击

计算机病毒一直是计算机安全的主要威胁。当然，查看文档、浏览图像或在 Web 上填表都不用担心病毒感染。然而，下载可执行文件和接收来历不明的 E-mail 文件需要特别警惕，否则很容易使系统感染计算机病毒而被破坏。典型的 CIH 病毒就是一个可怕的例子。

10．内部安全防范

内部员工最熟悉网络架构、服务器详情、应用或工具小程序、应用脚本和系统的弱点，如果它们出了问题，会造成很大的损失，例如，内部员工可以泄露重要信息、恶意地进入数据库、删除数据、复制数据、制造并传播一些非法的信息等。我们可以通过定期改变口令和删除系统记录来减少这种风险。

此外，要做好对外来人员的管理，不让他们有危害系统安全的机会。

11．网络的攻击手段

目前对网络的攻击手段主要有以下几个。

（1）非授权访问，是指没有预先经过同意，就使用网络或计算机资源的行为，如有意避开系统访问控制机制，对网络设备及资源进行非正常使用，或擅自扩大权限，越权访问信息。它主要有以下几种形式：假冒、身份攻击、非法用户进入网络系统进行违法操作、合法用户以未授权方式进行操作，等等。

（2）信息泄露或丢失，是指敏感数据在有意或无意中被泄露出去或丢失，它通常包括信息在传输中丢失或泄露（如黑客利用电磁泄漏或搭线窃听等方式截获机密信息，或通过对信息流向、流量、通信频度和长度等参数的分析，推断出有用信息，如用户口令、账号等重要信息），信息在存储介质中丢失或泄露，通过建立隐蔽隧道来窃取敏感信息，等等。

（3）破坏数据完整性，是指以非法手段窃取对数据的使用权，删除、修改、插入或重发某些重要信息，以获得有益于攻击者的响应；通过恶意添加、修改数据来干扰用户正常使用网络。

（4）拒绝服务攻击，是指不断对网络服务系统进行干扰，改变其正常的作业流程，执行无关程序，使系统响应减慢甚至瘫痪，影响正常用户的使用，甚至使合法用户不能进入计算机网络系统或不能得到相应的服务。

（5）利用网络传播木马病毒，是指通过网络传播计算机木马病毒，其破坏性和危害性远高于单机系统，而且用户很难防范。

1.3.3　从设备角度进行风险分析

为了应对网络中各种安全威胁，我们将付出巨大的努力。针对网络系统中设备的安全问题，我们需要提高黑客攻击网络设备的成本，以此来降低网络设备的安全风险。

1．硬件接口

网络设备的存储介质、认证方式、加密手段、通信方式、数据接口、外设接口、调试接口、人机交互接口等都可能成为攻击对象。很多厂商在网络产品中保留了硬件调试接口，如可以控制 CPU 的运行状态、读写内存内容、调试系统代码的 JTAG 接口，可以查看系统信息与调试应用程序的串口，这两个接口访问设备时一般具有系统较高权限，存在重大安全隐患。

此外，还有 I^2C、SPI、USB、传感器、HMI 等接口，还有涉及硬件设备使用的各种内部、外部、持久性和易失性存储器，如 SD 卡、USB 载体、EPROM、EEPROM、FLASH、SRAM、DRAM、MCU 内存等，都可能成为硬件攻击的对象。

应对措施：一般地，网络设备在设计之初就考虑了这些安全问题，保证攻击者无法获取以及篡改相关资源，这是从芯片层面考虑的安全，即从源头保证设备安全。

2．暴力破解

启动安全和根密钥安全是一切设备安全的基础，一切业务逻辑、设备行为都基于这两个安全功能。黑客极有可能对设备进行暴力破解，获取设备信息、通信数据，甚至远程对设备镜像进行替换，伪装成合法终端。

应对措施：启动安全和根密钥的安全，可以通过使用安全芯片来保证，这是从技术层面解决网络安全、形成安全合规的最有效方式。

3．软件缺陷

软件缺陷主要表现在软件漏洞、弱口令、信息泄露等。

目前，网络设备大多使用的是 UNIX 或 Linux 系统，攻击者可以通过各种未修复漏洞来获取系统相关服务的认证口令。比如，一般由厂商内置的弱口令或者用户口令设置不良；个别网络设备供应商不重视信息安全，导致信息泄露，极大地方便了攻击者对于目标的攻击，例如，在对某摄像头进行安全测试的时候，发现可以获取设备的硬件型号、硬件版本号、软件版本号、系统类型、可登录的用户名和加密的密码以及密码生成的算法，攻击者即可通过暴力破解的方式获得明文密码；开发人员缺乏安全编码能力，没有对输入的参数进行严格过滤和校验，导致在调用函数时执行远程代码。

应对措施：加强产品开发过程中的安全开发流程监管和安全管理流程监管。产品开发过程中需要遵循安全编码规范，以减少漏洞产生，降低潜在风险，网络设备需要以全局唯一的身份接入网络中，设备之间的连接需要可信认证，在网络设备中确保没有后门指令或者后门代码。针对用户认证，需要设计成在第一次配置和使用设备时由用户进行自行设置并需要设置强密码口令。在发行版本中去除调试版本代码、注释，去除 JTAG 接口和 COM 口，同时关闭如 SSH、Telnet 等不安全的服务。

4．管理缺陷

管理缺陷导致的安全漏洞是安全防护最大、最不可预料、最不可防范的安全问题。弱口令、调试接口、设备日志信息泄露等，都是安全开发管理缺陷导致的；产品设计的时候就没有考虑到授权认证或者对某些路径进行权限管理，任何人都可以最高的系统权限获得设备控制权；开发人员为了方便调试，可能会将一些特定账户的认证硬编码到代码中，出厂后这些账户并没有去除。攻击者只要获得这些硬编码信息，即可获得设备的控制权；开发人员最初设计的用户认证算法或实现过程存在缺陷，例如，某摄像头存在不需要权限就可设置 Session 的 URL 路径，攻击者将其中的 Username 字段设置为 admin，然后进入登录认证页面，发现系统不需要认证，直接为 admin 权限。

应对措施：信息网络安全需要在产品的各个流程和环节中加强管理，包括管理流程，应在设备或系统投入使用前进行专业的产品安全测试，以降低物联网设备安全风险。

5．通信方式

通信接口允许设备与传感器网络、云端后台和移动设备 App 等设备进行网络通信，其攻击对象可能为底层通信实现的固件或驱动程序代码。

比如，中间人攻击一般有旁路和串接两种模式，攻击者处于通信两端的链路中间，充当数据交换角色，攻击者可以通过中间人的方式获得用户认证信息及设备控制信息，之后利用重放方式或者无线中继方式获得设备的控制权，例如，通过中间人攻击解密 HTTPS 数据，可以获得很多敏感的信息；无线网络通信接口存在一些已知的安全问题。

应对措施：可以内置安全机制，增加漏洞利用难度，开发人员可以通过增量补丁方式向用户推送更新，用户需要及时进行固件更新。

6．云端攻击

近年来，网络设备逐步实现通过云端的方式进行管理，攻击者可以通过挖掘云服务提供商漏洞、手机终端 App 上的漏洞以及分析设备和云端的通信数据，伪造数据进行重放攻击，从而获取设备控制权。

应对措施：建议部署者提供整体安全解决方案。

为了降低网络系统的安全风险，针对网络面临的安全威胁，我们要采取有针对性的措施。例如，针对云计算，"阿里云"采取了去 IOE 措施，即去除对 IBM 服务器的硬件依赖，去除对 Oracle 的数据库依赖，去除对 EMC 大型存储器的依赖；"华为云"从硬件到软件采用全套的自主知识产权产品；"腾讯云"也有自己的云计算平台。

7．无线设备带来的风险

无线传输的智能设备有很多，手机就是典型的产品。现代社会，手机已成为我们日常的必需品，但是手机也存在严重的数据泄露风险，是别有用心的人和不法分子收集、窃取他人秘密的重要途径。

1）手机存在的数据泄露风险

（1）手机使用开放的通信系统，是特殊的设备，任何人都可能截获空中的无线通信信息，还能根据无线通信信号来跟踪定位使用手机的人。

（2）有的手机即使在关机状态下也可能被远程遥控启动（部分功能），在一定范围内通过手机的麦克风可以听到周围的声音，通过摄像头观察到手机周围的环境，从而泄露使用者的秘密。

（3）对于使用过的旧手机，如果处理不当，即使信息已被删除，通过技术手段也可以恢复手机中原有的信息内容，从而造成信息泄露。

2）手机的安全防范

（1）要坚持遵守手机使用的"八不四定"原则，如图 1-9 所示。

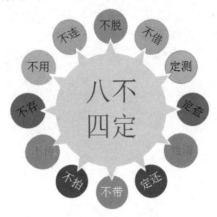

图 1-9　手机使用的"八不四定"原则

"八不"的含义如下：

① 不借：不要将手机借予别人。

② 不脱：不要使手机脱离自己的控制。

③ 不连：不要将手机作为信息存储载体使用，不要将其连接到敏感信息系统、有敏感信息的设备及载体上。

④ 不用：不要启用手机的远程或云数据同步功能，不要启用手机的位置服务功能，不要使用不可靠的、来路不明的手机。

⑤ 不存：不要在手机上存储敏感的信息，即不用手机上的记事本、备忘录及编辑软件记录敏感的内容，不要在通讯录中存储敏感人员的姓名、单位、地址和联系方式等。

⑥ 不传：不要用手机传输敏感信息。

⑦ 不拍：不要用手机拍摄、处理敏感的信息。

⑧ 不带：不要将手机带入敏感的工作场所和重要的部门。

"四定"的含义如下：

① 定测：要定期对手机进行安全检测。

② 定查：要定期对手机进行安全配置检查和安全状态检查。

③ 定清：要定期对手机进行数据清理。

④ 定还：要定期对手机进行硬盘低级格式化和系统还原（重装手机操作系统）。（因为有些木马病毒被植入特殊扇区，有些木马病毒能休眠，很难被检测出来。）

（2）管理岗位、技术核心岗位、敏感信息岗位的重要人员应当严格遵守相关的安全防护规定，自觉履行应尽的义务，并接受安全监督管理。使用的手机应经过必要的安全检查，如果在手机使用过程中出现故障或异常情况，应立即停止使用，并马上报告，按规定及时送指定部门和地点进行检测、维修。

（3）管理部门应将手机使用安全管理要求纳入安全教育培训内容，使工作人员特别是敏感人员了解手机的安全隐患，增强手机使用安全防护意识，掌握手机安全使用常识。

为保证网络系统安全，系统中使用的其他无线设备也应参照手机进行管理。

为应对各种安全风险，我们要研究具有前瞻性、针对性、储备性的新技术、新手段，要开拓多领域安全布局，形成全天候、多场景、动态的新型安全数据防护网。

第 2 章

局域网框架

研究局域网安全，首先要明确局域网实现的总目标，即保护局域网内的信息安全、内容安全、业务安全；防止系统被攻击；防止数据传输过程中被截取或获取；防止数据库（密码库、加密数据库等）的数据被复制或盗取；防止系统中的数据在被解密时（如监视器上的显示数据）被窃取、复制、拍照；防止利用系统中的设备（如打印机、无线鼠标和键盘、未控制的接口）等窃取信息。

总之，局域网安全总目标是除防止外部的攻击者窃取信息之外，还要防止局域网的设计者、网络部署者、网络维护者、网络管理者以及网络使用者等窃取敏感信息，我们的目的是封堵各种数据泄露途径和漏洞，这就要求我们要把握好全局总体安全目标，做好系统应对变局、开辟新局的顶层设计，科学规划；要合理选择、应用各项技术措施，使其形成合力；要认真实施各项安全技术，充分发挥各自应有的作用；要从大到小，从全部到局部，做好技术防护和管理防护，做好每一项具体工作。

2.1 局域网安全设计

通常局域网整体安全设计应从以下几个方面进行考虑：从物理安全性方面，包括摄像头、物理访问控制（如签名徽章阅读器、虹膜扫描仪和指纹扫描仪）和门禁锁；从周边安全性方面，如工作场地周围要了解清楚，是否有可被非法分子利用的场地和设备；从网络架构方面，要规划好网络结构，做好网络分区，配置好网络边界策略；从安全设备安全配置方面，包括防火墙、入侵防御、入侵检测、网络分段和虚拟局域网（Virtual Local Area Network，VLAN）；从网络安全最佳实践方面，例如路由协议身份验证、控制平面监管、网络设备强化等；从主机安全解决方案方面，例如端点检测与响应系统、防病毒软件等的高级恶意行为和软件防护；从应用程序安全性最佳实践方面，例如应用程序健壮性测试、模糊测试、防范跨站脚本、跨站点请求伪造攻击、SQL 注入攻击等；从遍历网络的实际数据方面，例如在存储和传输中使用加密手段来保护数据；从终端安全性方面，例如显示屏防护、打印机防护、接口防护；从管理活动方面，例如适当的安全策略和程序、风险管理及最终用户和员工培训等，从各个方面来全方位地解决局域网的安全问题。

除了系统安全性，网络系统设计还应全面考虑系统的规范性、实时性、先进性、易用性、准确性、可靠性、容灾性、可维护性、可扩展性、兼容性等。

下面我们从网络级安全、系统级安全、传输级安全、应用级安全等几个方面来进行研究。

2.1.1 OSI 七层网络模型

OSI 七层网络模型，全称为开放系统互连（Open System Interconnect，OSI）参考模型，是国际标准化组织（ISO）和国际电报电话咨询委员会（CCITT）联合制定的，为开放式互连信息系统提供了一种功能结构的框架，从低到高分别是物理层、数据链路层、网络层、传输层、会话层、表示层和应用层。我们研究网络系统安全设计主要是以 OSI 七层网络模型为依据的。

OSI 七层网络模型如图 2-1 所示。

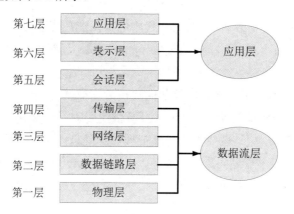

图 2-1　OSI 七层网络模型

1．OSI 模型各层的作用及特性

1）第一层：物理层

（1）作用：定义物理链路的电气、机械、通信规程、功能要求等，包括电压、数据速率、最大传输距离等；将比特流转换成电压。

（2）典型物理层设备：光纤、双绞线、中继器、集线器等。

（3）常见物理层标准：100BaseT、OC-3、OC-12、DS1、DS3、E1、E3 等。

2）第二层：数据链路层

（1）作用：物理寻址、网络拓扑、线路规划等；错误检测和通告，但不纠错；将比特聚成帧进行传输；流量控制。

（2）寻址机制：使用数据接收设备的硬件地址即物理地址寻址，如 MAC 地址寻址。

（3）典型数据链路层设备：网卡、网桥、交换机等。

（4）数据链路层协议：PPP、HDLC、FR、Ethernet、Token Ring、FDDI 等。

3）第三层：网络层

（1）作用：逻辑寻址，路径选择。

（2）寻址机制：使用网络层地址进行寻址，如 IP 地址寻址。

（3）网络层典型设备：路由器、三层交换机等。

4）第四层：传输层

（1）作用：提供端到端的数据传输服务，建立逻辑连接。

（2）寻址机制：使用应用程序的界面端口，如端口号进行寻址。

（3）传输层协议：TCP、UDP、SPX 等。

5）第五层：会话层

作用：不同应用程序的数据隔离，会话建立、维持、终止，同步服务，单向或双向会话控制。

6）第六层：表示层

（1）作用：数据格式表示、协议转换、字符转换、数据加密和解密、数据压缩等。

（2）表示层数据格式：ASCII、MPEG、TIFF、GIF、JPEG 等。

7）第七层：应用层

（1）作用：应用接口、网络访问流处理、错误恢复等。

（2）应用层协议：FTP、Telnet、HTTP、SNMP、SMTP、DNS 等。

2．OSI 模型分层结构的优点

（1）降低网络的复杂性。

（2）促进网络的标准化工作。

（3）各层间相互独立，某一层的变化不会影响其他层。

（4）网络协议开发可以模块化。

（5）便于理解和学习。

3．OSI 模型数据封装

OSI 七层网络模型数据流的物理传输过程如图 2-2 所示。

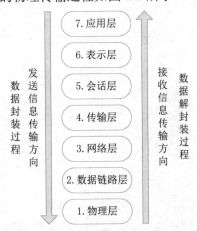

图 2-2 OSI 七层网络模型数据流的物理传输过程

数据封装过程：应用数据发送时从高层向低层逐层加工后传递。

数据解封装过程：数据接收时从低层向高层逐层传递。

4．OSI 安全体系

OSI 安全体系如图 2-3 所示。

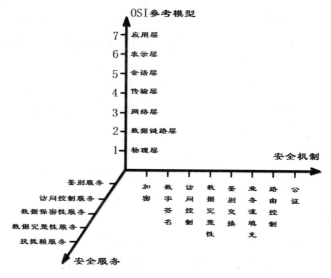

图 2-3　OSI 安全体系

OSI 安全体系结构定义了系统提供的五类安全服务，以及提供这些服务的八类安全机制；某种安全服务可以通过一种或多种安全机制提供，某种安全机制可用于提供一种或多种安全服务。

（1）五类安全服务：鉴别服务、访问控制服务、数据保密性服务、数据完整性服务、抗抵赖服务。

（2）八类安全机制：加密、数字签名、访问控制、数据完整性、鉴别交换、业务流填充、路由控制、公证。

5．OSI 模型与 TCP/IP 协议层对应关系

OSI 模型与 TCP/IP 协议层对应关系如图 2-4 所示。

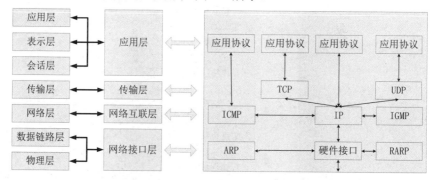

图 2-4　OSI 模型与 TCP/IP 协议层对应关系

2.1.2　网络级安全设计

对系统进行网络级安全设计，也就是系统整体安全设计或系统架构安全设计，应考虑遵循如下原则。

1．网络系统设计原则

总的来讲，我们应分级分层次地对网络系统进行设计：第一，要做好顶层设计、应用牵引和科学规划；第二，要分级实施；第三，要根据不同网络级别、不同网络区域采取相应的网络安全防护措施；第四，对网络系统要划分好工作域；第五，要做好工作域的边界防护。此外，对保密要求较高的系统，还要有更严格的保密措施，该内容不在本书的讨论范围之内。总之，我们要重视战略谋划，更要强调具体措施的狠抓落实，这样才能做好网络系统安全工作。

2．网络系统结构设计原则

网络系统结构设计一般采用功能区域性分区，要划分好安全域，如将区域分为系统运行服务区/网、系统维护区/网、安全管理区/网、核心业务区/网、办公区/网等。

从结构上讲，所谓安全域，是一个抽象的概念，可以包含普通物理接口和逻辑接口，也可以包括二层物理 Trunk 接口和 VLAN，一般来讲，划分到同一个安全域中的接口通常在安全策略控制中具有一致的安全需求。网络系统总体架构如图 2-5 所示。

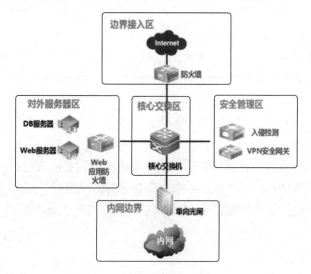

图 2-5　网络系统总体架构

各安全域设置应合理，安全防护要得当。网络系统结构设计应满足"三可"标准，确保系统安全、稳定运行。"三可"指在系统和网络层面实现可伸缩、可重组、可替代。可伸缩是指系统的规模可根据需求进行调整，确保满足网络安全要求。可重组是指网络安全需求变化时，结构和功能便于重组。可替代是指某安全防护功能受损或有故障时，其他安全设备可替代其工作。

要使网络系统的运行稳定可靠，就要综合运用各种策略和技术手段，提高网络系统的可靠性和抗毁性，增强网络系统的安全防护能力和重组灾备能力，要使网络系统的架构是开放的，具有随时可扩充性，使网络系统的安全技术始终保持先进性和可持续性。

对网络系统要实行整体设计、规范体制、明确标准，根据用户需求制定总体规划、统一技术标准和信息处理平台，再由各具体部门分级实施。

此外，对网络系统还可以分区域进行安全等级保护，如在单向光闸（参见 5.2 节）之前，可以采用"信息系统安全等级保护"中的某一等级安全防护；在单向光闸之后，可以采用"信息系统安全分级保护"的某一等级安全防护。

3．网络系统架构安全设计还应着重考虑的内容

（1）要合理划分网络安全区域。

（2）要尽量采用异构网络架构、异构操作系统（有利于防御黑客攻击）。

（3）要合理规划网络 IP 地址、VLAN 设计。

（4）要做好设备自身安全配置。

（5）要做好网络边界访问控制策略。

（6）要做好网络冗余配置。

（7）要做好系统的安全审计与监控。

为了系统的安全，日志审计系统最好使用独立的接口单独组网。单独组网能有效防止黑客从网络系统的运行网络入侵。黑客一旦进入网络系统，就可能修改安全设备、服务器、计算机主机及日志系统等的日志信息，并销毁入侵痕迹。

为了网络系统安全设备的安全，安全设备的管理口不应（不允许）连接系统运行网，最好通过串口或管理口接入自建的独立审计网络进行控制，安全设备应通过串口或管理口接入日志审计系统。

系统日常运行维护管理可以与系统运行网同网，但要用 VLAN 对其进行管理；有条件的也可单独组网，与系统运行网分开。

要全面考虑物理网络结构、逻辑网络结构及网络的关键设备的安全性、合理性、使用效率等方面的问题。结合业务体系、系统体系结构来检查逻辑网络结构、物理网络组成及网络关键设备等设计是否合理，这对于保持网络安全是非常重要的。确定关键网络拓扑，对于成功地实施基于网络的风险管理是非常重要的。

4．网络系统的方案设计原则

（1）保密性原则：网络系统的技术方案、实施过程和结果都应严格保密，在未经授权的情况下不应泄露给任何单位和个人，不应利用此数据进行任何侵害客户权益的事情。

（2）标准性原则：网络系统设计和实施均应依据国内或国际的相关标准进行；根据用户的保护要求，或者等级保护或分级保护基本要求，按分级安全域进行安全设计和安全建设。

（3）规范性原则：系统设计、实施的过程和文档，都应具有很好的规范性，这样便于项目的跟踪、控制、运维、升级等。

（4）可控性原则：系统所使用的设备、工具、方法和过程都应在可控制的范围之内，保证系统的可控性。

（5）整体性原则：系统的范围和内容应完整全面，避免遗漏，造成未来的安全隐患。

（6）最小影响原则：系统的安全设备应尽可能不影响信息系统的正常运行，应不会对现有业务造成显著影响。

（7）体系化原则：在网络系统的体系设计、建设中，应充分考虑各个层面的安全风险，构建完整的立体安全防护体系。

（8）先进性原则：为满足后续不断增长的业务需求，对安全产品、安全技术都应充分考虑前瞻性要求，要采用先进的、成熟的网络安全技术和安全产品及先进的管理方法。

（9）坚持独立自主原则：要吸收和引进国内外的先进技术，也要始终坚持独立自主、不断创新，夯实"稳"的基础，积蓄"进"的力量。

虽然我国科技发展十分快速，目前已经成为世界上的一流科技大国，但是在电子行业有两个问题一直伴随着我们：一是国内一直缺少芯片；二是没有国产的操作系统。

首先是芯片制造业。国内各大厂商的芯片一直依赖进口，芯片短缺造成的后果，使我们树立起"芯片观"，也让我们意识到芯片的重要性以及当前中国芯片的现状。

其次在系统层面。在计算机操作系统领域，美国微软公司推出的 Windows 操作系统，在全球桌面操作系统市场处于绝对的垄断地位。而在全球桌面操作系统中排名第二的是美国苹果公司推出的 Mac OS。可以说，美国的微软和苹果这两家公司，几乎垄断了全球桌面操作系统市场。

在智能机操作系统领域，美国同样处于绝对的垄断地位。目前全球手机操作系统排名前两位的分别是谷歌公司推出的安卓操作系统和苹果公司推出的 iOS 系统。

由此可见，芯片和操作系统的问题是多么的严峻！我国已开始认识到这点。在芯片方面，国内开始在半导体领域发力，国家将大量资金和人才投入国产半导体芯片领域。

在桌面操作系统上，国产系统软件生态不断完善。目前，国产统信 UOS 操作系统，已经从"能用"过渡到"好用"阶段，可以满足大多数用户对于系统的需求。

除了计算机操作系统取得巨大突破，在手机操作系统层面，2021 年 6 月，华为鸿蒙 HarmonyOS 2 正式发布！鸿蒙 Harmony OS 无论设备大小，只需要一个系统就可以覆盖内存小到 128KB，大到 4GB 以上的智能终端设备，其微内核架构是轻量级的，它是一个能提供广泛支持的物联网操作系统，能为消费者带来极致的全场景交互体验，是面向未来的分布式操作系统。这意味着它旨在用于从物联网和智能家居产品到可穿戴设备、车载信息娱乐系统和移动设备（包括智能手机）等。鸿蒙物联网系统可以做到一次性开发，自动适配多种设备，让设备能够在系统层飞速流转，而不是在应用层流转。它的软件功能和开源代码，具有较大的灵活性。它在构建时就考虑到如此广泛的应用。这个开源平台的目标是智能手机、智能电视、智能手表等。

据此，以龙芯完全自主指令集架构 loong Arch、银河麒麟、统信 UOS、鸿蒙系统、欧拉系统为代表的国产操作系统堡垒就此建成。

2.1.3 系统级安全设计

系统级安全主要体现在物理设备的安全措施、系统软件平台即操作系统的选择及安全管理，以及用户授权和安全访问控制等方面。

1. 物理设备的安全措施

在物理设备的部署上，应当采取如下措施：

（1）业务服务器上配备防泄漏设备，防止电磁泄漏。

（2）对系统硬件网络进行改造，把综合布线系统产品更换为电磁屏蔽类产品，以避免系统电信号辐射泄漏、受电磁干扰。

在物理设备的选用上，应对物理设备提供容错功能：

（1）配备冗余电源；

（2）配备冗余风扇；

（3）设计冗余信息通道；

（4）设备支持热插拔，或提供可热插拔驱动器等；

（5）各种物理设备应首选国产的产品。

此外，应对设备进行实时监控和管理。在物理设备部署上线后采用指定网络管理软件、系统监测软件或硬件，实时监控物理设备、网络设备的性能及故障。对发生的故障，要及时进行排除。另外，物理设备在允许的情况下，最好支持远程维护功能，以便在物理设备出现故障时管理员远程登录维护。需要注意的是，系统开启了远程服务功能，给工作带来了便利，也带来了安全隐患，要做好远程服务的防护，做好防护策略。比如在管理人员配合下才能进行远程服务，使用后即关闭。

2. 操作系统安全管理

为了提高系统的安全性，在允许的情况下操作系统首选国产的产品。必须用引进的操作系统时，要对操作系统进行严格的检测，并对其采取必要的防护、监控措施。

在操作系统上，应采取如下必要的安全措施。

1）系统的管理员应指定专人负责，密码应该定期更换

系统的用户应分为账号管理员、数据管理员、权限管理员、安全审计员、普通分级用户，应杜绝设置超级管理员。重要的用户或管理员需要二次认证，即采取双人管理方式，增加生物特征识别、动态验证码，要定期提示用户更换密码。

2）建立特定功能的专用用户

比如数据库用户，当对数据库进行操作时，应使用数据库专用用户的身份，避免使用超级用户身份。

3）应设置好系统中用户的权限

系统在设置用户的权限时，应注意用户的权限设置要恰当，应保证普通用户对用户文件不能有可写、可删除的权限，各账户之间相互独立。

4）操作系统的选择，应与系统的安全性要求相匹配

应选用能满足用户安全要求的操作系统，且管理员要时刻了解操作系统及其他系统软件发布的动态及漏洞更新，及时安装补丁程序。

3．用户授权和安全访问控制

为了确保用户授权和安全访问控制，利用系统的基本定制功能实现对用户属性的配置。

（1）新建用户及用户组、新建角色可为多层嵌套结构，按不同用户级别和组级别进行权限分配。

（2）系统中不应存在超级用户，角色的权限应遵循最小权限分配原则，管理员级用户应相互制约。

2.1.4　传输级安全设计

通常情况下，传输级安全包括两个方面的内容，即传输的数据安全和传输的线路安全。

1．传输的数据安全

对于传输的数据安全，根据用户的需要，可采取特种防护设备，比如，使用端到端加密技术对数据进行防护，即需要在有一定距离的两个安全域之间传递信息时，在这两个安全域的边界分别加上数据加解密设备对传输的数据进行安全防护，以此来达到在两个安全域之间安全传输数据的目的。

在数据安全传输的安全措施中，会用到数据的加密算法和密码，要选用符合安全要求的加密算法。要依照《中华人民共和国密码法》，使用核心密码、普通密码和商用密码来保护网络和信息安全。

在网络系统的整个传输链路中，应采用安全的网络传输协议，避免明文传输，如采用HTTPS，实现传输加密。

2．传输的线路安全

在传输线路上要做好安全保护措施，对线路进行安全防护，是数据安全传输的重要内容之一。必要的时候，对传输的线路应采取物理保护措施，比如采取屏蔽措施，防止线路电磁信号泄漏；防止线路被搭载，等等。

在数据传输过程中，应尽量采用数据直传的方式，即在中转服务器上数据不落地，不进行临时存储，防止数据在中转服务器上留痕。

对于传输的线路，可以采用专用的线路，如 VPDN；也可采用虚拟私有网络，如 VPN 等实现链路加密。

2.1.5　应用级安全设计

应用级安全主要是指系统的应用软件产品的安全。选国产的产品，从主观上讲，其安全性是能够驾驭的、能够溯源的，不存在"黑盒"技术，因此自主研发、自主创新应该是始终坚持

的、最有效的技术措施。

通常，应用软件的安全设计主要针对如下几个方面。

1．用户授权及访问控制

不同的应用程序应创建不同的独立用户，对各个用户可授予不同的系统权限。各应用程序中的账户管理员、权限管理员、安全审计员、数据库管理员、密钥管理员的权限要相互独立，要采用双因子认证体系进行系统认证。可以将生物特征识别系统、动态码认证技术引入该系统管理中，如人脸识别、指纹识别、虹膜识别、声音识别、笔迹识别、步态识别、手机获取动态码以及与用户互动等。

（1）系统应采用双因子认证体系登录认证。

（2）每一个用户都要与用户专有的 UKey、专有终端、生物特征等捆绑。

（3）要细化"系统管理员"的权力，设计多重管理机制，使系统管理员的权力最小化。

（4）要建立独立的系统管理员的专用数据库，并且要进行加密存储，最好使用用户自定义的加密算法。

（5）要分配好每个用户的权限，包括系统运维用户。普通用户没有真正删除系统数据的权限，只有标识删除数据的权限，即使是对用户自己生成的数据。

由于现代科学技术发展非常迅猛，技术变化和技术更新非常快，因此无论应用哪种身份识别认证技术，在实施前，都要对应其安全等级要求进行安全性风险评估。

2．完善日志管理机制

系统日志需要对用户登录、访问行为和实际操作等进行记录。系统日志是网络系统中数据等级最高的，通常是不允许被访问的，只有必要的时候，安全审计员才能调阅、查看。应用程序日志可以针对不同类别的问题自定义日志等级。记录程序报错，能方便管理员维护程序。

3．数据的安全管理

网络系统中每一名用户都会产生自己的专有数据，应对自己的专有敏感数据进行安全加密、权限设置，可以针对每一部分设定使用范围，以此来保障专有敏感数据的安全。

4．应用软件的加密处理

（1）通信协议加密。应采用加密的传输协议，如 HTTPS、SFTP 协议。

（2）可执行程序代码加密。应防止对用户授权和安全访问控制程序进行解密。

（3）密码管理员负责对系统的加密算法和密钥进行管理，从而保证系统数据库中的核心数据的安全。

5．输入参数安全认证

对应用软件输入的参数要采取严格的检验措施，避免成为网络系统的薄弱点。

2.1.6　数据安全设计

无论什么数据信息都需要载体，通常服务器就是数据信息的载体，服务器就是存储机密信息的基础平台。为了保证数据安全，需要在信息泄露事件发生之前能够得到预警、提前防范；在信息泄露事件发生时能够主动实时防护；在信息泄露事件发生之后做到及时报警、快速响应、恢复及溯源，即在预警、防护和响应三个层次上进行主动防护。

数据安全的威胁主要来源于接入网络系统的（合法的、非法的）终端用户，因此要严格地管理和约束终端用户的行为。采用准入控制技术，使用技术手段进行控制，对于违反安全策略的终端用户，应限制其访问网络资源，从而保证所有接入网络内部的终端符合用户安全策略要求和特别信息防泄露的要求。

1. 数据防泄露措施

1）建立敏感信息样本库

针对不同类型的数据，可以采用不同的方式定义敏感信息来进行检测：针对结构化格式数据，采取精确数据匹配的方式；针对非结构化数据，采取索引文件匹配的方式，且对敏感样本数据库进行定期更新，保证敏感样本数据库始终是最新的。

2）制定监视和防护策略

用户可以自定义数据访问策略，每种策略都是检测规则和响应规则的组合。当违反一种或多种检测规则时，将发生安全事故。在异常事故中将会通过特定数据和发送人/接收人的"白名单"进行过滤。策略中的每个检测规则都被指定一个严重性等级，事故的总体严重性由所引发的最高严重性级别确定。用户还可以定义消息组件，如正文、标题或附件，针对这些组件可以给出检测规则。

3）部署监视防护策略，检测敏感数据

当用户创建监控策略后，它们被立即推送到所有适用的服务器上。服务器对扫描入库、检索、出库的消息或文件、破解的内容进行检测后，将散列数据与扫描服务器中包含的检测规则进行比较，完成对敏感数据的检测。

服务器中可以采用分布式检测，以提高检测效率、节省检测时间。

4）网络数据泄露防护

网络数据泄露防护（Data Leakage prevention，DLP）系统，又称数据丢失防护（Data Loss prevention，DLP）系统，是指通过一定的技术手段，防止网络的指定数据或信息资产，以违反安全策略规定的形式流出的一种系统。

DLP 系统有提供专门的数据访问接口的服务器。该服务器可以位于隔离区（也称"非军事化区"，Demilitarized Zone，DMZ）的网络出口，以查看其是否包含敏感信息。DMZ 网络中需添加加密、隔离和拦截包含敏感数据的 Web 和 FTP 通信协议，可以检查最有可能丢失保密数据的流量，如可以用敏感信息样本库，对网络上传输的数据进行实时监测，以此来保证网络传输的内容没有敏感信息。

5）存储数据泄露防护

通过安全策略识别文件服务器、数据库服务器、数据存储库中泄露或驻留的保密数据，来检查数据是否存在违反安全策略的情况。通过检测网络出口的传输流量，分析离开网络的数据流，实现对读取的文件及其包含的其他数据的扫描。如果发现违反预先制定的数据丢失策略的敏感数据，则会激活自动响应规则，并向管理员发送事故通知，采取事故补救措施，并最终形成报告。

2. 数据备份管理

系统数据备份是非常重要的一项内容。在系统运行过程中，经常会由于设备故障以及其他因素，导致系统崩溃、数据库的毁坏，因此为了系统数据安全，必须进行数据备份。

一般系统中应有备份、先备份后恢复、导出数据、恢复等工作模式，具体内容如下。

（1）可采用完全备份与增量备份相结合的方式进行数据备份。

（2）数据备份时间频度应结合系统的数据增量来确定，如每天一次、每周一次。

（3）除对系统数据进行定期备份之外，当系统数据有变化时，必须当天进行备份。

（4）备份介质可为磁带、可移动存储设备、硬盘柜、备用存储服务器等，应避免使用本机硬盘进行备份。

（5）对备份设备及介质必须进行定期检查和维护，要保证不能由于设备及介质的原因而耽误数据备份。

（6）应定期对备份的正确性和完整性进行检验。

（7）备份工作必须由专人负责，备份介质由专人保管，要确保备份数据的安全。

（8）可使用专业热备份软件做灾难备份。

（9）当系统发生故障时，应及时利用备份文件将系统恢复至最近的正常状态，并通知用户及时补充故障期间丢失的数据，直至恢复到系统发生故障前正确的数据状态。

数据安全技术保障措施如图 2-6 所示。

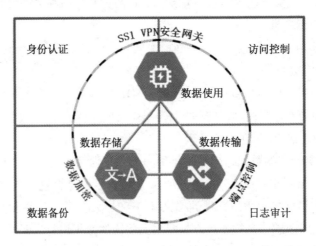

图 2-6　数据安全技术保障措施

数据链路安全技术保障措施如图 2-7 所示。

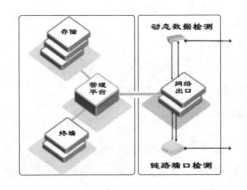

图 2-7　数据链路安全技术保障措施

2.1.7　边界防护设计

从基本特性上讲，安全域是指同一环境内有相同的安全保护需求，相互信任，并具有相同的安全访问控制和边界控制策略的网络或系统。每个安全域具有基本相同的安全特性，如安全级别、安全威胁、安全风险等。一个系统应依据这些特性，将资产归入不同的安全域中，来实施不同的安全保护。

一般来讲，为了网络安全管理的需要，需要将网络划分安全域或局部内部网络，每个安全域都需要进行安全防护，在每个安全域的边界也要做好边界防护，实现安全域的访问能够被控制，即安全设备能够对安全域进行访问控制，通过合理配置安全网关来管理安全域是一种行之有效的办法，还应使管理员能够随时对安全域进行阻断、脱网等操作。重要的网络设施和区域需要加强防护，系统内部安全域之间也要采取安全防护措施。这是建设网络时应重点关注的一个方面，也是网络安全防护重点关注的内容。

通常，网络安全边界防护有专门的边界防护系统（Border Protection System，BPS），该系统应具有如下的功能。

（1）该系统能够保护内部网络不受外网的攻击，内部网络只有通过专用的接入服务器才能通过 BPS 访问外部网络中的转发服务器。

（2）外部网络中只有转发服务器上的转发程序才能通过 BPS 访问系统内部网络。

（3）该系统支持 VPN，能实现端到端高强度加密。

（4）为增强网络系统的安全性，对网络访问控制应采取如下措施。

① 依靠在安全网关或交换机上划分 VLAN 及设置访问控制列表来防止病毒或黑客在服务器与终端之间传播或访问，而且对于每个端口要与连接设备 IP 地址、MAC 地址绑定，以确保网络系统访问设备的唯一性。

② 在重要服务器之前要增加主机防护系统（Host Protection System，HPS），来保证终端访问数据库服务器的合法性。

2.1.8　安全设备配置

网络系统中为保证其安全性，一般会部署满足各种安全要求的安全设备。

为更好地发挥安全设备的作用，最好选用单一功能的安全设备，而多功能的、一体化的安全设备一般较适合低保密要求的小型网络。

应尽快实现网络信息设备本土化，尽可能选用国产设备，要选用通过国家相关主管部门安全认证的安全设备。有行业特殊要求的，按特殊要求选用。

下面推荐几种安全设备配置方案。

1．最低配置

安全设备最低配置方案如图 2-8 所示，包括防火墙、入侵防御系统（IPS）、网络版杀毒软件等。

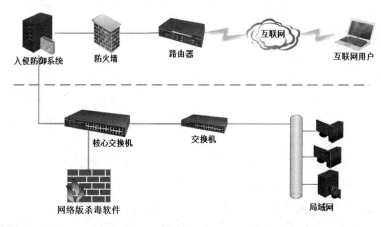

图 2-8　安全设备最低配置方案

2．基本配置

安全设备基本配置方案如图 2-9 所示，包括防火墙、入侵防御系统（IPS）、防毒墙、入侵检测系统（IDS）、网络版杀毒软件、双向网闸、Web 应用防火墙（WAF）、日志审计系统（含数据库审计功能）、漏洞扫描设备等。

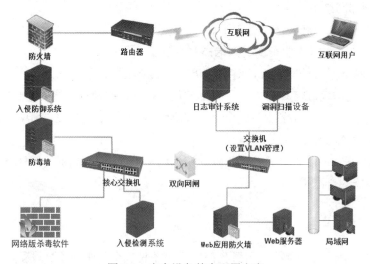

图 2-9　安全设备基本配置方案

3．中级配置

安全设备中级配置方案如图 2-10 所示，包括防火墙、入侵防御系统（IPS）、防毒墙、入侵检测系统（IDS）、网络版杀毒软件、双向网闸、Web 应用防火墙（WAF）、日志审计系统、漏洞扫描设备、堡垒机、抗 DDoS 攻击设备，双因素认证设备（令牌）、IP 地址管理设备、运维管理设备、数据备份系统等。

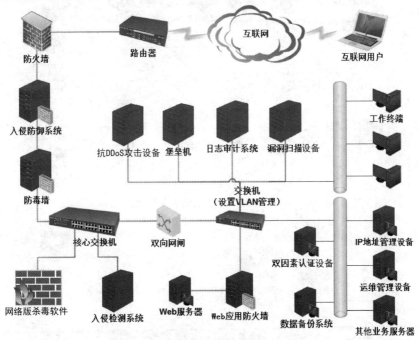

图 2-10 安全设备中级配置方案

4．较高级配置

安全设备较高级配置方案如图 2-11 所示，包括链路负载均衡设备、防火墙、入侵防御系统（IPS）、防毒墙、入侵检测系统（IDS）、网络版杀毒软件、安全管理中心（Security Operations Center，SOC）、双向网闸、Web 应用防火墙、日志审计系统、漏洞扫描设备、堡垒机、抗 DDoS 攻击设备、双因素认证设备、IP 地址管理设备、运维管理设备、数据备份系统、服务器负载均衡设备等。

安全管理中心是一个管理、控制中心，其他的设备信息都是它的前端数据信息，因此其连接的位置和配置需要仔细斟酌。

5．高级配置

安全设备高级配置方案如图 2-12 所示，包括链路负载均衡设备、防火墙、入侵防御系统、防毒墙、入侵检测系统、网络版杀毒软件、安全管理中心、双向网闸、Web 应用防火墙、日志审计系统、漏洞扫描设备、堡垒机、抗 DDoS 攻击设备、双因素认证设备、IP 地址管理设备、运维管理设备、数据备份系统、服务器负载均衡设备、异地应用容灾设备、本地应用容灾设备、防高级持续性威胁（APT）攻击设备、态势感知平台等。

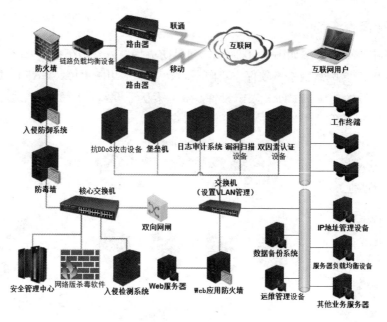

图 2-11 安全设备较高级配置方案

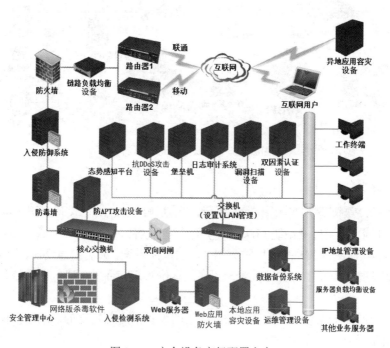

图 2-12 安全设备高级配置方案

对于安全设备内部的配置、安全策略设置，可以根据选用的具体安全设备的性能进行配置，具体参考相应的产品手册即可。

2.1.9 机房安全设计

机房是存储服务器和网络设备的重要场所，需要对其进行严格管理。

1．机房安全要求

（1）电梯和楼梯不能直接进入机房。

（2）建筑物周围应有足够亮度的照明设施，能很清晰地观察周围的情况。

（3）进出口应有监视报警系统。

（4）机房进出口须设置应急电话。

（5）机房供电系统应与照明用电分开，供电系统最好采用双路供电。

（6）机房及疏散通道应配备应急照明装置。

（7）机房周围 100m 内不应有危险建筑物。

（8）进出机房时要更衣、换鞋，机房的门窗在建造时应考虑封闭性能。

（9）机房内照明应达到规定标准。

2．环境监控

监控系统是一种有效的防护措施，能对系统运行的周围环境、操作环境实施监控或监视，如机房内采用视频监控系统、人像报警系统和红外入侵报警设备，要做到安全监控无死角。对重要的机房和场所，还应采取特别的防盗措施，如值班守卫、出入口安装金属防护装置、安装双因子门禁系统等。

特别注意，视频监控系统不要摄录到应用系统显示屏、键盘等敏感部位。

3．三度控制

机房要做好对温度、湿度及洁净度的控制，要安装空调、加湿去湿设备、新风设备、空气清洁设备。

4．防静电

静电会使计算机运行时出现随机故障、误动作或运算错误，而且大规模集成电路对静电极其敏感，很容易因静电而损坏，这种损坏是不可逆的。静电引起的问题有时很难查出来，有时还会被误认为是软件故障，从而造成工作混乱。所以防静电是非常重要的，一定要做好对静电的防护。

静电防护和去除措施如下：

（1）要严格控制静电源，尽可能抑制或减少机房内静电荷的产生，从根源上消除静电。

（2）要使用泄漏法使机房内静电导电材料和静电耗散材料上的静电荷通过一定的路径泄漏到地下，在一定的时间内将产生的静电荷及时地泄放掉，从而及时地安全可靠地消除机房内产生的静电荷，避免静电荷积累。

要保证机房内的金属机柜外壳、金属设备外壳、线缆屏蔽层、金属桥架、金属屏蔽网（包括静电底板）等均与局部等电位接地端子板电气导通良好。

（3）机房内一般应采用乙烯材料装修，避免使用挂毯和地毯等吸尘、容易产生静电的材料。

（4）要保持机房有适当的湿度，主要用于释放机房空气中游离的电荷，降低空气中电荷的浓度。机房的湿度应适当，以不结露为宜，以免因湿度过大损坏设备。

（5）要定期对防静电设施进行维护和检验，确保防静电设施完好无损，防止计算机出现故障。

（6）对绝缘材料，要使用离子静电消除器（中和法），使物体上积累的静电荷通过吸引空气中的异性电荷而被中和掉。

5．电源措施

（1）对电源线干扰，如中断、异常中断、电压瞬变、冲击、噪声、突然失效事件等，应有针对性地采取相应的有效措施对其进行处置。

（2）应对电源采取必要的保护措施，目前其保护装置有：金属氧化物可变电阻（MOV）、硅雪崩二极管、气体放电管（GDT）、滤波器、电压调整变压器（VRT）及不间断稳压电源（UPS）等。

（3）机房应配置预防电压不足或电压下跌的设备，如配置 UPS 电源、应急发电机组等。

（4）当电源电压波动超过允许波动的范围时，需要进行电压调整，允许波动的范围通常在 ±5% 内，应增加自动电压调节器或滤波稳压器，以及紧急开关设施等。

6．机房布线

（1）预留电源、信号线缆要适当，应割掉多余的部分，让线缆尽量平铺放置。

（2）应分开敷设强电线路与弱电线路，要防止强电干扰；在布置信号线缆的路由走向时，应尽量减小由线缆自身形成的感应环路面积，以免产生感应干扰。

防静电地板下面的强电线缆与弱电线缆应当分开敷设，并保持合理间距，以免产生电磁信号泄漏和干扰。

（3）对进入机房的线缆屏蔽层、金属桥架、光缆的金属接头等，在进入机房前应做一次接地处理，即与机房内汇流排可靠连接，并接地。

（4）机房的接地主干线应采用铜或银质材料，截面积应不小于 16mm²，并与机房内设置的局部等电位接地端子板可靠连接，机房内的其他接地线路，也应与该接地端子板可靠连接，可消除不同接地之间的电位差。

（5）机房应配备防雷设施。

7．防火、防水、防虫咬

为避免机房发生火灾、水灾、虫咬等，应采取如下措施。

（1）要安装火灾报警系统，要配备灭火设施，如气体灭火设备等。

（2）要修建火灾隔离装置，安装防火隔离门。

（3）要安装水位报警系统，防止水灾的发生。

（4）要部署防虫设施。

8．做好电磁防护

要做好机房的电磁屏蔽以防止电磁干扰。防电磁信息泄露技术包括对泄露信息的分析、预测、接收、识别、复原、防护、测试、安全评估等技术。电磁信息泄露有两种途径：一是以电磁波的形式辐射出去，主要是指计算机内部产生的电磁辐射；二是通过各种线路和金属管道（如计算机系统的电源线、机房内的电话线、上下水管道和暖气管道及地线等）传导出去的传导辐射。

目前主要的电磁防护措施有两类：一类是对传导发射的防护，主要通过对电源线和信号线加装性能良好的滤波器，减小传输阻抗和导线间的交叉耦合；另一类是对辐射的防护，为提高电子设备的抗干扰能力，除提高芯片、部件的抗干扰能力外，主要的措施有屏蔽、隔离、滤波、吸波、接地等。其中屏蔽是应用最多的方法，如安装防辐射设备，使用屏蔽网线、屏蔽水晶头、机房屏蔽、机柜屏蔽等，必要的时候可以采用电磁干扰措施，来防止机房发生电磁泄漏。

9．完善安全管理

（1）硬件安全管理。

① 要加强硬件资源的安全管理。

② 要加强硬件设备的使用管理。

③ 要加强常用硬件设备的维护和保养。

（2）要完善系统运行维护管理制度。

（3）要完善计算机管理制度。

（4）要完善文档资料管理制度。

（5）要完善操作人员及管理人员的管理制度。

（6）要完善计算机机房的安全管理规章制度。

（7）要做好详细的工作记录。

2.1.10　信息系统安全检测

我们先来了解一下网络系统建设的一般过程：第一，要明确网络建设的安全要求；第二，依据相关的标准，制定网络系统的建设方案；第三，对制定的网络系统的建设方案进行安全评审；第四，根据通过的安全评审方案，对网络系统进行建设；第五，依据通过的安全评审方案，对建设完成的网络系统进行验收；第六，通过验收的网络系统，按照相关的管理规定要求，上线运行；第七，运行的网络系统要进行定期的安全检测。根据用户需求，选择国家信息系统等级保护安全测评、涉密信息系统分级保护安全测评、信息系统安全测试、信息系统安全风险评估、信息系统安全产品的测评认证等方法进行安全检测即可。

由此可见，信息系统安全检测是网络系统建设、运行的需要。

1．信息系统等级保护安全测评

信息系统安全等级保护是指对信息安全实行等级化保护和等级化管理。

根据信息系统应用业务的重要程度及其实际安全需求，分级、分类、分阶段实施保护，保障信息安全和系统安全正常运行。

等级保护的核心是对信息系统特别是对业务应用系统分等级、按标准进行建设、管理和监督。信息系统等级保护安全测评以是否符合信息系统等级保护基本要求为目的。

信息系统等级保护安全测评，国家有相应的标准，按照《信息安全等级保护管理办法》规定，信息系统安全保护等级分为五级，根据用户的安全需求，只需要严格执行即可。

等级保护安全测评流程如图 2-13 所示。

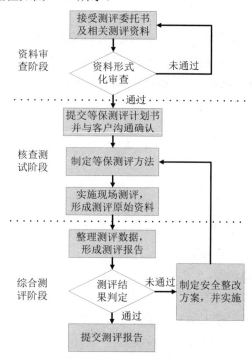

图 2-13　等级保护（简称等保）安全测评流程

2．涉密信息系统分级保护安全测评

涉密信息系统分级保护的对象是所有涉及国家秘密的信息系统。各级保密工作部门根据涉密信息系统的保护等级实施监督管理，对不同密级的信息实行分级保护，确保系统和信息安全，确保国家秘密不被泄露。

对涉密信息系统实行分级保护，就是要使保护重点更加突出，保护方法更加科学，保护的投入产出比更加合理，要合理平衡安全风险与成本，采取不同强度的保护措施。

涉密信息系统保护，根据涉密信息系统处理信息的最高密级，可以划分为秘密级、机密级和机密级（增强）、绝密级三个等级。

涉密信息系统分级保护安全测评，国家有相应的标准，根据确定的安全等级，只需要严格执行即可。

3．信息系统安全测试

信息系统安全测试是被委托的专业安全检测部门，根据用户的要求，对信息系统的特定项目进行的安全测试。

4．信息系统安全风险评估

安全风险评估是指以安全建设为出发点，对用户关心的重要资产的价值，潜在威胁发生的可能性及严重性进行的安全性评价，即对系统物理环境、硬件设备、网络平台、基础系统平台、业务应用系统、安全管理、运行措施等薄弱环节进行分析，并通过对已有安全控制措施的确认，借助定量、定性分析的方法，推断出用户关心的安全风险，并根据风险的严重级别制订风险处置计划，确定下一步的安全需求方向，进一步确定要采取的安全措施。

（1）信息系统安全风险评估的主要内容。

① 弱点评估。

弱点评估的目的是给出有可能被潜在威胁源利用的系统缺陷或弱点列表。所谓威胁源，是指能够通过系统缺陷或弱点对系统安全策略造成危害的主体。

弱点评估的信息是通过控制台评估、咨询系统管理员、网络脆弱性扫描等手段收集和获取的。

弱点评估的内容包括：技术漏洞的评估和非技术漏洞的评估。

技术漏洞主要是指操作系统和业务应用系统中存在的设计和实际缺陷。

非技术漏洞主要是指系统的安全策略、物理和环境安全、账号安全、访问控制、组织安全、运行安全、系统开发和维护、业务连续性管理等方面的不足或者缺陷。

弱点评估采取的手段有漏洞网络扫描、主机审计、网络安全审计、渗透测试。

② 威胁评估。

从宏观上讲，威胁按照产生的来源可以分为非授权蓄意或故意行为、不可抗力、人为错误，以及设施、设备、线路、软件错误等。

威胁评估的信息获取方法有渗透测试、安全策略文档审阅、人员访谈、由入侵检测系统收集和由人工分析得到等。

威胁评估采取的手段：历史事件审计、网络威胁评估、系统威胁评估、业务威胁评估。

③ 安全风险评估。

安全风险评估是组织确定信息安全需求的一个重要途径，是等级保护安全测评的一种手段。

安全风险评估以 PDCA 循环持续推进安全风险管理为目的。

PDCA 循环是全面质量管理所应遵循的科学程序，是质量计划的制定和组织实现过程，这个过程就是按照 PDCA 循环，不停顿地周而复始地运转的。其中，P（plan）——计划，是指方针和目标的确定以及活动计划的制订；D（do）——执行，是指具体运作，实现计划中的内容；C（check）——检查，是指总结执行计划的结果，分清哪些对了，哪些错了，明确效果，找出问题；A（action）——处理，是指对检查的结果进行处理，对成功的经验加以肯定，并予以标准化；对于失败的教训也要总结，以免重现，对于没有解决的问题，应提交到下一个 PDCA 循环中去解决。

（2）安全风险评估的过程，如图 2-14 所示。

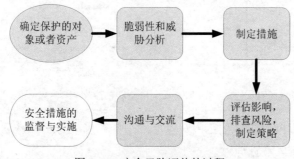

图 2-14 安全风险评估的过程

（3）安全风险要素关系图解，如图 2-15 所示。

（4）安全风险分析原理，如图 2-16 所示。

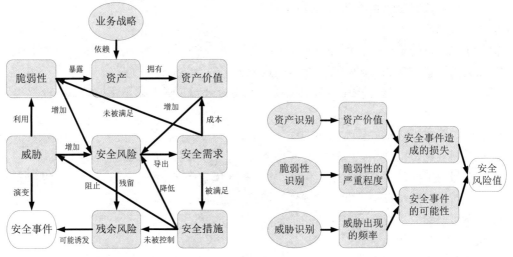

图 2-15　安全风险要素关系图解　　　　图 2-16　安全风险分析原理

（5）安全风险评估流程，如图 2-17 所示。

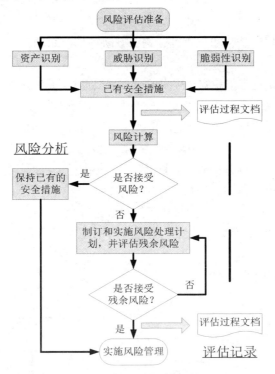

图 2-17　安全风险评估流程

安全风险评估流程：确定评估范围→资产的识别和影响分析→威胁识别→脆弱性评估→威胁分析→风险分析→风险管理。

（6）安全检测（测试）流程图解，如图 2-18 所示。

安全检测（测试）的目的是在技术上进行安全隐患排查。

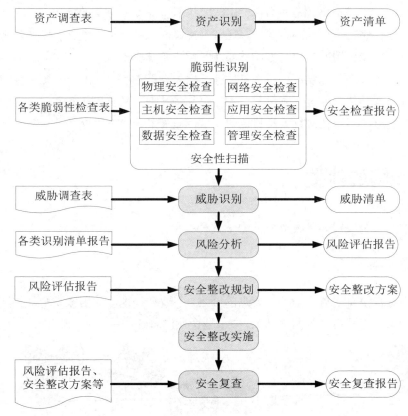

图 2-18　安全检测（测试）流程图解

（7）安全风险评估的形式。

信息安全风险评估分为自评估和检查评估两种形式；以自评估为主，自评估和检查评估相结合、互为补充。自评估和检查评估可依托自身技术力量进行，也可委托第三方机构提供技术支持。

自评估是指自己主动组织开展的风险评估。

检查评估是指信息系统上级管理部门组织的或国家有关职能部门依法开展的风险评估。

（8）安全风险评估的常用方法有：①检查列表；②文件评估；③现场观察；④人员访谈；⑤技术评估等。

5．信息系统安全产品的测评认证

根据相关规定，由具有测评资质的、权威的信息系统安全测评部门，按相应的国家标准、相应的程序、流程对信息系统安全产品进行测评认证。

6．使用"开源安全信息管理系统"对网络系统进行安全评估、防护、检测、响应

开源安全信息管理系统（Open Source Security Information Management，OSSIM），是一个

非常流行和完整的开源安全架构体系。OSSIM 通过将开源产品集成，提供一个能够实现安全监控功能的基础平台。它的目的是提供一种集中式、有组织、能够更好地进行监测和显示的框架式系统。OSSIM 是一个集成解决方案，其目标并不是开发一个新的功能，而是利用丰富的、强大的各种应用程序，包括 Snort IDS、NMAP、Nessus 及 Ntop 等开源系统安全软件。在一个保留它们原有功能和作用的开放式架构体系中，将它们集成起来。而 OSSIM 的核心工作在于负责集成和关联各种产品提供的信息，同时进行相关功能的整合。由于开源项目的优点，这些工具已经是久经考验的、经过全方位测试的、可靠的工具，因此我们可以使用 OSSIM 对信息系统进行安全检测，但是在进行安全检测时，要保证被检测系统的安全。

2.2　局域网的种类

局域网按照安全级别要求大致分为如下几种类型。

2.2.1　普通网络

普通网络是指没有明显安全等级要求的网络，不适合处理有关国家安全、社会秩序和公共利益的信息，如家庭网络（见图 2-19）、中小型企业的普通网络。

图 2-19　小型家庭网络

为了网络系统能够正常稳定地运行，日常有必要采取一定的安全防护措施。当网络不用时，最好断开上网连接，使用时再重新拨号上网，这样能有效地防止被攻击。

经常或定期断网、重新拨号上网，能变换上网的 IP 地址，从而有效地防止被恶意攻击；上网连接时间不固定，也能使黑客难以追踪到固定的目标。

2.2.2　内部级网络

内部级网络（用户定制网络）通常是指安全级别介于普通网络和等级保护网络之间的网络，有时也指安全级别介于等级保护网络和分级保护网络之间的网络，如图 2-20 所示。

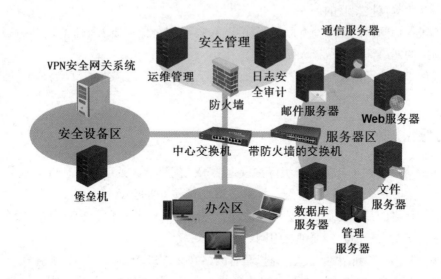

图 2-20　内部级网络

内部级网络可以建成与互联网相通的，也可以建成与互联网隔离的，内部独立运行的网络。这主要取决于用户的需求和对局域网安全性的要求。

与国际互联网互联互通的网络，如图 2-21 所示。

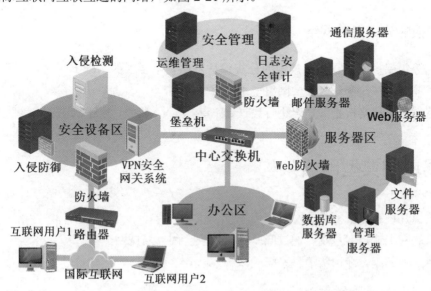

图 2-21　与国际互联网互联互通的网络

2.2.3　等级保护网络

等级保护网络是指符合国家等级保护规定要求的网络，其处理的信息与其相应的安全等级要求相当。其有五个等级：一级至五级，五级安全等级最高，通常四级以上的等级保护网络是不允许与互联网直接相联的。

三级等级保护网络是可以与互联网互联互通的，其安全保护要求比较高，是可应用在互联网上的较高级的网络信息系统，如网上银行。

对等级保护网络系统，应严格按相关规定进行设计、评审、建设、（测评）验收、运行、管理等。

2.2.4　分级保护网络

分级保护网络是指符合国家分级保护规定要求的网络，其处理的信息与其相应的安全等级要求相当，共有三个等级：秘密级、机密级和机密级（增强）、绝密级。

分级保护网络的基本要求是与公共互联网物理隔离，网络中不允许有无线的设备和终端，建立的网络安全要求较高，需要独立组网。

分级保护网络一般可以通过建立虚拟私有网络（如 VPDN 或 APN）、加强安全域的边界防护、增强安全域的访问控制、加强系统传输的保密性（加密传输）等来增强系统的安全性。用户根据需要对安全设备、安全策略、安全措施、应用系统等进行部署、配置、合规设计来达到技术安全要求。

分级保护网络要严格按相关规定进行设计、评审、建设、验收、测评、运行、管理、终止等过程。

2.2.5　增强的分级保护网络

增强的分级保护网络是指在规定的分级保护网络安全要求的基础上，对某些要求的安全要点进行了补充，按这个分级保护网络要求建设的网络。

该网络系统要严格按相关规定进行设计、评审、建设、验收、测评、运行、管理、终止等。

2.3　局域网典型网络架构

本节给出几种有保密要求的网络应用场景。

（1）互联网上特定客户端，通过互联网与"安全的"局域网交互。

（2）建立内部级、涉密级信息系统。

2.3.1　连通互联网的局域网

【本节的重点是防范来自互联网的攻击和局域网的安全防护】

欲建立局域网，首先，要根据局域网的安全需求来设计满足安全需求的网络系统架构；其次，根据业务需求来设计满足业务需求的系统功能。

在设计网络系统架构时，要划分好各种安全域，如公共域、信息敏感域、企业核心域、普通办公域、核心办公域、监控域、运维域、日志审计域、应急处置域等，在此基础上，再设计、制定、实施各种网络安全防护措施，做好网络安全防护。

经过策划给出满足一定安全需要的网络架构和安全防护措施，如图 2-22 所示。

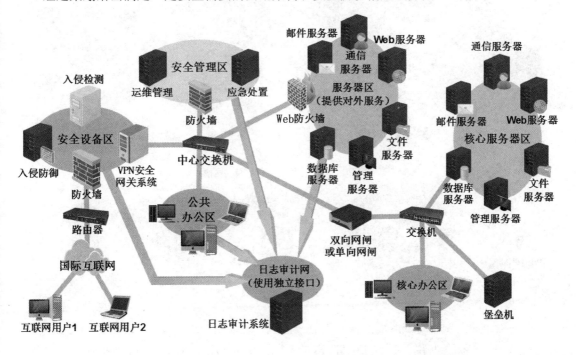

图 2-22　日志审计系统与运行网分离

由图 2-22 可知，该网络系统中有安全设备区、公共办公区、安全管理区、服务器区、核心服务器区、核心办公区、日志审计网、堡垒机及必要的网络设备。下面简要地对其进行介绍。

安全设备区中的安全设备主要用于防护来自互联网的攻击、对网络数据进行安全过滤、对接入网络的互联网用户进行安全认证、对网络系统进行安全检测等。

公共办公区是网络系统中处理公共事务的区域。

安全管理区是网络系统中用于对系统进行日常维护、监控系统运行、事件应急处置等的工作区域。

服务器区是网络系统中提供普通对外服务的区域，其存储的是普通的数据。

核心服务器区和核心办公区是网络系统中处理企业敏感数据的区域，通过双向网闸或单向网闸与前端的普通工作区域网络分离。核心区域的日志系统要单独建立。

日志审计网是记录网络系统中所有用户行为的区域。为了提高日志审计网的安全性、可靠性，可以将其独立组网，即所有网络中的安全设备日志、登录记录、行为记录、操作记录等都通过其特殊的端口或经单向网闸导入日志审计系统，从而保证网络系统日志的真实性和完整性。

在普通的网络中也可加入无线局域网，如图 2-23 所示。

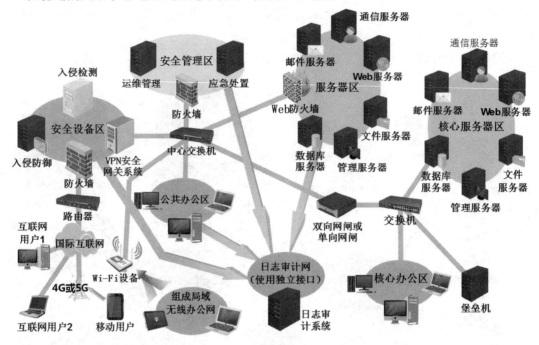

图 2-23　在网络中加入无线局域网

在网络中加入无线局域网后，在本地办公区域附近的用户可以使用 Wi-Fi 登入办公网络。要注意 Wi-Fi 设备的功率，要控制好 Wi-Fi 的范围，做好 Wi-Fi 区域的安全防护。

除了无线局域网，也可以采用无线路由桥接的方式连接网络，如图 2-24 所示。

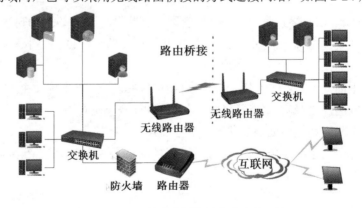

图 2-24　以无线路由桥接的方式连接网络

此外，还可选择其他不同的上网方式，如图 2-25 所示。

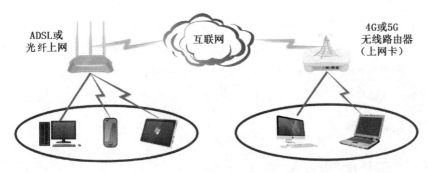

图 2-25　采用不同的上网方式

巧妙地利用热点或 Wi-Fi 来截获先进的智能手机或智能设备的传输数据信息或流量,可以实现对智能手机或智能设备的无损安全检查。

我们要根据局域网不同的用途,选用不同的安全防护方案,采取不同的安全防护策略。比如,选用不同的安全设备,采取不同的安全配置等。具体请参见第 4 章。

2.3.2　互联互通的局域网

【本节的重点是局域网之间的安全防护】

我们先来看图 2-26 所示的网络结构。

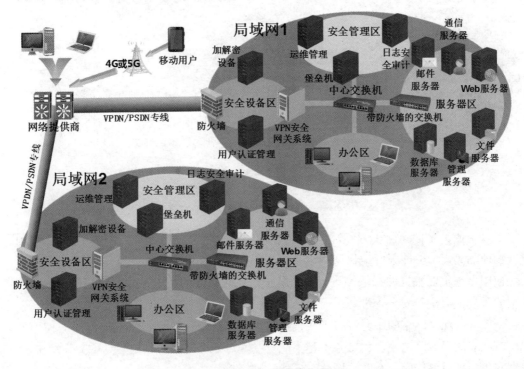

图 2-26　通过专线连接局域网

本方案是通过 VPDN 或 PSDN 数据专线,将两个或多个局域网连接起来,以此来保证局域网之间的传输安全;各局域网的数据实行数据属地管理。如果有中心局或总局,那么各中心局向总局上报信息，总局统筹管理，指导各中心局的工作。

　　网络终端用户可以临时通过数据专线，经安全认证后登入网络系统；移动用户也可以使用4G 或 5G 的专用物联网卡临时通过数据专线，经安全认证后登入网络系统。（由无线通信接入网络系统，会给网络系统带来一定的安全隐患。）

2.3.3　隔离的局域网

【本节的重点是局域网内部的安全防护】

　　对隔离的网络来说，有时也有不同安全级别要求，其网络连接方案如图 2-27 所示。

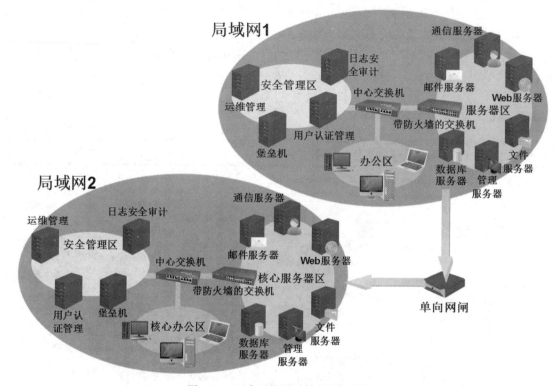

图 2-27　两个网络通过单向网闸连接

　　如以企业、行业、组织、行政区域、国家部委等为单位，建立独立的网络系统，与国际互联网物理隔离，一般能很好地保证网络系统的安全性。

　　使用堡垒机对独立的局域网进行安全防护是比较有效的技术手段。独立的局域网的安全性很大程度上取决于安全管理。

　　一般分级保护网络中不允许有无线设备，不允许连接互联网。

　　对独立的局域网来说，病毒并不是不能入侵（对隔离网络的入侵参见 5.3 节），因此，对局域网也要采取严格的安全防护措施，不能掉以轻心。

第 3 章

组建访问互联网的网络

本章主要介绍建设网络所需要的一些基本网络设备,并搭建能与互联网网站、移动用户、企业客户等互联互通的、满足基本安全需求的局域网。

3.1 基本的网络设备

我们先来介绍网络中几个重要的网络设备:路由器、交换机和集线器。

3.1.1 路由器

路由器又称网关设备,是连接国际互联网(又称因特网,Internet)中各局域网、广域网的设备,它会根据信道的情况自动选择路径,从而以最佳路径,按前后顺序发送信号。

1. 路由器的功能

路由器是互联网的枢纽,就好比"交通警察",用于连接多个逻辑上分开的网络。逻辑网络代表一个单独的网络或者一个子网。当数据从一个子网传输到另一个子网时,可通过路由器的路由功能来完成。作为不同网络之间互相连接的枢纽,路由器构成了基于 TCP/IP 协议的国际互联网的主体脉络,也就是说,路由器构成了国际互联网的骨架。因此,路由器具有判断网络地址和选择 IP 路径的功能,能在多网络互联环境中,建立灵活的连接,可用完全不同的数据分组和介质访问方法连接各种子网。路由器只接收源站或其他路由器的信息,属于网络层的一种互连设备。

目前路由器已经广泛应用于各行各业,各种不同档次的产品已成为实现各种骨干网内部连接、骨干网间互联和骨干网与互联网互联互通业务的主力军。

路由器的一个作用是连通不同的网络,另一个作用是选择信息传送的线路。

路由器处理速度是网络通信的主要瓶颈之一,它的可靠性会直接影响网络互联的质量。

2. 路由器的工作过程

路由器有静态路由、动态路由、策略路由等工作方式。

静态路由是指在路由器中设置固定的路由表。除非网络管理员干预，否则静态路由不会发生变化。

动态路由是指路由器能够自动地建立自己的路由表，并且能够根据实际情况的变化适时地进行调整。

静态路由不能对网络的改变做出反应，一般用于拓扑结构固定的、比较简单的网络（简单不代表规模小）。静态路由的优点是简单、高效、可靠。在所有的路由中，静态路由优先级最高。当动态路由与静态路由发生冲突时，以静态路由为准。动态路由能够根据链路和节点的变化适时地进行自动调整，能自动进行健康检测，选择最佳的可用路由。动态路由一般应用在比较复杂的网络环境。使用静态路由的好处是网络安全，保密性高，可靠性好。也有些大型项目，采用虚拟化等技术，将多台高端路由设备，虚化成一台逻辑设备，简化拓扑，然后使用静态路由。

策略路由，也称为基于策略的路由，是指在决定一个 IP 包的下一跳转发地址时，不是简单地根据目的 IP 地址或源 IP 地址来决定，而是综合考虑多种因素来决定。它转发分组数据报文到特定网络需要基于预先配置的策略，这个策略可能指定从一个特定的网络发送的信息被转发到一个指定的接口。

策略路由是根据一定的策略进行报文转发的，因此策略路由是一种比静态路由更灵活的路由机制。在设备转发一个数据报文时，首先根据配置的规则对报文进行过滤，匹配成功则按照一定的转发策略进行报文转发。这种规则可以基于标准和扩展访问控制列表；而转发策略则是指控制报文按照指定的策略路由表进行转发，因此，策略路由是对传统 IP 路由机制的有效增强。策略路由有三种工作方式：目的地址路由、源地址路由、智能均衡路由。

3. 路由器的应用方法

随着对业务连续性保障要求的提高，以及对带宽需求的增加，越来越多的企业用户、政府用户采用多个因特网服务提供商（Internet Service Provider，ISP）接入的方式进行流量负载分担，并增加链路的冗余安全性。

针对该问题，市场上有些产品提供了 ISP 路由功能，根据不同的 ISP 确定下一跳地址，使不同 ISP 流量走专有路由，从而提高网速。例如，系统内置电信地址库和移动地址库，可以通过 ISP 路由实现 ISP 访问路径的自由选择。

ISP 路由的优先级和静态路由相同，低于策略路由。

常规情况下，路由的优先级是，策略路由>静态路由>动态路由。有可能不同厂商的设备上路由优先级是不同的，并且通过配置可以修改默认的路由优先级。

4. 路由器的安全问题

现在 Wi-Fi 热点到处都有，我们的移动设备也离不开这些无线路由器，但如果这些公共场所的路由器安全设置不到位，那么就有可能被黑客入侵，到时候所有连接该路由器的设备数据都会被黑客获取，黑客也可以通过无线路由器发送病毒到客户端，盗取用户网银等敏感信息。如何保护路由器已经是一个越来越重要的话题。一个局域网内至少需要一名管理员，比如家庭的无线路由器，总要有个人知道如何配置，管理员就有责任做好路由器的安全设置工作。

无线路由器现在不仅仅是家庭互联网中心，还是智能家居设备的控制中心。遭到黑客的攻击后，除了用户的个人隐私和财产会被窃取，甚至生活还会被打扰。遭受攻击后，用户的智能设备和智能家居设备还可能沦为僵尸网络，被黑客所控制，对网络上的其他设备发起攻击。因此，无论是无线路由器还是有线路由器，其安全性都是非常重要的。

路由器的无线热点是一个重要的安全隐患，很多都是通过无线热点入侵到路由器中的，因此要着重关注对路由器的无线热点的安全管理。

5．路由器的安全措施

1）开启 WPA2 无线密码

很多无线路由器都没有设置密码，任何移动设备都可以连上路由器，这样一方面会因为客户端太多而影响网速，另外，让黑客进入局域网也会影响用户的信息安全。还有很多密码是用 WEP 加密的，这种模式安全性非常低，所以最好开启 WPA2 加密。

此外，要将密码修改成"大小写字母+数字+特殊符号"的形式，而且密码的位数要足够长，这样不易被破解，有条件的情况下，使用 Unicode 码或汉字密码更好。同时，有些路由器在出厂时设置了默认的 SSID 和 Wi-Fi 密码，贴在设备的铭牌处。同型号的设备，Wi-Fi 密码一般都一样，所以建议用户修改成全新的 SSID 和 Wi-Fi 密码。

2）修改管理员账号和密码

保护无线路由器安全的第一件事，也是最简单的事，就是修改无线路由器后台的管理账户和密码。许多用户采用默认的账户和密码，导致黑客轻轻松松就接管了无线路由器的控制权。一旦被控制，路由器的 DNS 会被篡改，从而让我们访问的网页，都跳转到黑客的钓鱼网页，窃取用户的个人隐私和银行账户资料。因此在使用路由器之前，一定要首先修改管理后台的默认账户和密码，最好使用"大小写字母+数字+特殊符号"的形式，且密码在 10 位以上最佳，有条件的情况下，使用 Unicode 码或汉字密码。

3）修改路由器默认 IP 地址

大部分路由器的默认 IP 地址是 192.168.1.1，黑客在接入局域网之后就冒充这个 IP 地址来和客户端机器通信，这就是 ARP 攻击的原理。为了安全起见，应首先修改路由器 IP 地址。

4）设置黑白名单

如果密码不幸被窃取或破解了，那么黑白名单还可以抵挡一下。黑白名单可以与 MAC 地址和 IP 地址捆绑，也可以把某些域名设置成黑白名单，如果设置了白名单，不在白名单上的用户就无法登录系统，一般来讲，黑客就没什么机会连接到路由器上。

5）禁止远程管理路由器

路由器有个远程管理功能，可以允许外网指定 IP 地址的主机来控制路由器，这个功能一般用户用不到，为安全起见，可以把它关闭。

6）及时更新固件并关闭远程管理功能

通常厂商会在第一时间修补自己的安全漏洞，所以建议大家及时更新（无线）路由器的固件。如果不相信路由器的自动升级，可到产品官网下载最新的官方离线的固件升级包，再进行本地升级工作。升级完成后，最好立即进入路由器的管理后台，把设置中的远程管理功能关闭。

7）不要把路由器放在公共区域

如果把路由器放在室外屋顶等位置，别人就能够直接接触到路由器，这样不管你设置了什么，他只要按下 Reset 键就能恢复出厂设置了，然后控制权就被他获取，所以物理安全非常重要，如果在这里出了问题，那么其他工作就都白做了。

8）对路由器的管理端口要严格管理

不要将管理端口接入网络系统的"运行网络"，否则一旦黑客入侵运行网络，就可以轻松访问、控制路由器。

6. 虚拟路由器冗余协议

通常，同一网段内的所有主机都设置一条相同的以网关为下一跳的默认路由，网段内的主机发往其他网段的报文将通过这个默认路由发往网关，再由网关进行转发，从而实现主机与外部网络的通信。当网关发生故障时，本网段内所有以网关为默认路由的主机将无法与外部网络通信。

默认路由为用户的配置操作提供了方便，但是对默认网关设备提出了很高的稳定性要求。增加出口网关是提高系统可靠性的常见方法，如何在多个出口之间进行选路就成为需要解决的问题。虚拟路由器冗余协议（Virtual Router Redundancy Protocol，VRRP）将可以承担网关功能的路由器加入备份组中，形成一台虚拟路由器，由 VRRP 的选择机制决定哪台路由器承担转发任务，局域网内的主机只需要将虚拟路由器配置为默认网关即可。VRRP 是一种容错协议，在提高可靠性的同时，简化了主机的配置。在具有多播或广播能力的局域网，如以太网中，借助 VRRP 能在某台设备出现故障时提供高可靠的默认链路，这样就有效避免了单一链路发生故障后网络中断的问题，而无须修改动态路由协议、路由发现协议等配置信息。

7. 路由器的安全管理

为了做好路由器的安全防护，我们应采取以下的防范措施。

（1）有条件的情况下，要严格管理路由器的管理端口，要将路由器的管理端口与系统的运行网络分离。

（2）要尽量使用 Console 口管理路由器。

（3）可能的情况下要关闭"带内管理"（网内管理）功能。

（4）如果要使用"带内管理"功能，要采取 MAC 地址和 IP 地址绑定管理员计算机的有效措施，使只有指定的管理员计算机才能对该路由器进行管理。

日常要保护好、管理好管理员的计算机，如果不是必需的，那么平时可以将管理员计算机关机或脱网。

3.1.2　交换机

交换机（Switch）是一种用于电（光）信号转发的网络设备，可以为接入交换机的任意两个网络节点提供独享的电信号通路。最常见的交换机是以太网交换机，即网络交换机，它是一个扩大网络连接能力的设备，能为子网络提供更多的连接端口，因此有时称为多端口网桥。

1．路由器与交换机的区别

路由器和交换机之间的主要区别就是交换机发生在 OSI 参考模型第二层，即数据链路层，而路由器发生在第三层，即网络层。这一区别决定了路由器和交换机在传输信息的过程中需使用不同的控制信息，所以说两者实现各自功能的方式是不同的。

2．核心交换机和普通交换机

通常将网络中直接面向用户连接或访问网络的部分称为接入层，将位于接入层和核心层之间的部分称为分布层或汇聚层，接入层的目的是允许终端用户连接到网络，因此接入层交换机即普通交换机具有低成本和高端口密度特性；而将网络主干部分称为核心层，核心层的主要目的在于通过高速转发信息，提供优化、可靠的骨干传输通道，因此在核心层的交换机即核心交换机应拥有更高的可靠性和吞吐量。核心交换机是针对网络架构而言的，在网络系统中核心交换机是指有网管功能、吞吐量强大的交换机。

核心路由交换机是指路由功能进一步强化，使用级别也更高的带路由的交换机。

3．交换机的功能

1）透明网桥

透明网桥最初是由 DEC 公司提出的，后来被 IEEE 802.1 委员会采纳并标准化。使用网桥可以连接多个局域网（Local Area Network，LAN），对于符合 IEEE 标准的网桥，只要把连接插头插入网桥即可。透明网桥是一个即插即用设备，只要把网桥接入局域网，不需要改动硬件和软件，也不必设置地址开关和加载路径选择表或参数，网桥就能正常工作。对于用户来说，网桥是透明的，即网桥进入或离开整个网络，用户感觉不到。

2）设置 VLAN

在一个物理局域网内，通过对端口的划分，就可以将局域网内的设备分割为几个各自独立的群组，群组内部的设备之间可以自由地通信，而当分属不同群组的设备之间要通信时，必须进行三层的路由转发。通过这种方式，一个物理局域网就如同被划分为几个相互隔离的局域网，这些不同的群组就称为虚拟局域网（Virtual Local Area Network，VLAN）。

对网络内的设备实行 VLAN 管理，如图 3-1 所示。为增强系统的安全性，对各分区采取 VLAN 管理，能有效阻止内网渗透。

3）端口设置为保护口

有些应用环境下，要求一台设备上的有些端口之间不能互相通信，在这种情况下，不管是单址帧，还是广播帧，以及多播帧，都不能在端口之间进行转发。这时可以通过将某些端口设置为保护口（Protected Port）来达到这个目的，当将某些端口设置为保护口之后，保护口之间互相无法通信，保护口与非保护口之间可以正常通信。一般端口默认为非保护口，保护口之间禁止二层通信（单播/广播/组播）。

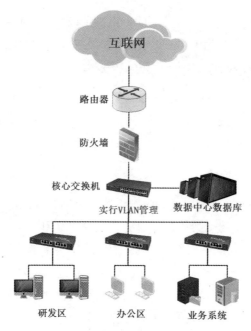

图 3-1　对网络内设备实行 VLAN 管理

4）端口镜像

端口镜像（Port Mirroring）就是把交换机一个或多个源端口的数据报文复制到一个或多个目的端口的方法。端口镜像又称端口映射，是网络通信协议的一种方式。

简单地说就是，要想分析交换机端口的数据信息，但不能影响原来数据的传送，就需要做端口镜像，也就是说原来的端口还是按照原来的方式工作，复制的端口的数据信息用来对数据信息流做监测或找出网络存在问题的原因。

通常端口镜像的目的是实现对网络的监听。

5）端口聚合

端口聚合是指组合多个链路成为一个逻辑的网络链路，从而提高带宽。使用快速以太网和千兆以太网技术，通过端口聚合提高设备之间通信通道的容量和可用性，如将两个或多个百兆或千兆以太网口捆绑在一起来提高带宽和连接的冗余性。端口聚合提供了负载均衡的方式来处理通信负荷，使得通信负荷均分在几个链路中，不会使单独一个链路超负载。通过端口聚合，用户可以在许多应用中得到实际的益处：更高的可靠性、更高的带宽，以及使用现有的设备来获取更高的带宽。

4．交换机的管理方式

通常可以通过以下方式来管理交换机。

（1）通过交换机的 Console 口管理交换机，属于带外管理，特点是无须占用交换机的网络接口，但线缆特殊，配置距离短，安全可靠。

（2）带内管理方式主要有 Telnet、Web 与 SNMP 等。

① Telnet 方式是指通过计算机的网络接口，连接到网络中的某台主机，利用这台主机进行远程的管理与配置，特点是网管人员可以进行远程的配置。

② Web 方式是指通过网页的形式进行交换机的管理与配置。

③ SNMP 方式是指利用网管软件基于 SNMP 协议统一对网络中的设备配置进行管理。

带内管理都是通过网络接口对计算机进行远程配置和管理的，它为网管人员带来方便的同时，也为网络系统带来了安全隐患——为黑客攻击埋下了暗道。

（3）交换机通常提供用户 EXEC 模式和特权 EXEC 模式两种基本的命令执行级别，还提供全局配置、接口配置、Line 配置、VLAN 配置、DHCP 地址池配置、路由配置、访问列表配置等多种级别的配置模式。

5．交换机的安全管理

交换机的安全管理，可以参考路由器的安全管理措施。

3.1.3　集线器

集线器（Hub）是一个多端口的转发器，是数据通信系统中的基础设备。在以 Hub 为网络系统的中心设备时，即使网络中某线路产生了故障，也不影响其他线路的工作，所以 Hub 在局域网中得到了广泛的应用。大多数时候它用在星形与树形网络拓扑结构中，以 RJ45 接口与各主机相连（也有以 BNC 接口相连的），Hub 的分类方法有很多。Hub 按照对输入信号的处理方式，可以分为无源 Hub、有源 Hub、智能 Hub。

连接在 Hub 上的各主机，在内网中具有不同的 IP 地址；在外网中具有同一个 IP 地址，不同的端口号。

Hub 是 TCP/IP 协议的第一层设备，是基于高低电平的物理转发的设备。交换机是 TCP/IP 协议的第二层设备，是基于目的 MAC 地址进行数据转发的设备。路由器是 TCP/IP 协议的第三层设备，是基于 IP 地址的路由转发的设备。

Hub 是一种简单的交换设备，安全防护性能较弱。

Hub 的拓展方法是堆叠和级联。

3.2　组网方案设计

从前要搭建一个访问互联网的办公网络，需要专业的技术人员才行，如今已经是很简单的事了：第一步，我们要根据用户需求，做好建设规划；第二步，准备一个工作场地，划分出一个机房（简单的网络可以没有机房）、一个办公区域；第三步，在当地向网络运营商申请一条上网的线路，互联网服务提供商会将其连接到用户指定的位置，并提供入网连接的必要设备，即调制解调器（连接 ADSL 宽带、光纤入户，将模拟信号或光信号转换为数字信号）；第四步，在机房和办公区域，根据建设规划，计算好电源的用电量，配置好用电线路，最好是双路供电，如有必要，还要在机房为服务器区配置 UPS 电源；第五步，根据建设规划，购置必要的服务器、计算机、网络设备等；第六步，按规划好的方案搭建网络。

3.2.1 选择入网方式

根据当地互联网服务提供商的情况和用户的需求，选择合适的上网方式，通常有 ADSL 方式、光纤入户方式和拨号上网方式，目前大都选用光纤入户方式。

1．ADSL 方式

非对称数字用户线路（Asymmetric Digital Subscriber Line，ADSL）技术能够充分利用现有的公共交换电话网。

ADSL 的连接方式：ADSL→电话线入户→连接 ADSL 调制解调器端口→ADSL 调制解调器接出网线到用户内网。

此外，还有其他上网方式，如 ISDN、PSTN 都是使用普通电话线，数字数据网（DDN）专线需要重新布线。

2．光纤入户方式

它采用光纤作为传输信息的媒体。

光纤的连接方式：光纤入户→光信号调制解调器→光信号调制解调器端口接出网线到用户内网。

3．拨号上网方式

不论采用哪种方式上网，用户的计算机都需要与互联网相连。

PPPoE（Point-to-Point Protocol over Ethernet）是基于以太网点对点通信协议，通常我们上网都需要通过 PPPoE 拨号上网，虽然现在我们上网似乎用不到，但是其实在路由器或 ADSL 调制解调器、光调制解调器端，还是需要进行 PPPoE 拨号来连接互联网服务提供商网络的。通常，上网前我们需要互联网服务提供商给我们提供一个指定的账号（用户名）和密码。在首次拨号的时候，需选择 PPPoE 的连接方式，然后填写用户名和密码，让路由器或调制解调器记录、保存下来，之后即可自动拨号实现上网。

3.2.2 选择合适的网络结构

网络结构有很多种，有星形网络，即有一个中心点，很多个基本点；树形网络，即像树枝一样，不断分叉；网状网络，即像渔网一样；线状网络（总线网络），即用一根线连接；环形网络，即连接成一个闭环网络；混合网络，是以上几种网络形式的混合应用。网络结构的基本形式如图 3-2 所示。

图 3-2 网络结构的基本形式

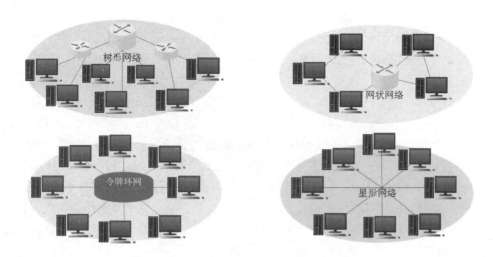

图 3-2　网络结构的基本形式（续）

3.2.3　选择通信方式

早期的互联网连接是两个或多个设备之间在近距离的数据传输，解决物物相连问题，大多采用有线方式，后来考虑设备的位置可随意移动的方便性，更多地使用无线方式。但随着科技进步与发展，社会逐步进入"互联网+"时代，万物互联已不可阻挡，通信方式也在不断地发生变化，传统互联网连接方式已不适合或不满足现阶段物联网连接的多样性。

目前常见的有线、无线通信方式，如图 3-3 所示。

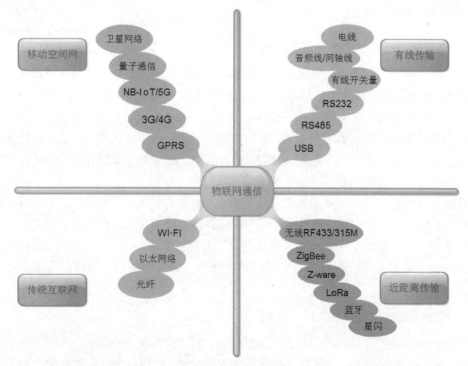

图 3-3　常见的有线、无线通信方式

1．有线连接和无线连接

连接方式可以分成有线连接和无线连接，连接的目的是进行通信，因此分别有了有线通信技术和无线通信技术。

有线通信技术，是指利用光纤、金属导线等有形媒质传送信息的技术。目前，有线通信已经非常普及。

无线通信技术，是指利用电磁波信号在空间传播而进行信息传输的通信技术，进行通信的两端之间不需要有形的媒介连接。常见的无线通信方式有蜂窝无线连接、Wi-Fi 连接、蓝牙连接，还有一些倍感神秘的方式，如无线短距"星闪"通信、可见光通信和量子通信等。

一般来讲，有线连接可靠性更高，稳定性也更强，缺点是连接受限于传输媒介。无线连接自由灵活，终端可以移动，没有空间限制，但容易受传输空间里的其他电磁波以及对电磁波有影响的其他障碍物的影响，因此可靠性不如有线连接。

2．短距离通信和长距离通信

通常把通信距离在 100m 以内的通信称为短距离通信，而把通信距离超过 1000m 的通信称为长距离通信。

现实中有很多种通信技术可以满足各种不同的通信需求，但是还没有哪一种通信技术可以满足所有的通信需求，如果考虑成本、功耗、效率等因素，数据传输到更远的距离以及传输更多的数据就意味着更高的能耗和更高的成本，因而短距离通信和长距离通信在技术实现、功耗、成本等各个方面均不同。

3.2.4　选择上网模式

1．家庭模式——以单机访问互联网为主

首先，网络硬件工程师将计算机（和服务器、无线路由器等）连接到网络交换机上（也可不用交换机，直接连到调制解调器上），为计算机等设备安装好操作系统、防护软件及应用软件系统；将网络交换机与路由器或调制解调器等连接起来，设置好网络地址；再将申请的上网线路与路由器或调制解调器等连接起来，设置好用户名、密码、自动拨号功能等；整个网络系统检测无误后，上电，这时计算机终端就能够访问网络上的设备（如服务器等）以及互联网上发布的网站，并与其他的互联网上的用户通信了。

单机防护最有效的方法就是在计算机不用时关机；在不需要上网时断网；不点击可疑的链接；不轻易安装不可靠的程序。此外，要及时对计算机的操作系统进行升级、打补丁，设置好防火墙，选择、安装好防病毒软件并及时对其进行升级。

随着社会的进步，现在家庭也有多机组网上网的，也可能使用无线路由器组成无线局域网，参见图 2-19。

2．办公模式——以局域网访问互联网

一个现代化的企业需要与社会进行广泛的交流，而交流最便捷、最好的方式就是通过互联网，因此在现代化企业的内部通常都是先组建一个局域网，然后再通过设置的统一的安全网关来控制企业内部的员工上网。建设办公局域网，要规划好安全域，配置好统一的安全设备和管

理设备，以此达到更好地监督、管理局域网的目的。

3．混合模式——含有局部无线网络的办公模式

（1）在网络中设置热点，可接入无线设备上网。

（2）用无线方式直接接入互联网。

打开无线路由器 Wi-Fi 或手机热点，连接计算机，实现局部区域无线上网，参见图 2-23。可选择的上网方式，如图 3-4 所示。

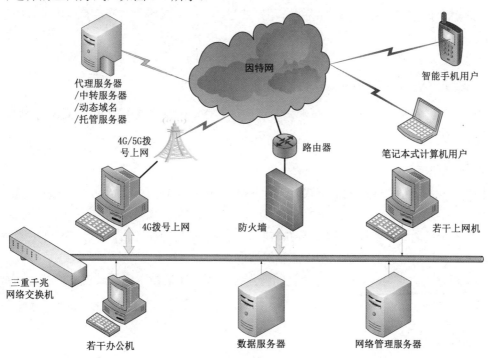

图 3-4　可选择的上网方式

说明：

① 通过互联网，合法的现场工作人员、出差人员、客户、分支机构与企业中心网络连接。

② 为了保证局域网的安全性，可采用 4G 无线上网，每次拨号采用跳转及 VPN 技术；也可采用有线接入方式，如果不是固定的 IP 地址，可以通过定期或不定期的重拨上网来改变上网 IP 地址，从而起到一定的保护作用。

3.3　无线网络

移动互联网已成为当今极其重要的多媒体网络。

3.3.1　无线网络已被广泛应用

物联网正在加速进入我们的日常生活与各行各业，人与物、物与物之间的连接互动越来越

智能便捷，无线通信成为物联网连接中的无形桥梁。目前物联网应用的无线通信技术众多，Wi-Fi、ZigBee、NB-IoT 和"星闪"等技术都是物联网发展的强有力支撑，且都在物联网各领域有着广泛的应用。

1．通过 Wi-Fi、蓝牙等无线技术，形成短距离的通信网络

我们知道，共享单车就是通过蓝牙与手机相连后，通过手机上网与共享单车的后台互通信息的，这样共享单车的后台就可以远程控制共享单车了。

在家庭、小型店铺和部分公共场所，用户通过 Wi-Fi 无线路由器连接有线网络，来达到访问互联网的目的。

因此，在现实中通过 Wi-Fi、蓝牙等无线技术形成的局域网已经被广泛使用。

2．通过 4G/5G 等无线技术，形成长距离的通信网络

移动互联网就是应用 4G/5G 技术来实现的，其移动网络终端部署非常方便、快捷，在现实中已被广泛使用。

3．电报通信

电报通信是一种特殊的通信方式，在军事和民用方面，都有广泛的应用，不属于我们研究的范围。

出于安全性考虑，要控制无线传输的使用范围和使用区域，要慎重使用 Wi-Fi、蓝牙等连接方式，因为这些连接方式的安全性能相对较弱。

物联网时代的应用场景呈现碎片化的特点，不同的通信技术由于其自身的特点而适用于不同的应用场景。

3.3.2 5G 意味着什么

5G 就是第五代移动通信技术（5th Generation Mobile Communication Technology），5G 的标准由全球主要移动通信制造商和运营商组成的世界标准组织 3GPP 共同制定。

5G 应用涉及专利和标准、芯片、移动终端、网络系统设备和网络运营商等 5 个方面。5G 将被广泛应用于通信、工业、医疗、教育、安全等主要领域，是承载万物互联互通的最重要的移动通信技术。

1．通信标准关系到国家战略

全球性的通信标准不仅是一项技术标准，而且关系到产业发展和国家战略。

在 2G 时代，欧洲各国共同成立 GSMA，共同研发 GSM 标准，美国推出 CDMA 标准，日本推出 PHS 标准，中国大规模采用 GSM 标准。

在 3G 时代，美国在 CDMA 基础上推出 CDMA2000，欧洲在 GSM 的基础上推出 WCDMA，而中国的 TD-SCDMA 也第一次登上国际舞台。中国标准的确立，不仅让中国通信业在国际舞台上有了更多发言权，也使中国企业成为中国通信设备市场的主导力量。

在 4G 时代，中国主导制定的 TD-LTE-Advanced 和欧洲标准化组织 3GPP 制定的 FDD-LTE-Advance 同时并列成为 4G 国际标准。在这个过程中，全世界通信设备制造企业逐渐出现

四强——华为、爱立信、诺基亚、中兴。

经历了 2G 时代的一无所有、3G 时代登上舞台、4G 时代基本并跑，5G 时代中国已经变为领跑者，这将对中国通信业发展和整个国民经济发展起到巨大推动作用。

1G（模拟通信）打电话；2G（数字通信，全球通信系统 GSM）用 QQ 聊天；3G（中标 TD-SCDMA、美标 CDMA2000、欧标 WCDMA）刷微博；4G（OFDM 技术调制模式，有 TD-LTE 和 FDD-LTE 制式）看视频；5G 会是什么？美国有高通 LDPC 技术，中国有华为 Polar 技术，欧洲有法国 Turbo 技术。5G 是万物互联时代的开端，5G 技术不仅仅在网络、通信方面有着巨大的优势，在智能、无人驾驶、自动化方面也有着巨大的潜力。它能解决机器之间的无线通信需求，有效促进车联网、工业互联网等领域的发展，为高清视频、VR、AR、物联网及自动驾驶（如无人汽车、无人飞机、无人舰艇、无人坦克、机器人）等提供坚实的网络基础。

每一个网络时代的进步都可以给社会、给世界带来进步，1G 到 4G 分别出现了通话、聊天、多媒体、视频，到了 5G，科幻和现实或许可以相结合，那些看起来不可能实现的东西，都可能凭借 5G 变成现实，我们期待 5G 网络引领全新的时代。

中国移动通信的发展历程，如图 3-5 所示。

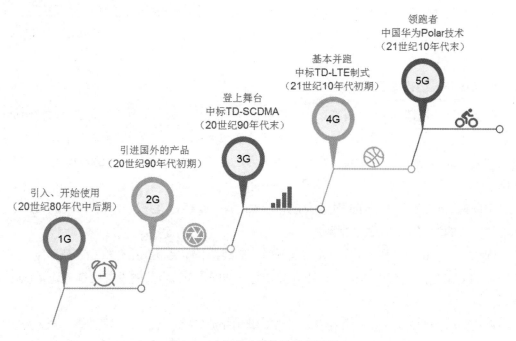

图 3-5　中国移动通信的发展历程

2．中国在信道编码领域的突破

目前 5G 标准在国际电信联盟（ITU）的会议上已经完成非独立组网标准和独立组网标准的制定，且在全世界范围内被讨论并不断完善。在 5G 标准之争中，中国阵营已经成为全世界 5G 标准的重要力量。

5G 包含诸多技术，其中编码是非常基础的技术。虽然在 3G、4G 时代，中国已经主导了

TD-SCDMA 和 TD-LTE 标准，但是在编码上还是没有发言权，3G、4G 的信道编码依旧采用 Turbo 码。在 5G 标准中，世界各大阵营就信道编码标准展开了激烈竞争，以法国为代表的欧洲阵营支持 Turbo，以美国为代表的阵营支持 LDPC，中国以 Polar 来抗衡，最后的结果是 Turbo 完全出局，LDPC 成为数据信道编码，中国华为主导的 Polar 成为控制信道编码，这是中国在信道编码领域的突破，为中国在 5G 标准中拥有更多话语权奠定了基础。

3．5G 走入我们的生活

4G 改变生活，5G 改变社会。可以预期，5G 不仅会带来更高速的网络，还会对智能交通、工业自动化、智慧家庭、智慧医疗，以及社会管理各个方面带来革命性的改变。

2019 年 6 月 6 日，中国的 5G 商用牌照正式发放，中国正式进入 5G 商用时代。同年 10 月 31 日，中国电信、中国移动和中国联通三家企业的 5G 网络正式上线，中国的 5G 建设按下了"快进键"。

2021 年 1 月，我国基于 5G 车车通信全自动驾驶的时速 160km 的新一代市域 A 型列车，在四川省成都市正式下线，其是全国速度最高的市域 A 型列车，实现了时速 160km 的 5G 车车通信全自动驾驶。

据"2021（第二十届）中国互联网大会"消息，我国已建成全球最大的光纤网络、4G 和 5G 独立组网网络，目前 5G 已建成基站 91.6 万个，占全球的 70%，5G 连接数已经超过 3.65 亿个，占全球的 80%。

4．5G 铺设防疫信息高速路

在新冠肺炎疫情期间，在小区门口的 5G 健康一码通上刷一下身份证，就可以校验健康码状态；在地铁、火车站，"5G+热成像"人体测温设备对来往旅客进行快速体温筛查；在手机直播中，5G 云旅行、直播带货受到热捧，为疫情防控期间宅在家中的市民增添一些生活趣味。

可以说，5G 和千兆网络的建设发展为特殊时期 5G 远程医疗、5G 红外测温、线上办公、网上学习等的顺利实施提供了保障。

国家、企业积极发挥 5G 大带宽、低延时、广连接技术特性，搭建信息高速公路，支撑疫情防控和复工复产。在火神山、雷神山医院建设期间，5G 将其建设进度直观地呈现在人们面前。

在疫情防控期间，从河南红旗渠、四川红军飞夺泸定桥纪念馆等红色景区，到上海自然博物馆、河南郑州博物馆等文博场馆，再到山东泰山、山西乔家大院等名胜古迹，都通过 5G 推出"云游"模式，有效丰富了线上文旅产品的创新供给，让公众足不出户也能赏奇观胜景、享文博盛宴。借助 5G 技术，云端课堂打破了教育的围墙，未来推进全民终身教育指日可待。

当下 5G 无线网络已经成为国计民生的重要支柱，5G 无线网络的广泛应用给移动互联网带来了无限的生机，5G 意味着移动互联网时代已经到来。

3.3.3　移动网络的安全防护

当今时代,手机、笔记本式计算机、平板电脑等移动设备已经成为人们生活中必备的助手,我们不管是在公司还是在家里,或者路上,移动网络都是必不可少的(移动网络就是指移动无线通信网络),那么移动网络的安全问题就是我们要关注的大问题。

移动网络与有线网络并无本质不同,只是终端平台不同,使用的场所不同,信息传输的方式不同。移动网络的信息安全问题主要集中在三个方面:网络层级安全、终端层级安全和业务层级安全。

1．网络层级安全

为提高网络系统的安全性,尽量不要使用无线网络。因为无线网络是开放式的,对信息安全要求较高的网络系统来说,无线网络和设备不适合像计算机组网一样的应用,要谨慎使用。

无线网络系统可分为公有的无线网络系统(如公共场所、商铺的无线网络系统)和私有的无线网络系统(造价很高,如军用局域无线网络系统)。

由于移动无线网络的信息传输是开放的,因此把好网络登录关和数据加密传输关是非常重要的。

无线网络的加密方式:在无线设备上进行加密,主要有外挂式加密和嵌入式加密之分,有硬件加密和软件加密之分;在网络传输线路上进行加密,主要有信道加密,如 VPN。

在硬件设备上要尽量采用自主创新的国产产品。

此外,要依法使用国家商业密码和密码设备,做好信息保密工作。

2．终端层级安全

移动终端面临的安全问题既有移动通信技术本身的问题,如无线干扰、SIM 卡克隆、机卡接口窃密等;也有因为移动终端智能化带来的新式安全问题,如病毒、漏洞、恶意攻击等,这和所有智能操作系统面临的安全问题一样。

在专用操作系统方面,要尽量选用国产的操作系统,并及时对其进行系统更新、打补丁。在系统上安装性能好的、安全的防病毒软件。

移动终端作为"无所不在"的服务和私人信息的载体,随着技术进步,未来其安全问题将会比个人计算机(PC)更复杂。

3．业务层级安全

在应用软件方面,要防止恶意程序入侵、代码安全漏洞、对应用软件本身的非法访问等。对于用户而言,要使用安全性更高的密码并定期更新;谨慎使用社交应用,应从官方网站下载App;不点击不明网络链接;不随意连接公共场所的无线网络;等等。

要加强无线移动设备的入网认证管理,如使用硬件登录认证模块,绑定无线设备的特征码，采用多种组合登录认证，添加认证操作环节，使用专用的物联网卡，使用白名单链接安全认证机制，等等。

此外，在无线终端上最好关闭或去掉不必要的应用，如在线（自动）升级功能；不用的时候，关闭无线设备，可减少安全风险。

移动终端的安全威胁并不是危言耸听。只有把核心技术掌握在自己手中，才能从根本上保证国家网络安全、国家经济安全、国防安全。

当前，全球新一轮科技革命和产业变革深入推进，信息技术日新月异。5G 与工业互联网融合将加速数字中国、智慧社会建设，加速中国新型工业化进程，为中国经济发展注入新动能，愿 5G 在"智联万物、融创未来"的道路上，更好地赋能实体、服务社会、造福人民！

3.4　网络规划设计

在进行网络的规划、设计、开发、建设、实施过程中，首先要重点考虑网络系统的安全性要求，要从安全的角度规划、设计网络系统的架构；其次，考虑其他方面的安全性要求；再次，要满足用户的业务要求，要实现业务架构、功能、流程、接口标准四统一；最后，不要故步自封，要广纳贤才，引进先进的理念，要跟上时代的步伐，要与时俱进。

3.4.1　系统设计原则

目前的业务信息处理系统大都是围绕大数据设计的，因此谁处理大数据的理念先进，谁就占尽了先机。

1．创新性原则

网络系统方案要采用国际先进、国内领先的数据平台框架，要能够满足企业日益增长的业务需要，要结合分布式存储与计算技术，运用成熟的硬件基础设备，搭建符合需求的网络系统，并在其基础上进行功能和性能的优化，应支持对海量的数据进行高效的分析和利用，应支持大量的多用户决策分析。

2．开放性原则

在设计网络系统框架时，要确保系统各层次资源的开放性和透明服务能力。网络系统需对外提供各种开发接口，包括完全兼容原生组件 API 接口，要支持 SQL 标准及 PL/SQL 标准，要提供 JDBC/ODBC 接口，应方便将传统业务场景向网络系统进行平滑迁移。

3．稳定性原则

要从体系架构、软硬件选型、运维保障、基础建设等多个层次对网络系统的稳定性进行规划设计，从而保障网络系统的稳定运行。

4．扩展性原则

在网络系统设计时，应将智能化业务流程与主流大数据处理架构相结合，要适应业务数据高速增长和业务需求变化带来的系统扩容需求，网络系统应具有良好的可扩展性。

5．兼容性原则

网络系统应允许接收各种专业数据以及可能在本地落地的各种数据，并提供友好的数据接收条件。

6．可行性原则

企业信息化是大趋势，在设计新的网络系统时，要按照行业统一的相关标准进行设计，使其具备与相关网络系统或平台进行组网的能力。

7．互通性原则

针对因特殊要求无法实现数据兼容的网络系统，网络系统应用框架应支持链接方式嵌入第三方应用，实现系统界面入口的统一性，便于各网络系统间的切换。

8．模块化原则

网络系统应将各项功能模块化，支持按模块化扩展功能，并能根据使用者权限及工作需要，使用相应工作模块的内容。

9．便捷化原则

网络系统应提供友好的系统界面、人性化的操作流程，应减少操作步骤和各界面间的切换，尽可能实现一键操作。

10．清晰化原则

网络系统中各项描述应直观、简洁、清晰，应使用通俗易懂的常规文字进行展示。

3.4.2　网络安全架构设计

网络安全架构设计是为了保证网络系统的安全性。网络安全架构通常考虑的内容包括边界安全、接入安全、链路安全、数据安全等。此外，对网络系统实行分区域管理，对数据实行属地管理，能更好地增强网络系统的安全性。

具有网络安全特性的网络如图 3-6 所示。

下面结合图 3-6 进行简要的介绍。

1．边界安全方案

互联网接入区域可作为内部用户访问互联网的统一出口和外部用户访问内部网络信息的入口，其安全风险来源多且复杂。针对互联网出口存在的安全问题，通常通过部署防火墙、入侵防御系统等可以很好地解决访问控制、黑客扫描入侵、DDoS 攻击等问题。

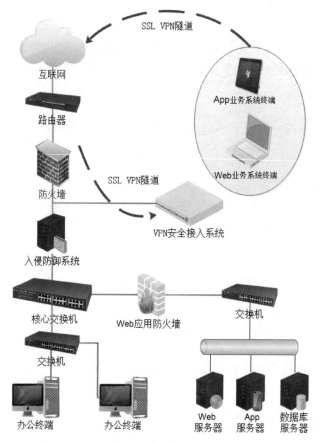

图 3-6 具有网络安全特性的网络

2. 接入安全方案

在网络系统接入安全方面，系统采用登录 SSL VPN 身份验证、权限划分、登录应用身份验证等，对网络系统中的用户提供有效的隔离保护。SSL VPN 接入认证可采用用户名和密码、USB Key、短信认证、动态令牌、CA 认证、LDAP 认证、RADIUS 认证等两种或多种认证方式的组合，用软硬结合多重组合的方式来确保接入身份的确定性。在用户接入 SSL VPN 后可以进行应用访问权限的划分，对于享有访问权限的应用系统，用户可采用主从账号绑定 SSL VPN 登录账号和应用系统账号进行统一认证登录。用户只可采用指定的账号访问应用系统，由于登录 SSL VPN 的身份已通过多重认证的确认，而后又进行指定应用账号访问，即可保障登录应用系统的人员的身份。由于所有访问业务服务器区的数据都将经由 SSL VPN 转发。对于用户权限外的应用，SSL VPN 将自动阻断其连接，只留下 SSL VPN 设备对外服务的端口，屏蔽掉其他端口，这样能有效防止外部的攻击。SSL VPN 的数据流处理方式可隐藏内网服务器区结构，并能对服务器访问的 IP 地址、域名进行伪装。SSL VPN 在用户对服务器区发起访问时，通过 SSL VPN 登录认证、控制应用访问授权、对传输数据进行加密，从数据安全的角度就能提供隔离保护。

3．链路安全方案

网络系统采用 VPN 技术，建立 SSL VPN 隧道，利用 RSA 商密算法和 SM 国密算法（特殊情况下采用国密认证的商密、普密、核密算法）实现 HTTPS 加密协议，构建了安全的业务访问通道，使信息安全自主可控。

采用 SSL VPN 技术使运维管理更简单，能保障向外网传输密文数据的安全性；在内网中传输明文数据，方便网络设备对数据的深度分析处理。

4．数据安全方案

数据服务器承载着业务的核心数据和机密信息，因此数据服务器永远是最具吸引力的攻击目标，这样数据中心的安全建设就显得格外重要。

Web 应用防火墙提供了二到七层双向内容检测功能，不仅能实时发现扫描、入侵、漏洞、破坏等安全问题，还能有效解决网页篡改、挂马、黑链、敏感信息泄露等问题，因此能对网站攻击的事前、事中、事后提供全面有效的安全防护。

5．分区域管理安全方案

对网络系统实行分区域管理，如图 3-7 所示。

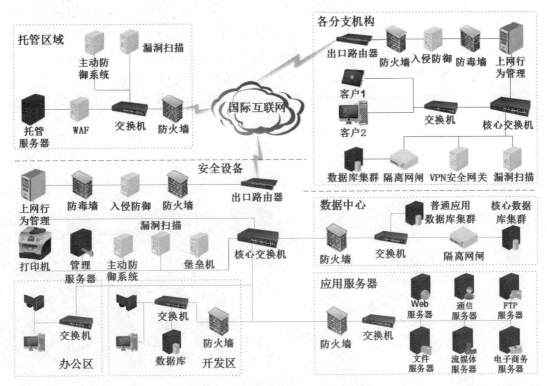

图 3-7　对网络系统实行分区域管理

对网络系统实行分区域管理，每个区域的网络系统采用异构操作系统，这样能更有效地阻止黑客攻击，延缓黑客攻击的速度，从而使想控制全网的黑客留下的痕迹更多，更容易暴露，而且网络安全管理员也能有更多的机会发现黑客的攻击行为，因此能很好地保护网络系统的安全。为了做好网络系统安全防护，可选用市场上现有的产品对网络系统进行安全防护，如表 3-1 所示。

表 3-1　可选用的部分安全产品名录

序号	产品名称	用途
1	计算机信息泄露防护器	对机房进行防泄露保护
2	专用网络隔离设备	对网络进行隔离
3	网络版杀毒软件	防病毒
4	边界防护系统	边界访问控制
5	主机保护系统	对服务器进行监管，访问控制
6	终端监管系统	终端控制
7	网络管理系统	网络运维管理
8	网络入侵检测	入侵检测
9	安全审计综合分析	网络安全审计
10	SSL 网关	对传输数据进行加密
11	网络保险箱/文件保险箱	对存储数据进行加密
12	移动存储介质标识系统	移动存储介质安全管理
13	U-Key（数字证书）	身份鉴别

总之，在进行网络安全方案设计时，要规划好各个区域及设备种类，如串接的边界安全设备区，在线监控的安全设备区，核心服务器区，核心工作区，普通服务器区，系统运维、监控区，办公区，普通外联区，网络系统的日志审计区（必要时可独立组网）。

此外，为了保证网络系统的安全性，在交换机或一些安全设备上进行 VLAN 划分也是行之有效的办法。

第4章

局域网安全防护技术

如今的互联网经过半个多世纪的发展，已蕴藏巨大的资源，给人们的生活带来了翻天覆地的变化，已拥有亿万用户。这其中也不乏别有用心的不法分子为追求利益敢于冒险。这就给互联网用户带来了巨大的安全威胁。互联网用户因此会遇到各种意想不到的危险。

随着信息化的快速发展，互联网环境越来越复杂，木马病毒、蠕虫病毒等的混合威胁不断增大。连在互联网上的网络，会受到来自互联网的各种攻击，对其进行安全防护就显得尤为重要。而单一的防护措施已经无能为力，网络的管理者需要对网络进行全方位、多重、深层、立体空间防御来有效保证其网络安全，这就需要提供完整的安全防护体系。

本章将详细地介绍为保障与互联网互联互通的局域网安全可以采取的防护措施，为用户制定满足安全需求的完整解决方案提供技术保障。

【技术安全防范是与互联网连接的局域网（外网）安全防护的重要手段】

4.1 网络安全防护总体要求

互联网是一个浩瀚的知识海洋，蕴含着无穷的力量，也暗藏着各种危险，那么与其相连的网络就会受到来自他方的威胁，因此做好网络的安全防护是必要的。建立全面的网络安全解决方案不仅需要打造外围的网络安全环境，还需要做好主动的网内安全防御措施。要想做好网络的安全防护，先要搞清楚要防范什么，再想怎么防范。

4.1.1 网络安全的范围

先来看一下一般信息系统的基本架构，如图 4-1 所示。

由图 4-1 可知，信息系统很复杂，涉及的安全内容也很多、很广，而局域网、广域网、互联网、物联网就是由各种信息系统组成的。归纳起来，网络安全主要包括网络协议安全、网络设备安全、网络架构安全三个方面，如图 4-2 所示。

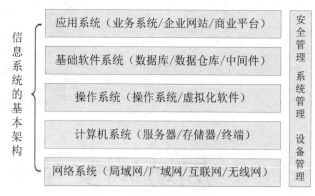

图 4-1　信息系统的基本架构

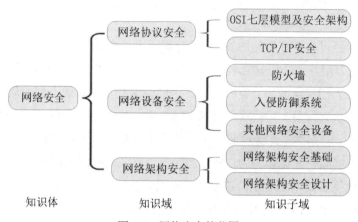

图 4-2　网络安全的范围

1．网络协议安全问题

网络协议对应的网络接口层协议如图 4-3 所示。下面从网络协议对应的网络层来逐一叙述。

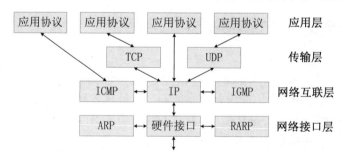

图 4-3　网络协议对应的网络接口层协议

1）网络接口层

（1）主要协议有 ARP（地址解析协议）、RARP（反向地址解析协议）。

（2）存在的安全问题：

① 损坏：自然灾害、动物破坏、老化、误操作。

② 干扰：大功率电器、电源线路、电磁辐射。

③ 电磁泄漏：传输线路的电磁泄漏。

④ 欺骗：ARP 欺骗。

⑤ 嗅探：常见二层协议是明文通信的，如 ARP 等。

⑥ 拒绝服务攻击：MAC Flood 攻击、ARP Flood 攻击等。

2）网络互联层

（1）网络互联层核心协议是 IP 协议。

① IP 协议是 TCP/IP 协议族中最为核心的协议。

② IP 协议的特点：IP 协议是一种无连接（是指通信双方都不会长期维护对方的信息）、不可靠（是指不保证数据报文能准确地到达接收端）、无状态（是指通信双方不同步传输数据的状态信息，数据报文的发送、传输、接收都是互相独立的）的分组传输服务协议。

（2）网络互联层存在的安全问题。

① 拒绝服务攻击：Teardrop 攻击。

② 欺骗：IP 源地址欺骗。

③ 窃听：嗅探。

④ 伪造：IP 数据包伪造。

3）传输层

（1）传输层协议：TCP 协议。

① 传输控制协议：提供面向连接的、可靠的字节流服务。

② 提供可靠性服务：数据包分块、发送接收确认、超时重发、数据校验、数据包排序、控制流量。

（2）传输层协议：UDP 协议。

① 用户数据报协议：提供面向事务的简单不可靠信息传送服务。

② 特点：无连接、不可靠；协议简单，占用资源少，效率高。

（3）传输层存在的安全问题。

① 拒绝服务攻击：SYN Flood 攻击、UDP Flood 攻击、Smurf 攻击。

② 欺骗：会话劫持。

③ 窃听：嗅探。

④ 伪造：数据包伪造。

（4）TCP/IP 协议栈——IPv4 安全隐患：

① 缺乏数据源验证机制；

② 缺乏完整性验证机制；

③ 缺乏机密性保障机制。

4）应用层

（1）应用层协议：定义了运行在不同端系统上的应用程序、进程如何相互传递报文。

（2）典型的应用层协议。

① 域名解析协议：DNS。

② 电子邮件协议：SMTP、POP、IMAP。

③ 文件传输协议：FTP、SFTP、SSH。

④ 网页浏览协议：HTTP、HTTPS。

（3）应用层协议存在的安全问题。

① 拒绝服务：超长 URL 链接。

② 欺骗：跨站脚本、钓鱼式攻击、Cookie 欺骗。

③ 窃听：数据泄露。

④ 伪造：应用数据被篡改。

⑤ 暴力破解：应用认证口令被暴力破解等。

综上所述，得到基于 TCP/IP 协议族的安全架构，如图 4-4 所示。

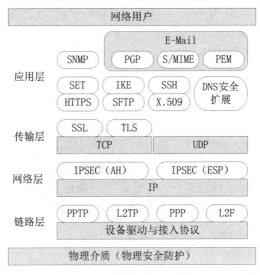

图 4-4　基于 TCP/IP 协议族的安全架构

2．网络安全设备的安全问题

关于网络安全设备的安全问题，下面将逐一进行叙述。

3．网络架构的安全问题

关于网络系统架构的安全问题，请参看第 2 章。

一般来讲，局域网防御的重点在服务器区域和系统终端区，以及如何及时发现网络中的攻击行为，并及时处置，安全事件发生后能及时追踪、溯源，以此来体现整体网络的安全防护能力。

4.1.2　网络安全防护需求

网络安全防护的需求主要有如下几点。

1．恶意代码防范需求

防火墙等安全系统可以静态地实施访问控制策略，防止一些非法的访问。但对利用合法的访问手段，比如，利用系统内部漏洞，对系统入侵和内部用户的入侵是没有办法控制的。防火墙往往是攻击的重点，一旦防火墙遭到攻击后，将很有可能造成网络中断。防火墙仅具有四层封包解析功能，对于针对七层网络模型的黑客攻击手法或利用合法手段掩护的非法的网络行为便无法有效管控，故需要一种能对七层网络模型数据包实现完全检测的技术，来有效地防御应用层的网络攻击，如木马病毒、缓存区溢出攻击等。

2．未知威胁监测需求

目前网络中大多部署了入侵检测设备，主要对已知的攻击样本进行分析，以提炼出各种签名文件来进行检测；它只能对已知或者公开的攻击进行预警和防御；对未知的威胁和零日（0day）攻击无法进行检测防御。而随着目前业务系统的复杂多变，未知的威胁日益增加，因此在网络中部署一台对未知的安全威胁能够有效检测的设备是非常必要的，这可以综合提升整体网络的安全防护能力。

3．物理隔离需求

服务器区是重点防护区域，如果服务器区与其他各区域处在同一个网络中，而且相互之间通信采用 TCP/IP 协议（TCP/IP 协议存在很多可以利用的安全漏洞，不是绝对安全的协议），则综合考虑最好将服务器区单独划分为独立的网络区域，但要保证服务器区域与其他各区域之间能够进行业务交互。

4．安全审计需求

日志审计需求主要源自两个方面：一方面是从企业和组织自身安全的需要出发，日志审计能够帮助用户获悉信息系统的安全运行状态，识别针对信息系统的攻击和入侵，以及追查来自内部的违规和信息泄露，能够为事后的问题分析和调查取证提供必要的信息；另一方面是从国家法律法规、行业标准和规范的角度出发，日志审计已经成为满足合规与内控需求的必备功能。

在规划、设计网络系统时，为增强日志审计系统的安全性，最好将日志审计系统与正常运行的信息网络系统分开组网，或采用单向传输设备将采集的日志传输到系统后端的日志审计系统，使黑客或不法分子没有机会修改、消除其入侵而留下的痕迹，便于企业和组织对不法分子的违法行为进行分析、追踪、取证。

5．数据库审计需求

随着计算机和网络技术的发展，信息系统的应用越来越广泛，数据库作为信息系统的核心和基础，承载着越来越多的关键业务数据信息，渐渐成为商业和公共安全中最具有战略性的资产，数据库的安全稳定运行也直接决定着业务系统能否正常使用。由于在国防、电信、金融、能源等诸多领域基础设施的广泛应用，数据库中往往储存着诸如军事秘密、国家重要信息、金融信息、社保信息、通信信息、产品交易明细、个人信息等极其重要和敏感的信息。这些信息一旦被篡改或者泄露，轻则造成国家、企业或者社会的经济损失，重则影响企业形象甚至社会安全及国家安全，可见数据库安全是何等的重要，因此需要对数据库进行日志审计。

6. 漏洞扫描需求

"漏洞"已经越来越为信息技术行业的人们所熟悉，这不仅仅因为它本身的丑陋面目，而且它的存在使得各种威胁从四面八方蜂拥而至，致使信息系统遭受前所未有的灾难。不提时间较远些的"冲击波""震荡波"，就说最近的"勒索病毒"，深受其害的人没有一个不对它们印象深刻。无一例外，这些恶意代码都是利用系统漏洞广泛传播的，进而对信息系统造成严重危害。没有及时识别并修补这些被利用的漏洞，是信息系统最终遭受危害的根本原因。信息系统的安全漏洞是各种安全事件发生的主要根源之一，在安全事件层出不穷的今天，漏洞问题更需要被特别关注。做好安全漏洞管理工作，是计算机用户在构建信息安全体系时，需要重点考虑甚至优先考虑的问题。

7. 服务器安全需求

服务器作为存储数据的重要载体，对服务器操作系统的完整性破坏是当前服务器面临的主要安全威胁。现有服务器操作系统，从开机启动到运行服务过程中，对执行代码不做任何完整性检查，导致木马病毒可以嵌入执行代码程序或者直接替换原有程序，实现木马病毒等恶意代码的传播。

另外，执行程序运行过程中不满足最小权限原则，使得非法操作者和恶意代码能够拥有至高无上的权限，从而给破坏服务器操作系统完整性的行为预留了空间。为了保障服务器的安全，必须防范各种已知及未知的破坏系统完整性的攻击，从根本上保证系统的完整可信。

同时，服务器上运行着的各种应用系统会保存企业的重要信息，但是服务器对重要信息的访问没有进行严格的控制，一旦这些重要的信息泄露，对政府、企业、机构等都会造成极其严重的影响，甚至威胁国家安全和企业利益。

概括起来，互联网发展到今天，攻击者的攻击对象主要是智能设备、各种操作系统、物理隔离网络（以声、光、电、热等作为媒介）、新兴技术（如云、人工智能、工业互联网、物联网、车联网、区块链、5G 设备等），因此要保证网络上的智能设备、应用系统、信息系统能安全稳定的运行，数据信息不泄露，一定要提高网络整体安全防护能力，做好网络安全防护工作。

4.1.3 安全设备部署示例

网络安全防护有很多技术手段，相应地，也有很多技术产品，先来看一个技术方案，如图 4-5 所示。

本方案采用的安全措施有：防火墙、防毒墙、入侵防御、VPN 网关、入侵检测、APT 检测、Web 防火墙、双向网闸、日志审计、数据库审计、漏洞扫描、运维管理等。这样的安全防护体系，能满足大部分的安全防护需求，其对整个网络有较好的防护效果，能提升网络的整体安全性能。

防火墙：主要对网络层进行访问控制。

防毒墙：对主链路上的病毒进行检测、阻断，弥补防火墙的不足。

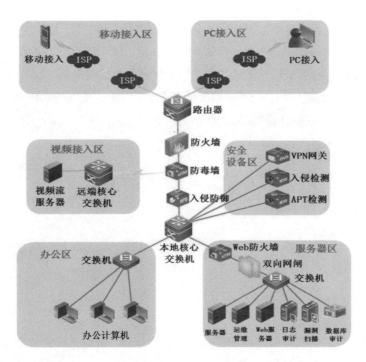

图 4-5 安全设备部署方案

入侵防御：对主链路上的木马病毒、蠕虫病毒、恶意行为等进行检测、防护，弥补防火墙和防毒墙的不足。

VPN 网关：主要建立虚拟通道，对数据进行加密传输，对入网用户进行登录安全认证。

入侵检测：是网络的安全策略，对网络及系统的运行状况进行监视，尽可能发现各种攻击企图、攻击行为或者攻击结果，找到网络的弱点，为下一步采取安全措施做准备。

APT 检测：动态检测未知威胁，不再基于特征库形式，而是基于沙箱形式，弥补入侵检测（静态检测）的不足。

双向网闸：能有效物理隔离内外网，杜绝 TCP 协议传输，能更加有效地保证重点服务器区的安全。

Web 防火墙：对网站或者 App 的业务流量进行恶意特征识别及防护。

日志审计：对网络的现有设备和系统的日志进行统一收集及分析，发生问题后能及时溯源。

数据库审计：对数据库操作进行审计，记录对数据库的所有操作行为，并对高危操作进行异常报警。

漏洞扫描：主动探测网络的漏洞，及时发现漏洞并进行修补，提升网络整体的安全性能。

运维管理：能实时监控网络的状况，及时发现问题，处置故障，排除隐患。

通常路由器是第一个与互联网直连的设备，即直接暴露在互联网上，极易受到攻击，因此对它要加强监控和防护。有些防火墙带有路由功能，可以不必设置路由器。

上述这个方案采用了许多的安全防护措施和产品，乍看起来很不错，但实际上存在许多问题。比如，串接安全产品较多，会使主通信链路存在隐患，一旦某个设备出现故障，就会造成网络断网，而且会影响网络传输速度，即发生木桶效应；采用的安全产品太多，则用户的装备成本高，系统维护费用大，网络部署难度大。因此，应该花大气力，做充分的安全需求调研，在深入研究用户需求的基础上，本着"整体规划、分步实施"的原则，采用适当的身份鉴别、访问控制、入侵检测、内部监管、信息加密、恶意代码查杀、安全审计、灾难备份及运维管理与物理安全等技术措施，对应用系统和专用网络进行安全防护，做到精准施策，要防止弱化——不重视、虚化——不切实际、边缘化——谁都不负责等有关问题，全面、系统、详细地制定周密的网络安全防护方案。

4.2　常见的网络攻击与防范

网络安全是一个系统工程，各种网络安全防范措施和手段需要协同联动，统筹考虑解决方案才能达到很好的防护效果。

4.2.1　互联网面临的主要威胁

互联网信息安全主要是指保证网络信息系统正常运行，信息系统的数据安全、可靠，使其没有危险、不受威胁、不出事故。

从技术角度来说，互联网信息安全的目标主要表现在系统的保密性、完整性、真实性、可靠性、可用性、不可抵赖性等方面。

目前互联网技术的发展日新月异，网络攻击技术更为先进，手段更加高明，其安全威胁有增无减，那么其安全威胁都有哪些呢？

（1）下载的文件。被浏览的或被下载的文件中可能存在恶意程序。

（2）电子邮件。大多数的互联网邮件系统都提供了在网络间传输附带格式化文档邮件的功能，邮件中可能含有恶意程序或链接。恶意程序有很多种，例如：

① 蠕虫病毒：通过网络将自身发送给其他计算机，并在其他计算机中运行；蠕虫病毒主要以消耗系统资源为主要目的，启动后开始占用 CPU、内存直至完全占满，导致设备宕机。

② 木马病毒：通过与外部沟通，窃取目标信息。

③ 其他病毒：可以传染给其他程序，通过将自身（病毒）复制到其他程序中，破坏目标程序正常执行。

④ 逻辑炸弹：当运行环境满足某种特定条件时，开始执行该程序。

（3）聊天工具。一些聊天工具（如 MSN、QQ 等）提供了在线传输文件功能，这些文件中可能存在恶意程序。

（4）P2P 等下载工具，如 BT、电驴等，下载的文件中可能含有恶意程序。

（5）安全措施不够，将后门程序夹带到系统中，造成系统不安全，致使系统信息泄露。

主动设置后门是一把双刃剑，一旦后门泄露或被发现，被别人利用，后果不堪设想，这是不应被提倡的行为。

（6）漏洞被黑客利用。

（7）内部消息泄露，被黑客利用。

（8）系统使用者、管理者主动泄露信息。

（9）网络系统有缺陷或离职的设计者主动攻击网络。

当然，互联网的安全威胁是千变万化的，我们要想避免这些威胁，就要不断强化自我防御风险的能力。

4.2.2　常见的系统入侵方法

知己知彼，百战不殆。要想有效地防范黑客入侵，仅仅被动地采用防火墙等防御措施显然是不够的，我们应该了解一些常见的黑客入侵的方法和手段，针对不同的方法采取不同的防御措施，做到有的放矢。

众所周知，除人为泄露数据之外，黑客主要是通过社会工程学、网络系统的漏洞、用户违规操作等来进行攻击的。

1．利用社会工程学进行攻击

社会工程学是指人们对执行行为或泄露机密信息的心理操纵，是一种用于信息收集、欺诈或系统访问的信任技巧。它与传统骗局的不同之处在于，它通常是更复杂的欺诈方案中许多步骤之一。社会工程学与社会科学有关，它的使用已经在计算机和信息安全专业人员中普遍流行。

所有社会工程学都基于人类决策的特定属性，称为认知偏差，有时也称为人类硬件中的错误。它利用各种组合来创建攻击技术，这些技术被用于窃取目标人的机密信息。

最常见的社会工程学攻击是通过电话进行的。例如，违法分子冒充警察、法官、网站客服等工作人员套取目标人的密码、身份等信息；黑客联系社交网站上的目标人，并与目标人进行对话，逐渐获得目标人的信任，骗取目标人的敏感信息；黑客非法得到目标人的其他方面相关信息，通过分析获得有用的敏感信息。

2．利用系统漏洞进行攻击

通常网络系统中存在很多漏洞（有些是后发现的或是故意而为的漏洞），这些漏洞很容易被黑客利用，作为入侵网络的突破口。

一般利用漏洞入侵网络系统的过程如下。

（1）利用端口扫描、漏洞扫描工具来判断、分析系统，找到可利用的漏洞。

扫描是网络攻击的一种手段。攻击者在发起网络攻击之前，通常会试图确定目标上开放的 TCP/UDP 端口，而一个开放的端口通常意味着关联某种应用。

常见的扫描方法如下。

① 垂直扫描：针对相同主机的多个端口。

② 水平扫描：针对多个主机的相同端口。

③ ICMP（Ping）扫描：针对某个地址范围，通过 Ping 方式发现主机。

为了网络的安全，要采取安全防范措施，防止 TCP 协议扫描、UDP 协议扫描、Ping 扫描、扫描识别阈值、主机抑制时长、智能 TCP Flood 防御（设备阈值）等各种探测扫描方法的探测和攻击。

（2）根据系统漏洞，选择最简单的方式入侵。

（3）黑客入侵系统后，要想办法获取系统一定的权限。

（4）黑客将其权限提升为最高权限。

（5）黑客部署多个系统后门，以便日后利用。

（6）黑客将尽可能地清除入侵痕迹，不触发报警，目的是不被系统管理员发现。

（7）黑客会以此为跳板，攻击其他系统，获取有用的敏感信息，作为其他用途。

3．违规操作带来的安全风险

网络系统中的用户，因为安全意识不够，没有严格遵守规章制度，非法访问可疑网站、点击可疑链接、盲目接收可疑文件并执行该文件、盲目点击可疑邮件并查看，等等，造成恶意程序被引入、激活，给系统带来安全隐患。

4.2.3　常见的网络攻击形式

网络攻击是导致网络安全威胁的主要原因，嗅探攻击、截获攻击、拒绝服务攻击等是常见的网络攻击形式。网络攻击和网络安全是矛盾的两个方面，而了解网络攻击手段可以帮助我们做好网络安全工作，保护网络安全。

1．网络攻击的类型

网络攻击的类型有两种，即被动攻击和主动攻击。

1）被动攻击

被动攻击，又称流量分析，是指窃取信息并对信息加以查看，从而破坏信息的保密性。被动攻击的主要方式有窃听、嗅探等。嗅探攻击主要是指黑客终端通过接入嗅探目标终端的信息传输路径，复制经过网络传输的信息。

对被动攻击采取的有效防范措施应该是阻止而不是检测，比如进行数据加密。

被动攻击的方法是截获。

被动攻击的目的是窃听他人通信内容。

被动攻击的操作行为是攻击者只观察、分析某一协议对应的协议数据单元，窃取其中的数据信息，但不干扰信息传输。被动攻击是无法检测的。

2）主动攻击

主动攻击是指对截取的信息进行修改（如改变传输路径）、添加或删除等操作，从而破坏信息的真实性、完整性及系统服务的可用性。主动攻击的主要方式有欺骗、重放、假冒、拒绝服务和消息篡改等方式。

对主动攻击采取的防范措施应当是数据检测、防火墙等。

主动攻击的方法是中断、篡改、伪造。通过采取适当的措施，能够检测到主动攻击。

2．常用的网络攻击手段

常用的网络攻击手段有拒绝服务攻击（DoS）、利用型攻击、信息收集型攻击、假消息攻击、高级持续性威胁（APT）攻击、分布式拒绝服务（DDoS）攻击等，这些攻击手段的含义如下。

（1）拒绝服务攻击是攻击者向某服务器不停地发送大量分组信息，使服务器无法正常运行，从而使服务器崩溃或把它压垮来阻止其提供服务。拒绝服务攻击是最容易实施的攻击行为。

（2）利用型攻击是一类试图直接对用户计算机进行控制的攻击。

（3）信息收集型攻击并不对目标本身造成危害，而被用来为进一步入侵提供有用的信息。它主要包括扫描技术、体系结构刺探、利用信息服务等。

（4）假消息攻击用于攻击目标配置不正确的消息，主要包括高速缓存污染、伪造电子邮件等。

（5）高级持续性威胁攻击是指利用先进的攻击手段对特定目标进行长期持续性网络攻击。

（6）DDoS 攻击是指使用互联网大量网站或终端集中攻击一个网站，又称网络带宽攻击、连通性攻击。

3．常用的网络攻击方式

常用的网络攻击方式有截获、中断、篡改、伪造，这些网络攻击方式的特点如下。

（1）截获：窃听网络通信的内容，但不影响正常的网络通信。

（2）中断：中断正常的网络通信。

（3）篡改：又称更改报文流，篡改网络上传输的报文和分组信息，并在网络中进行传递。

（4）伪造：伪造虚假报文信息，并在网络中进行传递。

4．常见的网络攻击方法

常见的网络攻击方法如下。

（1）端口扫描：这是网络攻击的前奏，它对网络端口进行扫描，以获取有用的信息。

（2）网络监听：对局域网、Hub、ARP 欺骗、网关设备进行信息截获，以获取有用的信息。

（3）邮件攻击：利用邮件炸弹、邮件欺骗，对网络系统进行攻击。

（4）网页欺骗：利用伪造网址、DNS 重定向等方法，对网络系统进行攻击。

（5）密码破解：利用字典破解、暴力破解、MD5 解密等对用户密码进行破解。

（6）Web 恶意扫描攻击：网络攻击的一种，攻击者对 Web 服务器进行 Web 恶意扫描攻击，从而获取服务器信息及漏洞，为后续攻击做准备。

常见的 Web 恶意扫描攻击有网络爬虫、通用网关接口（CGI）扫描、漏洞扫描等。

网络爬虫：又称网页蜘蛛、网络机器人，是一种按照一定的规则，自动抓取互联网信息的程序或者脚本。网络爬虫会占用网络带宽并增加 Web 服务器的处理开销。攻击者甚至会利用爬虫程序对服务器发动 DoS 攻击。

CGI 扫描和漏洞扫描：攻击者在不了解目标系统的情况下，利用漏洞扫描和系统侦测工具试图发现目标采用的操作系统、应用软件的版本和配置情况并进一步手动或者利用工具判断系统是否存在漏洞，发现漏洞后利用这些漏洞对网络系统发起攻击。

（7）漏洞攻击：利用溢出攻击、系统漏洞利用等方法，对网络系统进行攻击。

（8）种植木马病毒：利用经过隐藏、免杀的木马病毒，使用网站挂马、邮件挂马等手段来达到对目标种植木马病毒的目的。

（9）DoS、DDoS：对网络系统实行拒绝服务攻击、分布式拒绝服务攻击。

（10）挑战黑洞（Challenge Collapsar，CC）攻击：攻击者控制某些主机不停地向某个服务器发送大量的数据包，致使服务器资源耗尽，最后宕机崩溃。CC 攻击是 DDoS 攻击的一种。

（11）XSS 攻击、SQL 注入：利用变量检查不严格漏洞，构造 Java Script 语句挂马，或获取用户信息，或构造 SQL 语句猜测表、字段和管理员账号及密码。

（12）社会工程学攻击：利用社会工程学来实现对系统的登录、数据库的盗取等。

5．典型的网络攻击方法

1）按 OSI 七层网络模型划分

（1）物理层：线路侦听。

（2）数据链路层：MAC Flood。

（3）网络层：ARP Poison、ICMP Redirection。

（4）传输层：TCP Flood（包括 ACK Flood 和 SYN Flood)、UDP Flood（NTP、DNS）。

（5）会话层：无。

（6）表示层：无。

（7）应用层：Connection Flood、HTTP Get 等。

2）按网络层划分

（1）网络接口层：设备破坏、线路侦听、MAC 欺骗、MAC Flood 等。

（2）网络互联层：IP 欺骗、Smurf 攻击、ARP 欺骗、ICMP 攻击、地址扫描等。

（3）传输层：TCP 欺骗、TCP 拒绝服务、UDP 拒绝服务端口扫描等。

（4）应用层：漏洞、缓冲区溢出攻击、Web 应用的攻击、木马病毒等。

3）按攻击目的划分

（1）中间人攻击（为了获得网络数据）：MAC Flood、ARP Poison、ICMP Redirection。

（2）拒绝服务攻击：TCP Flood、UDP Flood、Connection Flood、HTTP Get。

4）按攻击者的位置划分

（1）攻击者必须与攻击目标处于同一网段：MAC Flood、ARP Poison、ICMP Redirection、线路侦听。

（2）攻击者与攻击目标不必处于同一网段：其他。

6．部分网络攻击方法的原理、现象及解决方法

1）MAC Flood

原理：通过发送大量的随机源 MAC 地址帧，攻击交换机的 MAC 地址表，使交换机的 MAC 地址表填满，并拒绝增加新的合法 MAC 地址条目。一旦网段里主机的 MAC 地址无法进入交换机的 MAC 地址表，该网段里主机发送的帧将被广播，攻击者将会收到该主机的网络信息。

现象：网段中所有主机突然收到大量广播帧。

解决方法：在交换机上做配置，限制每个端口匹配 MAC 地址的总数。

2）ARP Poison

原理：利用 ARP 协议的漏洞，攻击目标主机或网络系统的 ARP 列表，截取目标主机或网管的流量，其攻击目标一般是目标主机和网关。

现象：网段中有的 IP 地址设备的 MAC 地址突然改变了。

利用 ARP Poison 进行攻击时，先打开本机的路由功能，使得截取的流量依然能够到达目标主机，以免目标主机察觉。

解决方法：主机使用静态的 ARP 列表，对网关进行绑定。有条件的话，网络中也要使用静态的 ARP 列表，对主机进行绑定。

3）ICMP Redirect

原理：攻击目标主机的路由表，使之定向到攻击者。

现象：路由表发生改变，一般情况下是默认路由表发生了改变。

利用 ICMP Redirect 进行攻击前，要记得打开攻击者的路由功能，以免目标主机察觉。

解决方法：关闭 ICMP 协议。

以上三种攻击，均为中间人攻击，其要求攻击者与被攻击者在同一网段，这样才能够窃取目标主机的流量信息，其危害性较为严重。

下面的攻击均为拒绝服务攻击，攻击者与被攻击者不要求在同一网段，其不能够窃取目标主机的流量信息，而是以攻击目标主机，使之无法正常工作为目标，其危害性相对较小。

4）SYN Flood

原理：我们知道，TCP 连接需要三次握手过程，例如 a 想与 b 建立 TCP 连接，三次握手过程分别是：①a 发送 SYN 给 b；②b 发送 SYN 和 ACK 给 a；③a 发送 ACK 给 b。

对于 b，每当收到来自 a 的 SYN，b 都要分配一段内存，存放 IP 地址、端口号、序列号、时间戳等信息。如果 a 发送大量的 SYN 请求，b 就会不断地分配内存，结果是：①b 的内存耗尽，无法响应服务请求；②队列被填满，无法响应新来的合法的请求。无论是哪种情况，都会造成拒绝服务。

现象：服务器收到大量 SYN 请求，并且该请求均无下文。

解决方法：

① 根据 SYN 请求包的逻辑来判断 SYN 请求是否合法，例如 SYN 重传。

② 修改主机操作系统相关参数，提高操作系统对 SYN Flood 的防御能力，例如缩短 SYN Timeout 时间，减少重发次数，增加队列容量。

③ 使用 SYN Cookie 方案

SYN Cookie 将需要储存在内存中的信息，通过一个 Hash 函数，计算出一个 Cookie 值，作为序列号，发送给对方，在收到 SYN 后并不立即分配内存，而是等到收到 ACK，并验证后再分配内存，在一定程度上解决了 SYN Flood 攻击的问题（解决的问题是收到 SYN 不再立即分配内存）。但是，使用 SYN Cookie，提高了 CPU 的计算压力（收到 SYN 要计算 Cookie 值，收到 ACK 后要进行验证），实质上这是一种用 CPU 计算资源换取内存空间的方案，并且使得主机对于 ACK Flood 攻击更加敏感。

5）ACK Flood

原理：主机在收到 ACK 后，会查询队列中是否存在相应的 SYN，如果没有，则直接丢弃 ACK，因此 ACK Flood 本来是一种较弱的网络攻击。但是当主机打开了 SYN Cookie 后，主机要处理的事情就变得复杂了，要通过复杂的计算验证 ACK 的合法性，因此 ACK Flood 主要攻击使用了 SYN Cookie 的主机，使其 CPU 计算资源耗尽，造成拒绝服务。

现象：同 SYN Flood，只不过 ACK 标志为 1，SYN 标志为 0。

解决方法：参考 SYN Flood。

6）NTP Flood

原理：NTP Flood 是一种反射型 UDP 攻击，其有两个特点：①攻击者不直接攻击目标主机，而是构造包，将流量发给提供 NTP 服务的主机；②通过 NTP 主机后，流量会被放大，造成目标主机网络拥堵。

现象：主机收到大量的 NTP 流量。

解决方法：①找运营商清洗流量；②找到攻击源头从而解决问题。

7）DNS Flood

原理：DNS Flood 是一种拒绝服务攻击。攻击者操作大量的傀儡机器，对目标发起海量的域名查询请求，使得 DNS 服务器资源耗尽。

现象：在 DNS Flood 期间，由于流量过载，主机与 Internet 的连接会中断，导致机器工作停止或宕机。

常见的 DNS Flood 攻击包括域名劫持、缓冲投毒、DDoS 攻击、DNS 欺骗等。

解决方法：DNS Flood 攻击防御可以采用类似 HTTP 的防御手段，首先是缓存，其次是重发。可以直接丢弃 DNS 报文导致 UDP 层面的请求重发，也可以返回特殊响应，强制要求客户端使用 TCP 协议重发 DNS 查询请求。

对于授权域 DNS 的保护，设备会在业务正常时期提取收到的 DNS 域名列表和 ISP DNS IP 列表备用。在被攻击时，不是此列表的请求一律丢弃，能大幅降低处理开销。对于域名，实行同样的域名白名单机制，不是白名单中的域名解析请求做丢弃处理。

8）IP 扫描和端口扫描

IP 扫描：扫描网段内开启的主机。

TCP 端口扫描：发送 ACK 给目标主机的端口，如果无返回，则说明端口被过滤；如果返回 ICMP 不可达，说明端口关闭；如果返回 SYN 和 ACK，则说明端口是开放的。

UDP 端口扫描：发送 UDP 数据，如果返回 UDP，说明端口是开放的；如果返回 ICMP 不可达，说明端口关闭；如果返回 ICMP，Type 为 3，Code 为 1,2,9,10,13，说明端口被过滤了；如果无回应，则有可能是端口被过滤或者关闭。

7. 高级持续性威胁攻击

高级持续性威胁（Advanced Persistent Threat，APT）攻击是指针对明确目标的持续的、复杂的网络攻击。APT 攻击行为有三大特点：①攻击领域广泛，规模庞大；②攻击目标多样，全网覆盖；③攻击技术先进，手法复杂。

APT 攻击目标涵盖连接互联网的各类设备乃至整个网络空间，从各种服务器（网页服务器、域控服务器、文件共享服务器等）、联网计算机，到电子邮箱、移动介质，再到各种网络设备、移动智能终端、工业控制系统和物联网设备，总体上形成从单机到网络、从硬件到软件、从外网到内网的全网覆盖。其还利用企业的内、外网缺乏边界防护设备的管理漏洞，向内网进行渗透。因此，APT 攻击危害性极大，造成的后果也非常严重，需要引起足够的重视。

4.2.4　网络攻击的防范措施

首先要根据用户对信息系统的安全要求定义系统的安全级别，然后对系统采取相应的安全防护措施。

1. 网络系统的安全体系

网络系统建成、移交后，用户应设置各种安全选项，自己进行系统运维，自己负责安全管理、安全审计；重要的系统中，账户管理、安全审计、日志审计、数据库管理等要多权分立；账户管理员能创建账户，但需安全审计员赋予权限并启用，才能正常使用；安全审计员负责权限管理和账户启用；数据库管理员对重要的敏感数据只能维护，查看不到完整的原始数据，数据库管理员未经安全审计员许可，不能复制数据；系统设计者在未得到授权情况下无法进入系统；系统管理员在升级、维护系统时，全程要有监控措施，其操作要有完整的日志记录；日志审计员只能维护日志信息，不能删除日志。

2. 网络系统的安全措施

拥有网络安全意识是保证网络系统安全的重要前提。

保证网络系统安全的技术措施包括：安全设备、访问控制、数据加密、运维管理、日志审计、信息过滤、数据镜像、数据备份等。

维护网络安全的工具有网络护照、数字证书、数字签名和基于本地或云端的防病毒系统等。

3．网络系统的安全性分析

要保障网络系统安全，就要做好网络系统的安全风险评估，及时发现网络系统的缺陷，及时采取补救措施。

网络系统安全风险评估包括：网络的物理安全方面、网络拓扑结构方面、系统安全方面（整个网络操作系统和网络硬件平台是否可靠且值得信任）、应用系统安全方面、管理安全方面。

现在我们使用的系统硬件、操作系统和应用软件有很多技术未公开，其中有太多的秘密，知道得越多对系统安全越担忧，越感到害怕。

要想把网络系统安全防护做好，就要各尽其责。用户做好业务和系统应用；管理人员做好运维；审计人员做好安全审计；技术问题交给专业技术人员去解决。

4．网络系统的安全威胁防护

1）网络系统的安全威胁防护内容

网络系统的安全威胁防护内容：①主机 ARP 防护；②攻击防护；③病毒过滤；④入侵防御；⑤异常行为检测；⑥高级威胁检测；⑦边界流量过滤；⑧云沙箱（有的木马病毒具有运行环境探测功能，当探测到其运行环境中有嗅探器或探测工具，或者其在仿真环境中时，木马病毒自动停止运行）；⑨垃圾邮件过滤，等等。

2）确保用户级安全的做法

确保用户级安全的做法：①把未加密数据视为公共数据；②数据加密应该由数据所有者来完成；③数据的加密手段应该尽量独特；④要定期更换安全模型；⑤不要轻信少于双重身份验证的站点；⑥不在线时关闭计算机（尽量关闭所有不用的功能，用时临时开启）；⑦要避免使用大众化的、标准的或免费软件；⑧要注意灰色地带（要全面管理）；⑨要严格审计。

3）网络安全目标措施

网络安全目标措施：①防止被分析出报文内容（针对截获被动攻击），要使用数据加密技术；②防止恶意程序入侵（针对主动攻击），要使用加密技术与鉴别技术相结合的方式；③检测更改报文流和拒绝服务（针对主动攻击），要使用加密技术与鉴别技术相结合的方式。

4）通用安全防护设备和系统

网络安全建设要重点围绕网络层安全防护、应用层安全防护、服务器层安全防护及数据层安全防护进行。具体的网络层安全防护的主要产品有防火墙、入侵防御系统、网络隔离设备、入侵检测系统、防病毒系统等；应用层安全防护的主要产品有安全认证系统、统一授权系统等；服务器层安全防护的主要产品有服务器防护系统、防病毒系统、入侵检测系统、主机审计系统等；数据层安全防护的主要产品有：数据库安全增强系统、数据库审计系统、文档防护系统等。（对核心的数据进行存储管理的核心数据库还应采取有效的防护措施。）

为了使连接互联网的网络有较好的防护性能，还可以引入比较成熟的网络入侵检测系统、Web 应用防火墙、网络入侵防御系统、网络防火墙等。

此外，在允许的情况下，还可以购买（机房服务器）防护服务，将网络系统的安全防护委托给专业的安全公司，但我们要对其加强监督和管理。

对具体的网络系统可以采用物理防火墙隔离，采用严格的安全策略，指定少量通信接口访问权限，保证在可以传输数据的基础上，不开放其他业务服务等，来保护外网的设备或系统不被入侵，从而保证外网的数据信息安全。

5．网络系统安全防护措施一览图

网络系统安全防护的措施，如图 4-6 所示。

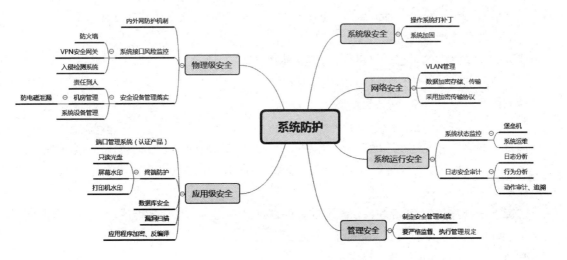

图 4-6 网络系统安全防护的措施

6．部分安全设备的作用

如果将内部局域网比作城堡，那么防火墙就是城堡的守城卫士，只允许己方的队伍通过；防病毒产品就是城堡中的将士，想方设法把发现的敌人消灭；入侵检测系统就是城堡中的瞭望哨，监视有无敌方或其他误入城堡的人出现；漏洞检测系统就是巡逻队，检查城堡是否坚固、是否存在安全隐患；VPN 网关就是城堡的安全密道，当城堡周围遍布敌军时可作为内外秘密联络通道。

7．几种攻击方法的防范措施

1）对 SQL 注入攻击的防范措施

（1）输入验证。

检查系统输入信息的合法性，确保输入的内容只包含合法的数据。

（2）错误信息处理。

防范 SQL 注入，要避免系统反馈详细的错误消息，因为黑客可以利用这些消息；要使用一种标准的输入确认机制来验证所有的输入数据的长度、类型、语句、规则等；要反馈给用户自定义的错误信息代码，作为用户提示信息使用。

（3）加密处理。

要将用户登录名称、密码等数据加密存储。

（4）在存储过程中执行所有的查询。

在使用 SQL 参数的传递方式时，要防止攻击者利用单引号和连字符实施攻击。要限制数据库权限，只允许特定的存储过程执行，所有的用户输入必须遵从被调用的存储过程的安全规则。

（5）使用专业的漏洞扫描工具对系统进行安全扫描。

（6）要确保数据库安全。

（7）要对系统进行安全审评。

2）对地址解析协议（Address Resolution Protocol，ARP）攻击的防范措施

（1）网关和终端双向绑定 IP 地址和 MAC 地址。

（2）对局域网中的每台计算机进行静态 ARP 绑定。

（3）打开安全防护软件的 ARP 防火墙功能。

（4）彻底追踪、查杀 ARP 病毒。

3）对 Smurf 攻击的防范措施

向目标网络主机发送 ICMP Echo 请求报文，该请求报文的源地址为被攻击主机的地址，目的地址为广播地址，这样目标网络的所有主机都对此 ICMP 应答请求做出答复，导致被攻击主机瘫痪。

防御方法：检查 ICMP 应答请求报文的目的地址是否为子网广播地址或子网的网络地址，如果是，则根据用户配置对报文进行转发或丢弃。

4）对 SYN Flood 攻击的防范措施

（1）SYN Flood 攻击过程。

SYN Flood 攻击是利用 TCP 建立连接时的三次握手过程实现的，是一种通过向目标服务器发送大量 TCP SYN 报文，消耗其系统资源，削弱目标服务器的服务提供能力的行为。

（2）防御方法。

① 基于 TCP 新建连接速率限制方法防范 SYN Flood 攻击。

在防火墙上设置允许的新建连接速率阈值，如果单位时间内，客户端发起的新建连接请求数超过指定阈值，则认为服务器遭受了 SYN Flood 攻击。

② 利用 SYN Cookie 技术防范 SYN Flood 攻击。

通过使新建连接的协商报文携带认证信息（Cookie），再通过验证客户端回应的协商报文中携带的信息来进行报文有效性确认，从而防范 SYN Flood 攻击。

③ 利用 Safe Reset 技术防范 SYN Flood 攻击。

通过对正常 TCP 新建连接的协商报文进行处理，修改响应报文的序列号并使其携带认证信息（Cookie），再通过验证客户端回应的协商报文中携带的信息来进行报文有效性确认，从而防范 SYN Flood 攻击。

5）对 DoS、DDoS 攻击的防范措施

（1）主机设置。

一般的主机平台都有抵御 DoS 的措施，如：

① 关闭不必要的服务；

② 限制同时打开的 SYN 半连接数目；

③ 缩短 SYN 半连接的 Timeout 时间；

④ 及时更新系统补丁。

（2）网络设置。

① 防火墙设置。

禁止对主机的非开放服务的访问，限制同时打开的 SYN 最大连接数，限制特定 IP 地址的访问，启用防火墙的防 DDoS 的属性，严格限制对外开放的服务器的外向访问（主要是防止自己的服务器被当作工具去攻击其他计算机）。

② 路由器设置。

设置 SYN 数据包流量速率，为路由器建立日志服务。

6）对 APT 攻击的防范措施

APT 攻击检测是针对网络 APT 攻击行为细粒度的检测，其可有效检测通过网页、电子邮件或其他在线文件共享方式进入网络的已知和未知恶意软件，包括：未知恶意代码检查、嵌套式攻击检测、木马病毒和蠕虫病毒识别、隐秘通道检测、未知漏洞检测等。

APT 攻击检测可以采用静态检测和动态检测结合的双重检测方法；可以采用三种检测技术手段：二进制检查、Shell Code 检查、沙箱检查。通过这些检测技术可以检测出 APT 攻击的核心步骤，如果结合人工服务，可有效发现网络 APT 攻击行为。

最后，为做好网络安全防护工作，提出如下的建议。

（1）要落实责任。

要落实网络安全防护主体责任，确保网络安全防护工作各环节职责清晰、责任到人、可究可查。

（2）要加强安全教育。

要加强常态化网络安全教育和技能培训，提升网络安全防护意识和防护技能。工作人员的疏忽大意和违规操作，是绝大多数网络安全事件和数据泄露案件发生的主要原因，杜绝不安全操作行为，是做好网络安全管理的根本。

（3）要定期进行安全检查。

除了在办公计算机、手机上安装杀毒、防护软件等措施，还要定期地对设备进行安全检测，以便发现计算机、手机等是否感染木马病毒，是否存在可疑的网络请求或连接，邮箱是否存在异常的登录情况。

（4）要确保措施到位。

要加强网络技术防护能力建设，确保技术防护措施到位并发挥实效。根据网络应用情形和安全级别要求，设置相适应的足够强度的技术防护措施；网络安全管理员对各技术防护设备的运行情况和监测记录要定期查看，既确保设备正常有效运转，又能及时发现各种违规、可疑或危险的操作行为。

（5）要强化监管。

要切实强化网络安全防护规章制度执行的监管。通过强化监管，提醒和约束工作人员遵守安全防护制度，推动各项安全要求和安全责任落实到位。同时，抓早抓小，及早发现并处置异常情况和安全隐患，尽可能减少信息安全防护的空白点和薄弱点，有效管控风险。

（6）要加强协作。

要加强同有关安全监管部门等的协作配合，做好网络安全防护工作。要积极配合有关安全监管部门开展反窃密检测，以便发现计算机网络被攻击窃密及运行管理中存在的漏洞和薄弱环节，及时消除安全隐患。同时，要落实网络安全防护措施，提高技术防护能力，防范网络攻击窃密活动。

4.3 常见的网络安全防护技术

本节介绍在网络安全建设过程中经常使用的一些安全设备和安全措施。

4.3.1 防火墙

防火墙也称防护墙，是由 Check Point 软件技术有限公司创始人 Gil Shwed 于 1993 年发明并引入国际互联网的。它是一种位于内部网络与外部网络之间的网络安全系统，是一种协助确保信息安全的设备，是一种获取安全性方法的形象说法，它是一种计算机硬件和软件的结合，使公众访问网络（如互联网 Internet）与内部网络（如企业网络 Intranet）之间建立起一个安全网关（Security Gateway），是一种将内部网络和公众访问网络分开的方法，从而保护内部网络免受非法用户的入侵，是在内部网络和外部网络之间、专用网络与公共网络之间构造的保护屏障。

防火墙是最基本的网络防护措施，也是目前使用最广泛的一种网络防攻击技术。通常防火墙是网络安全的第一道屏障。它可通过监测、限制、更改跨越防火墙的数据流，尽可能地对外屏蔽网络内部的信息、结构和运行状况，以此来实现网络的安全保护。在逻辑上，它是一个分离器，也是一个限制器和一个分析器，它能有效地监控内部网络和外部网络之间的任何活动，从而保证内部网络的安全。

一般防火墙前端连接着一个路由器，如带路由功能的防火墙可与外网直接相连。防火墙最基本的功能就是在计算机网络中控制不同信任程度区域间传送的数据流。防火墙具有很好的网络安全保护作用。防火墙会依照特定的规则，允许或限制传输的数据通过，在两个网络通信时执行一种访问控制规则，流入流出的所有网络通信均要经过此防火墙，它能允许你"同意"的人和数据进入你的网络，同时将你"不同意"的人和数据拒之门外，最大限度地阻止网络中的黑客访问你的网络。防火墙能防止黑客，但不能防止病毒。换句话说，如果不通过防火墙，内网的用户就无法访问互联网，互联网上的用户也无法和内网的用户进行通信。

1．防火墙的作用与功能

1）防火墙的主要作用

防火墙用于过滤进出网络的数据包、管理进出网络的访问行为、封堵某些禁止的访问行为、记录通过防火墙的信息内容和活动、对网络攻击进行检测和报警等。

（1）控制作用。

防火墙能在网络连接点上建立一个安全控制点，对进出数据进行限制；能规定网络通信协议；能规定网络通信端口；能划分 VLAN；能规定通信策略；等等。

（2）隔离作用。

防火墙能实现网络边界划分；能将需要保护的网络与不可信任网络进行隔离，隐藏内网的信息并进行安全防护。

（3）检查和记录进出数据的信息。

防火墙能对进出数据进行检查，并记录相关信息，即内容过滤。防火墙能实现系统监控、接口监控、威胁监控、用户监控、应用监控、URL 监控、会话监控、流量统计，等等。

用户在选择防火墙时要认真研究各产品的性能和特点，选择适合自己需求的防火墙产品。

防火墙的作用如图 4-7 所示。

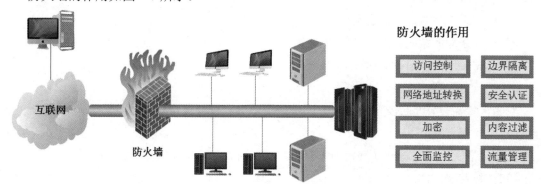

图 4-7　防火墙的作用

2）防火墙的功能

（1）包过滤。

防火墙能根据 IP 地址、端口号和协议类型设置访问控制，能防止非系统 IP 地址访问，能禁止系统关键端口的访问。

（2）状态检测。

防火墙能截取所有应用层的数据包并进行 IP 地址、端口号检测。

（3）深度包检测。

防火墙能设置对 URL 的访问控制，能设置对关键字的访问控制。

（4）网络地址转换（NAT）。

防火墙能使用 NAT 将内部私有 IP 地址转换为公有 IP 地址。

（5）IP 地址和 MAC 地址绑定。

防火墙能对系统服务进行 IP 地址和 MAC 地址绑定，能检测 IP 地址盗用并拦截该盗用 IP 地址经过防火墙的各种访问。

（6）设置 VLAN 管理。

防火墙能对网络出口进行 VLAN 分区设置，对连接的设备进行 VLAN 管理，以此来保证系统的安全性。

（7）流量统计。

防火墙能根据 IP 地址、协议、时间等参数对流量进行统计，能快速识别出非法流量、危险流量，能保证系统的安全性和稳定性。

（8）策略路由。

防火墙能根据数据包源和目的地址设置端口访问控制策略。

（9）安全审计。

① 能记录来自外部网络的被安全策略允许的访问请求；

② 能记录来自内部网络和 DMZ 的被安全策略允许的访问请求；

③ 能记录任何试图穿越或者到达防火墙的违反安全策略的访问请求；

④ 能记录防火墙管理行为；

⑤ 能记录防火墙的重新启动；

⑥ 能记录对系统时钟的手动修改；

⑦ 能记录联动响应行为事件。

（10）管理安全。

对防火墙需设置符合安全要求的管理员口令，设置管理员可信主机，记录失败次数。

（11）管理方式。

防火墙需关闭远程管理（禁止网络管理），仅支持 Console 口的本地管理。

（12）抗渗透。

① 能抵御各种典型的 DoS 和 DDoS 攻击；

② 能检测和记录端口扫描行为；

③ 能检测和记录漏洞扫描行为；

④ 能抵御网络扫描行为，且不返回扫描信息；

⑤ 能抵御源 IP 地址欺骗攻击；

⑥ 能抵御 IP 碎片包攻击；

⑦ 能拦截典型邮件炸弹工具发送的垃圾邮件。

（13）恶意代码防御。

① 能拦截典型的木马病毒攻击；

② 能检测并拦截激活的蠕虫病毒、木马病毒、间谍软件；

③ 能检测并拦截被 HTTP 网页和电子邮件携带的恶意代码；

④ 发现恶意代码后，能及时自动向控制台报警；

⑤ 能及时升级离线病毒库，有条件的话，及时在线升级病毒库。

（14）非正常关机。

① 能将安全策略恢复到关机前的状态；

② 能使关机前的日志信息不丢失；

③ 需要重新进行管理员认证，才能正常启动。

2．防火墙的分类

（1）按防火墙形态分类，有硬件防火墙和软件防火墙。

（2）按技术实现分类，有包过滤（透明模式）防火墙和代理防火墙。

（3）按体系结构分类，有双宿/多宿主机防火墙、屏蔽主机防火墙、屏蔽子网防火墙。

3．防火墙的实现技术

简单的防火墙可以用路由器来代替，复杂的防火墙可以用主机或服务器甚至一个子网来实现。每一个内、外网络之间的连接都应通过防火墙。

防火墙在用户权限管理方面，应遵循国家有关安全标准规定，对用户做四级授权，即实施域管理权、策略管理权、审计管理权和日志查看权。用户认证时采用基于公钥基础设施（Public Key Infrastructure，PKI）的高级授权认证方式，底层通过安全套接字层（Secure Socket Layer，SSL）协议进行通信，这样数据的安全性能得到有效保障。

下面介绍防火墙的实现技术。

1）数据包过滤技术

防火墙是根据 IP 地址或服务端口来过滤数据包的。防火墙对于利用合法的 IP 地址和端口来从事破坏活动无能为力，因为防火墙极少深入数据包检查内容，即使使用了深度包检测（Deep Packet Inspection，DPI）技术，其本身也面临着许多挑战。（深度包检测技术已经被 ISP 普遍采用，用于对流量进行优先级划分、阻止不需要的协议和优先处理特定的应用程序。）

数据包过滤是在 IP 层实现的，主要根据 IP 数据头部的 IP 地址、协议、端口号等信息进行过滤。网络管理员首先根据访问策略建立访问控制规则，然后防火墙的过滤模块根据规则决定是否允许数据包通过。

数据包过滤的优点如下：

（1）依据数据包的基本标记来控制数据包，只对数据包的 IP 地址（包括源地址和目的地址）、TCP/UDP 协议和端口（包括源端口及目的端口）进行分析，规则简单，处理速度较快，易于实现，易于配置。

（2）对用户透明，用户访问时不需要提供额外的密码或使用特殊的命令。

数据包过滤的缺点如下：

（1）检查和过滤只在网络层进行，不能识别应用层协议或维持连接状态。

（2）安全性差，不能防止 IP 地址欺骗等。

（3）只能提供较低水平的安全防护，无法对高级的网络入侵行为进行控制。

2）代理网关技术

代理网关技术分为电路级代理和应用代理。

（1）电路级代理。

电路级代理是指建立回路对数据包进行转发。

其优点是：①能提供网络地址转换（NAT），为内部地址管理提供了灵活性；②能隐藏内部网络的各种信息；③适用面广。

其缺点是：仅简单地在两个连接间转发数据，不能识别数据包的内容。

（2）应用代理。

其工作在应用层，使用代理技术，对应用层数据包进行检查，对应用或内容进行过滤，例如使用禁止 FTP 的"put"命令。

其优点是：

① 可以检查应用层内容，根据内容进行审核和过滤。

② 能提供良好的安全性。

其缺点是：

① 支持的应用数量有限。

② 系统性能表现欠佳。

3）网络地址转换技术

网络地址转换（NAT）是一种能将私有（保留）地址转化为合法 IP 地址的转换技术，它广泛应用于各种类型 Internet 接入方式和各种类型的网络中。

NAT 技术设计的初衷：一是增加私有组织的可用地址空间；二是解决现有私有网络接入的 IP 地址编号问题。

NAT 的实现方式有静态地址转换、动态地址转换和端口转换。

其优点是：

① 管理方便，且节约 IP 地址资源；

② 能隐藏内部 IP 地址信息；

③ 可用于实现网络负载均衡。

NAT 被证明是一项非常有用的技术，可用于多种用途，如提供了单向隔离功能，具有很好的安全特性；可用于目标地址的映射，使公有地址可访问配置私有地址的服务器；另外，还可用于服务器的负载均衡和地址复用等。

其缺点是：外部应用程序不能方便地与 NAT 网关后面的应用程序联系。

防火墙的网络地址转换如图 4-8 所示。

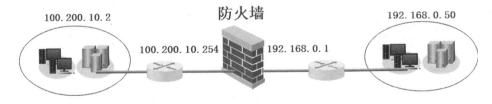

图 4-8　防火墙的网络地址转换示意图

4）状态检测技术

状态检测技术是在数据链路层和网络层之间对数据包进行检测的技术，如图 4-9 所示。其创建动态状态表，可用于维护连接上下文。

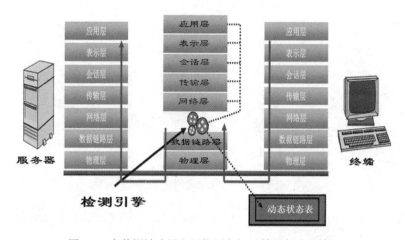

图 4-9　在数据链路层和网络层之间对数据包进行检测

状态检测技术的特点如下。

① 安全性高，可根据通信和应用程序状态确定是否允许数据包通行。

② 性能高，在数据包进入防火墙时就进行识别和判断。

③ 适应性好，对用户应用程序透明。

5）自适应代理技术

自适应代理技术具有如下特点。

（1）根据用户定义的安全规则，动态适应传输网络数据。

（2）代理服务可以从应用层转发，也可以从网络层转发。

① 高安全要求，在应用层进行检查。

② 明确会话安全细节，在链路层对数据包进行转发。

（3）兼有高安全性和高效率。

4．防火墙部署模式

防火墙有三种部署模式：路由模式、透明模式和混合模式。

1）路由模式

路由模式有静态路由、动态路由（RIP 路由、OSPF 路由、BGP 路由）、策略路由、会话保持。

图 4-10 所示为防火墙路由工作模式。

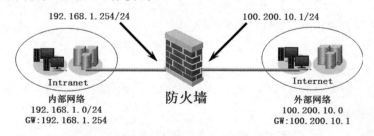

图 4-10　防火墙路由工作模式

2）透明模式

图 4-11 所示为防火墙透明工作模式。

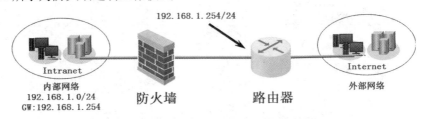

图 4-11　防火墙透明工作模式

透明工作模式的防火墙容易被黑客忽略，所以此工作模式下的防火墙更容易真实地记录黑客的行为。

3）混合模式

图 4-12 所示为防火墙混合工作模式。

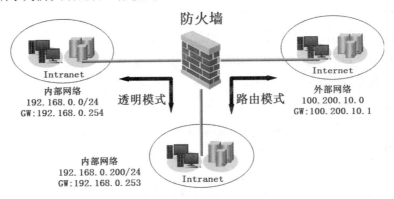

图 4-12　防火墙混合工作模式

5．防火墙的策略

防火墙有许多策略，具体如下。

1）黑白名单策略

（1）白名单策略：凡是没有明确表示允许的就要被禁止。

① 先阻止所有数据包；

② 根据策略开放允许的数据包。

（2）黑名单策略：凡是没有明确表示禁止的就允许通过。

对明确禁止的设置策略，其他的都允许通过。

相对地讲，采用白名单策略更能有效地阻止非法入侵。

2）配置防火墙策略

通过配置防火墙策略能够对经过设备的数据流进行有效的控制和管理。

防火墙策略设置如图 4-13 所示。

（1）可信网络可向 DMZ 和不可信网络发起连接请求；

（2）DMZ 可接受可信网络和不可信网络的连接请求；

（3）DMZ 不可向可信网络发起连接请求。

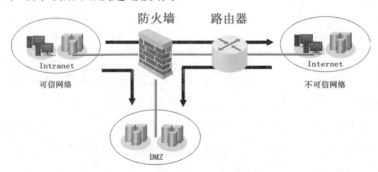

图 4-13　防火墙策略设置

3）控制策略

（1）应用控制策略。

应用控制策略是在安全策略基础上的进一步扩展，是防火墙的核心模块。该模块不再局限于简单地对 IP 地址、端口的分析控制，能进一步对报文的数据内容进行协议分析、特征识别，能识别出流量所属的具体应用，进而完成对某些具体应用流量的过滤、审计。例如对 P2P 下载、在线视频的流量控制，就可以通过该模块完成。

（2）会话控制策略。

为了对数据流进行会话控制，用户可以针对连接会话，进行新建或者并发的控制，从而保护连接表不被攻击填满，并且能够在一定程度上限制一些服务或应用的带宽。

6．防火墙部署

1）防火墙部署的位置

（1）可以将防火墙部署在可信网络与不可信网络之间；

（2）可以将防火墙部署在不同安全级别网络之间；

（3）可以将防火墙部署在两个需要隔离的区域之间。

2）防火墙的部署方式

（1）无 DMZ 的单防火墙部署方式，如图 4-10 所示，这样部署的防火墙能实现内、外网络的区域划分，而且其结构简单，易于实施。

（2）有 DMZ 的单防火墙部署方式，如图 4-13 所示，这样部署的防火墙能实现可信网络、DMZ、不可信网络的区域划分；能提供对外服务安全区域。

（3）双防火墙部署方式，如图 4-14 所示。

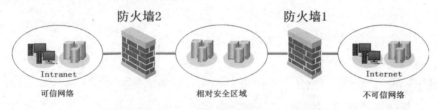

图 4-14　双防火墙部署方式

按图 4-14 这样部署的防火墙能实现更为安全的系统结构，但其部署、实施复杂且费用较高。

7．防火墙的防护措施

信息系统如果不提供对外公开的服务，就不用开放公共端口，所以相对比较好防护；如果提供对外公开的服务，就要加强系统的安全防护和实时维护。

自建的信息系统一般不提供对外公开的服务，只对有限用户提供个性化服务，可以采用白名单加终端特征捆绑的方式验证登录许可，能比较好地防范外来攻击者。即对于严格设置防火墙，且对内部对外开放的功能也严格限制的系统来讲，攻击者很难入侵（如果发现攻击者，可反向获取攻击者信息，屏蔽攻击者的特征计算机）。

攻击防火墙通常采用策略扫描方式，避开防火墙的策略防护，如选择 ICMP 协议、设置扫描间隔、指定端口后扫描、人工干预扫描、变换 IP 地址扫描、试探远程登录，等等。（攻击者通过各种手段获取系统的基本信息，是为进一步入侵系统做好准备工作）因此我们要针对策略扫描采取有效的防护措施。

防火墙的技术发展比较快，功能比较强大，为了防止网络设备受到恶意攻击，有些防火墙加入了攻击防护功能，如符合策略的报文防护、防扫描、入侵防护、病毒防护、Web 控制策略防护、防 DoS 攻击、防 ARP 攻击、黑白名单防护、应用控制策略、流量控制策略、会话控制策略等，对报文进行处理，从而决定哪些数据包能进出、哪些数据包需要丢弃，因此用户要仔细对比、选择满足自己需求的相关产品，在使用时要仔细研究产品的技术手册，要按用户需求将产品配置好，使其发挥最好的性能。

4.3.2　防毒墙

计算机病毒是指具有破坏性的、恶意的并能自我复制的计算机指令或程序代码。

防毒墙（Antivirus Wall）是指以病毒扫描为首要目的的代理服务器，其能防止已知的网络病毒攻击，是一种有效的防病毒手段，它与防火墙配合使用效果更好。面对现今恶劣的网络安全状况，强有力的防毒墙对保障局域网免受病毒的侵害大有益处。

1．防毒墙的功能

防毒墙在蠕虫病毒、后门程序、木马病毒、间谍软件、Web 攻击、拒绝服务攻击等攻击的防御方面，具备完善的检测、阻断、限流、报警、审计等防御手段。

防毒墙的病毒防护能力如下。

（1）防毒墙能检测传输的计算机病毒。

（2）防毒墙能阻断计算机病毒。

（3）防毒墙能检测大部分常用的压缩文件中的计算机病毒。

要及时更新病毒特征库，使防毒墙能发挥应有的作用。防毒墙能有效地防护合法登录的用户带入的计算机病毒、局域网内终端用户访问外网带入的计算机病毒。

2．防毒墙的接入方式

防毒墙主要以两种方式接入网络：透明方式和路由方式。在透明方式下，不必改动原有网络配置；在路由方式下，配置好安全网关后还必须修改已有的网络配置，修改直接相连主机或网络设备的 IP 地址，并把网关指向防毒墙。

防毒墙的典型应用，如图 4-15 所示。

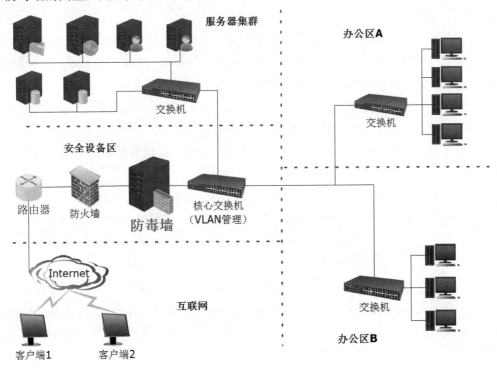

图 4-15　防毒墙的典型应用

随着技术不断创新，高价值、高性能的一体化安全网关不断涌现。目前有采用业界最先进的基于多核硬件架构和一体化的软件设计的安全网关，其集防火墙、VPN 安全网关、入侵防御、防病毒、上网行为管理、内网安全、反垃圾邮件、抗拒绝服务攻击（Anti-DoS）、内容过滤等多种安全技术于一身，对网络层至应用层进行全面防护，还能全面支持各种路由协议、高服务质量（Quality of Service，QoS）、高可用性（High Availability，HA）、日志审计等功能，为网络边界提供全面实时的安全防护，帮助用户抵御日益复杂的安全威胁。

注意：QoS 是网络的一种安全机制，是用来解决网络延迟和阻塞等问题的一种技术。

4.3.3　入侵防御系统

入侵防御（预防）系统（Intrusion Prevention System，IPS）是一个能够监视网络或网络资料传输行为的网络安全设备，能够即时地中断、调整或隔离一些不正常或具有危害性的网络资料传输行为的安全防护设备，它具有防止特定网络行为的功能。

1．入侵防御系统产生的原因

随着网络攻击技术的不断提高和网络安全漏洞的不断发现，传统防火墙技术加传统入侵检测系统（见 4.3.5 节）的技术，已经无法应对面临的安全威胁。在这种情况下，入侵防御技术应运而生。入侵防御技术可以深度感知并检测流经的数据流量，对恶意报文进行丢弃以阻断攻击，对滥用报文进行限流以保护网络带宽资源。

我们先来梳理一下安全防护遇到的几个技术问题：

（1）串行部署的防火墙可以拦截底层攻击行为，但对应用层的深层攻击行为无能为力。

（2）旁路部署的入侵检测系统（Intrusion Detection System，IDS）可以及时发现那些穿透防火墙的深层攻击行为，作为防火墙的有益补充，但很可惜的是无法实时阻断。

（3）入侵检测系统和防火墙联动：通过入侵检测系统来发现，通过防火墙来阻断。但由于一般情况下对接技术难度较大，加上越来越频发的"瞬间攻击"（一个会话就可以达成攻击效果，如 SQL 注入、溢出攻击等），使得入侵检测系统与防火墙联动在实际应用中的效果不理想。

（4）在 OSI 七层网络模型中，防火墙主要在第二层到第四层起作用，它的作用在第四层到第七层一般很微弱。而防病毒软件主要在第五层到第七层起作用。为了弥补防火墙和防病毒软件二者在第四层到第五层之间留下的空档，早前，已经有入侵检测系统投入使用，入侵检测系统在发现异常情况后及时向网络安全管理人员或防火墙系统发出警报，可惜这时灾害往往已经产生。虽然亡羊补牢，犹未为晚，但是防卫机制最好在危害产生之前起作用。随后应运而生的入侵响应系统（Intrusion Response Systems，IRS）作为对入侵检测系统的补充，能够在发现入侵时迅速做出反应，并自动采取阻止措施。而入侵防御系统则作为入侵检测系统和入侵响应系统二者的进一步发展，汲取了二者的长处。

入侵防御系统就是一种能防御防火墙所不能防御的、阻止入侵检测系统不能及时阻止的深层入侵威胁的、在线部署的安全设备。

2．入侵防御系统的功能

入侵防御是入侵防御系统的重要安全功能之一，它利用事件特征可以检测到特定的网络行为，并可以选择放行、阻断、报警等动作，以达到保护网络的目的。

入侵防御系统典型应用，如图 4-16 所示。

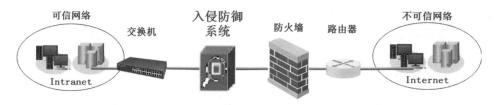

图 4-16　入侵防御系统典型应用

入侵防御系统的作用：深入网络数据内部，查找它所认识的攻击代码特征。入侵防御系统虽然也考虑已知病毒特征，但是它并不仅仅依赖于已知病毒特征来过滤有害数据流，丢弃有害数据包。除此之外，更重要的是，大多数入侵防御系统同时考虑应用程序和网络传输中的异常情况，来辅助识别入侵和攻击。比如，用户或用户程序违反安全条例，数据包在不应该出现的时段出现等。

有时为了满足网络系统的需求，在入侵防御系统中设置了 Bypass（旁路）功能。此功能即通过特定的触发状态让两个网络连接不通过该安全设备，而在物理上直接导通。开启 Bypass 功能后，连接在这台设备上的网络相互导通，这个时候设备不再对网络中的封包做处理。

应用入侵防御系统的目的在于及时识别攻击程序或有害代码及其克隆和变种，采取预防措施，先期阻止入侵，防患于未然，或者至少使其危害性充分降低。入侵防御系统一般作为防火墙和防病毒软件的补充来使用。

入侵防御系统也存在不足，如单点故障发生时网络会中断，其可能会限制系统传输，造成系统误报，等等。

3．入侵防御系统的实现技术

入侵防御系统中敏感信息防护配置的基本过程：首先在邮件防护模板和 Web 防护模板中添加要监控的内容，然后在安全防护表模板中启用敏感信息防护功能，选择相应的防护模板并设置监控方式，最后在安全策略中引用该安全防护表模板并启用安全策略。

入侵防御系统根据用户设置的安全策略对敏感数据进行防护，其核心能力建立在敏感数据识别之上，采用关键字、正则表达式、文件指纹等多种数据识别技术，能发现不同类型的敏感数据。

关键字是一套功能强大且容易使用的敏感数据内容监控系统，它不仅能够识别通过微博、博客、论坛等形式扩散的敏感数据，还支持对邮件、网盘等外发文件形式的敏感数据进行识别，从而防止网络中敏感数据的泄露、扩散。

入侵防御系统具有正则表达式匹配规则检测功能，可对银行卡（储蓄卡、信用卡）、身份证号码（15 位、18 位）、手机号码、IPv4 地址、IPv6 地址、固定电话（带区号、不带区号）等敏感数据进行识别和检测。

文件指纹通过提取文件的特征，再按照一个复杂的算法进行计算，得到一个特殊的 Hash 值。通过文件指纹信息，可判断文件之间的相似程度。

4．安全策略

对于部署在数据转发路径上的入侵防御系统，可以根据预先设定的安全策略，对流经的每个报文进行深度检测，检测方法有协议分析跟踪、特征匹配、流量统计分析、事件关联分析等。一旦发现隐藏于其中的网络攻击，可以根据该攻击的威胁级别立即采取防御措施。这些措施按照处理力度分为向管理中心报警、丢弃该报文、切断此次应用会话、切断此次 TCP 连接等。

通过配置安全策略，入侵防御系统设备能够对经过设备的数据流进行有效的控制和管理。当入侵防御系统设备收到数据报文时，把该报文的方向、源地址、目的地址、协议、端口等信息和用户配置的策略匹配，决定是否建立这条数据流，并且把这条数据流和匹配的策略关联起来，从而确定如何处理该数据流的后续报文，实现允许、丢弃、加密和解密、认证、排定优先次序、调度、过滤及监控数据流等操作，决定哪些用户和数据能进出，以及它们进出的时间和地点。

在安全策略中还可以根据匹配结果，对符合规则的报文实行过滤动作，即允许数据包通过或丢弃数据包来简单地实现包过滤功能。在没有配置任何安全策略的情况下，对于经过设备的所有数据包，其默认策略为禁止。安全策略按先配置先匹配的原则，只对通过设备的数据包进行处理，对于到达设备本身的数据包和设备本身发出的数据包不进行限制。

入侵防御系统可以用安全防护表进行安全策略配置。安全防护表是入侵防御系统中集多种安全功能于一体的配置模板，包括入侵防御、防病毒、Web 过滤、邮件过滤、敏感信息防护、防 Flood 攻击、上网行为管理、互联网电话（VOIP）、恶意样本检测、Web 恶意扫描防护等功能模块，还包括对以上模块日志的配置功能。

有些入侵防御系统允许用户自定义二次事件。二次事件是指在 1 分钟的时间周期内，当发生的某个（某些）预定义事件或自定义特征事件满足一定统计规则时，入侵防御系统将上报的事件。

白名单功能：用户可以决定是否要对符合该 URL 的 HTTP 请求进行跨站脚本（XSS）攻击检查。

入侵防御系统具有邮件过滤功能，包括命令屏蔽、发件人关键词过滤、主题关键词过滤、附件关键词过滤、邮件大小过滤、IP 地址屏蔽等。它支持 SMTP/POP3/IMAP 三种协议，通过 SMTP 协议过滤，可以限制内网用户使用邮件服务器的规则；通过 POP3 或 IMAP 协议过滤，可以实现对接收到邮件的过滤并进行邮件标识。

5．入侵防御系统部署

一般入侵防御系统部署在防火墙之后，有时它也可以部署在路由器和防火墙之间，将其设置为透明模式，可用于阻断试探性网络攻击，保护防火墙等不受外来的攻击。

在办公网中，至少需要在以下区域部署入侵防御系统：办公网与外部网络的连接部位（入口/出口）、重要服务器集群前端、办公网内部接入层。至于其他区域，可以根据实际情况与重要程度，酌情部署。

入侵防御系统部署模式有路由模式、桥模式、旁路模式。

1）路由模式

在路由模式下，可以将入侵防御系统设备作为主要的防御手段，一个端口连接路由器，另一个端口连接内部局域网，如图 4-17 所示。

2）桥模式

在桥模式下，将入侵防御系统设备的两个端口（内网端口和外网端口）配置到一个透明桥中，当将设备依此方式加入现存局域网中时，不会改变原有网络的拓扑结构，简单易用。只要将桥接入互联的局域网内，就能运行。入侵防御系统的桥模式如图 4-18 所示。

图 4-17 入侵防御系统的路由模式

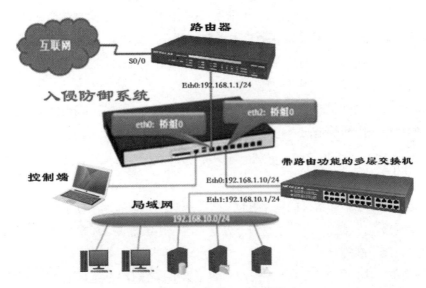

图 4-18 入侵防御系统的桥模式

3）旁路模式

在旁路模式下，把入侵防御系统当作入侵检测系统使用，要求能检测、定位攻击并上报。它的好处是当入侵防御系统本身出现故障时（包括入侵防御系统误拦、系统异常宕机等），不会影响网络正常运行。入侵防御系统的旁路模式如图 4-19 所示。

此外，还可采用虚拟化应用实现入侵防御系统的功能，即在多用户的环境下实现共用入侵防御系统设备，并且确保各用户之间数据的隔离性。用户各自管理自己相关的网络，各用户能够按需使用资源，而不影响其他用户使用。

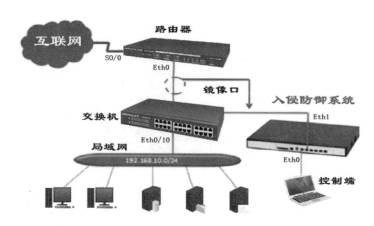

图 4-19　入侵防御系统的旁路模式

6．入侵防御系统的未来

入侵防御系统以深层防御、精确阻断为核心，可对网络中深层攻击行为进行精确的分析判断，在判断为攻击行为后立即予以阻断，能主动有效地保护网络的安全。

明确了入侵防御系统的核心功能，入侵防御系统未来的发展趋势也就明朗化了，即不断丰富和完善入侵防御系统可以精确阻断的攻击类型，并在此基础之上提升入侵防御系统设备的处理性能。所以入侵防御系统的未来发展方向有以下三个方面。

（1）要不断地提升设备的硬件处理性能。

（2）要扩大可以精确阻断的事件类型，尤其是针对无法通过特征来定义的攻击事件。

（3）在确保精确阻断的情况下，要适应网络的防御需求。

4.3.4　安全网关

网关用于实现两个不同协议的网络互联。网关是一种复杂的网络互联设备，又称为协议转换器或网间连接器，其范围从协议过滤到十分复杂的应用级过滤。通常网关分为三种：协议网关、安全网关、应用网关。

① 协议网关：协议网关在两个使用不同协议的网络之间，充当翻译器的角色，比如常见的路由器就是协议网关。

② 安全网关：安全网关有独特的保护作用，会对一些目的地址、协议等进行授权。

③ 应用网关：应用网关可以在接收到一种格式信息后，将之翻译，并以新的格式发送出去，例如邮件服务。

本节我们重点研究安全网关。

1．安全网关与防火墙的区别

防火墙是防止木马病毒，以及黑客攻击等的屏障，用户在正常访问时是允许通过的。

安全网关：用户在正常访问时也需要进行审核，只有授权的计算机才可以登录、访问。

2．安全网关的类型

1）身份验证的安全网关

身份验证的安全网关是对访问受保护的网络资源的用户进行身份鉴别、访问控制和安全审计的安全网关。

2）运维安全网关

运维安全网关是集运维管理与运维审计为一体的堡垒机设备，结合等级保护、分级保护、IT 内控、ISO 27001 等各类法律法规对运维管理的要求，将运维管理和运维安全理念相融合，通过身份认证、权限控制、账户管理、操作审计等多种手段，完成对核心资产的统一认证、统一授权、统一审计，全方位提升运维风险控制能力。

3）VPN 安全网关

VPN（Virtual Private Network，虚拟专用网络）安全网关是系统的合法性登录认证系统，它首先在用户和系统之间建立起 VPN 安全通道，然后验证欲登录系统的用户的合法性，防止非法用户入网。

VPN 安全网关的应用场景如图 4-20 所示。

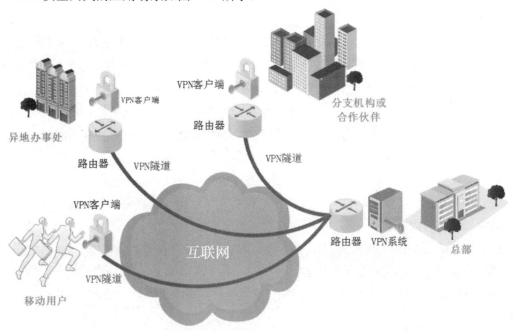

图 4-20　VPN 安全网关的应用场景

此外，还有其他类型的安全网关。下面重点介绍 VPN 安全网关。

3．VPN 安全网关

随着宽带网络的飞速发展、网络安全问题的突显和人们安全意识的提高，以安全网关为代表的网络安全设备不可或缺。

为了加强登录认证体系的安全性，除采用 VPN 安全通道外，还要采用"双因子身份认证"技术来确保用户的安全登录认证。

"双因子身份认证"系统就是将你所知道的，再加上你所能拥有的，这两个要素组合在一起才能发挥作用的身份认证系统。例如网络银行，它是一种时间同步技术的系统，在网络用户办理银行业务时，每次认证都需要服务器端的密钥、随机参数（时间、事件）和算法计算出动态的认证码，然后用户端通过某种途径获得同样的动态的认证码，以此来保证认证信息的一致性，从而实现用户的合规登录认证。

1）主要的 VPN 技术

VPN 技术主要包括：

（1）L2 VPN 技术：L2TP、PPTP、MPLS L2 VPN 等。

（2）L3 VPN 技术：GRE、IPSec、BGP/MPLS VPN 等。

（3）SSL 技术。

（4）L2F（Layer 2 Forwarding）技术。

（5）动态 VPN（Dynamic Virtual Private Network，DVPN）技术。

（6）基于 VLAN 的 VPN 技术。

简单地讲，VPN 技术就是一种特定协议的加密封包技术。

2）VPN 安全网关系统的功能

一般 VPN 安全网关系统支持 GRE over IPSec，支持 PPTP 、L2TP 等 VPN 连接；支持统一用户认证，一次用户配置可同时用于 IPSec、SSL、VPDN 等，实现用户列表一次性配置，同时用于全部类型 VPN 接入；支持客户端自动获取网关地址，能够根据不同用户身份智能分配应用及权限。为了保证系统安全，一般 VPN 安全网关系统采用白名单认证机制。VPN 安全网关系统能够利用共享的公共网络仿真广域网（WAN）设施，构建私有的专用网络。

VPN 安全网关系统的优点如下。

（1）能够基于公网，快速构建 VPN，提供高性价比的安全传输通道，缩短部署周期。

（2）其使用标准的国家商用密码算法，能满足等级保护合规性要求，能提高系统的安全性、可靠性和可管理性。

（3）能利用 Internet 网络无处不连通、处处可接入的特性来实现 VPN 连接，帮助用户实现高强度的身份鉴别机制和基于角色的访问控制，实现权限最小化。

（4）能通过单点登录技术，减轻用户的记忆负担，提高用户的办事效率，简化用户侧的配置和维护工作。

（5）能通过细粒度的日志审计，做到行为可追溯。

（6）VPN 安全网关系统的应用，可以有效地利用基础设施，节约使用开销，从而使运营商可以提供大量、多种业务服务。

（7）VPN 认证系统能实现对系统内设备的有效管理，能防止非授权的设备登录、使用、查看本系统的资源。

（8）在配置 VPN 安全网关系统时，采用端口绑定、IP 地址绑定等技术能提高其安全性。

3）VPN 安全网关的接入方式

VPN 安全网关主要以两种方式接入网络：透明方式和路由方式。

在透明方式下，不必改动原有网络配置。

在路由方式下，配置安全网关后，还必须修改已有的网络配置，修改直接相连主机或网络设备的 IP 地址，并把网关指向安全网关。

4）VPN 安全网关的接入模式

VPN 安全网关有多种接入系统的模式。

（1）SSL VPN 是采用 SSL 协议来实现远程接入的一种新技术，可实现本地计算机与远程计算机通过广域网或其他公共信道进行安全通信。

SSL VPN 系统是在 SSL 协议基础上实现的远程接入安全平台，无须改变网络结构和应用模式，完全支持 Web 应用，以及 SMB、FTP、Telnet、Mail 和 SQL Server 等 C/S 模式的应用。

SSL VPN 安全网关双臂接入拓扑图如图 4-21 所示。

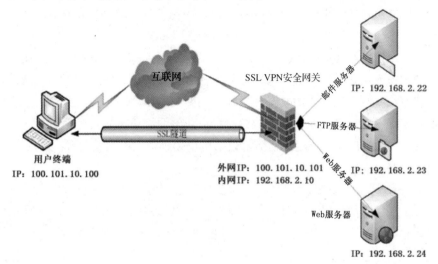

图 4-21　SSL VPN 安全网关双臂接入拓扑图

SSL VPN 安全网关单臂接入拓扑图如图 4-22 所示。

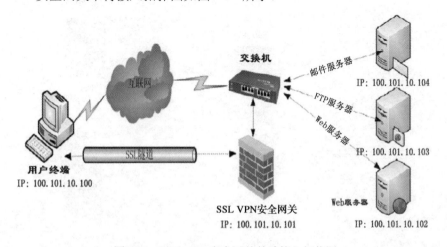

图 4-22　SSL VPN 安全网关单臂接入拓扑图

SSL VPN 安全网关能够适应复杂的网络环境，不管是布置在主路还是在旁路，它都能很好地工作，用户可以通过互联网安全地访问 SSL VPN 安全网关保护的应用服务。其典型应用如下：某公司员工外出办事，想访问公司内部 Web 服务器，即可以通过互联网接入公司 SSL VPN，与 SSL VPN 安全网关建立安全连接，通过 SSL VPN 代理访问公司内部 Web 服务器。

（2）IPSec VPN 是一种本地计算机与远程计算机通过广域网或其他公共信道进行安全通信的方法。IPSec VPN 用于保护敏感信息在互联网上传输的安全性。它在网络层对 IP 数据包进行加密和认证。

IPSec VPN 连接分为两种，一种是在安全网关之间建立 VPN，另一种是在安全网关和 VPN 客户端之间建立 VPN。这样远程计算机和本地计算机就可以组成一个更大的局域网，它们的通信虽然经过互联网，但是使用 IPSec 隧道，私有网络的通信就可以安全地在加密隧道中传输。IPSec VPN 能够对经过 IPSec 隧道的数据提供私密性、完整性、源认证、抗重播等安全保护。

（3）虚拟专用拨号网（Virtual Private Dialup Network，VPDN）是 VPN 业务的一种，是基于拨号用户的虚拟专用拨号网业务，即以拨号接入方式上网，是利用 IP 网络的承载功能结合相应的认证和授权机制建立起来的安全的虚拟专用网，可用于跨地域集团企业内部网、专业信息服务提供商专用网、金融大众业务网、银行存取业务网等业务。

其中 PPTP 和 L2TP 是二层隧道通信协议，可以为远程主机通过 VPN 安全网关访问企业内部网络提供链路。

（4）SAML 单点登录。安全断言置标语言（SAML）是由结构化信息标准促进组织（OASIS）提出的用于安全互操作的标准。SAML 是一种基于 XML 语言的用于传输认证及授权信息的框架，以与主体相关的断言形式表达。SAML 具备的一个突出的好处是使用户能够通过互联网进行安全证书移动。也就是说，使用 SAML 标准作为安全认证和共享资料的中间语言，能够在多个站点之间实现单点登录。

典型的旁路 SAML 单点登录应用场景，如图 4-23 所示。

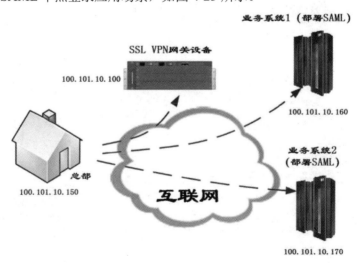

图 4-23　典型的旁路 SAML 单点登录应用场景

合法性登录认证系统不止 VPN 安全网关系统一种，用户可以选择适合自己的合法性登录认证系统。

5）使用 VPN 技术的关键

VPN 技术是在通用网络系统中，建立安全的网络通信的有效的技术手段之一。VPN 技术系统是指 VPN 所存的基础硬件设备、驱动、设备上运行的系统软件和相关的应用软件，每一个环节全部都能够被溯源，都要通过相关等级的安全认证，也就是说，要保证全链路 VPN 技术从芯片级硬件到应用软件，具有完全的自主知识产权。如果对其中某个技术不掌握、不了解，就可能存在重大的安全隐患，给用户带来安全风险，造成巨大的、不可挽回的损失。

VPN 技术系统主要包括：VPN 堡垒主机、VPN 加密算法、VPN 应用软件、网络路由器、网络主干线路由器以及相关网络设备等全链路硬件、驱动及系统软件、应用软件等。在使用 VPN 技术时，首先要确认系统应用的安全级别，然后根据该安全级别，选用同等级别认证的 VPN 安全系统。

总之，使用 VPN 安全技术的原则是：整个 VPN 技术系统对用户要完全透明；技术要完全可控；什么样安全级别的应用，就要配置、选择什么样安全级别的 VPN 技术系统。

4.3.5　入侵检测系统

入侵检测系统（Intrusion Detection System，IDS）依照一定的安全策略，对网络传输、网络行为、系统的运行状况进行即时监视，尽可能发现各种攻击企图、攻击行为或者攻击结果，以保证网络系统资源的机密性、完整性和可用性。

1. 入侵检测系统的作用与功能

1）入侵检测系统的作用

（1）入侵检测系统是防火墙的重要补充。

（2）入侵检测系统是构建网络安全防御体系的重要环节。

（3）入侵检测系统能克服传统防御机制（用防火墙来防御）的限制。

（4）入侵检测系统是一个实时监视系统，它能够发现网络系统异常，防止系统被篡改。我们做一个比喻：假如防火墙是一幢大厦的门锁，那么入侵检测系统就是这幢大厦里的实时监视系统，一旦有人进入大厦，或内部人员有越界行为，实时监视系统就会发现异常，并发出警告。

（5）入侵检测系统是发现网络系统安全隐患的重要手段，是网络系统安全升级的重要依据。

2）入侵检测系统的功能

入侵检测系统对于蠕虫病毒、木马病毒、DDoS、扫描、SQL 注入、XSS、缓冲区溢出、欺骗劫持等攻击行为及网络资源滥用行为（如 P2P 上传/下载）等具有很高的检测能力，同时能准确地发现网络流量的异常情况。

（1）入侵检测系统能检测并分析用户和系统的活动。

（2）入侵检测系统能核查系统配置和漏洞。

（3）入侵检测系统能对操作系统进行日志管理，并识别违反安全策略的用户活动。

（4）入侵检测系统能针对已发现的攻击行为做出适当的反应，如报警、中止进程等。

3）入侵检测系统的典型功能

目前，入侵检测系统的功能非常强大，在此仅做简单介绍。

（1）威胁展示。

入侵检测系统能够实现实时事件显示、病毒和恶意样本检测、隐蔽信道检测、历史事件查询、全局预警、威胁展示配置、组织分析展示、入侵事件定位、待优化事件和流量报警。

待优化事件：发生的具有安全威胁的事件，如拒绝服务攻击类、系统漏洞扫描类、木马病毒类、蠕虫病毒类事件，这些事件可用来判断整体网络系统的安全水平。

（2）攻击的分类统计。

威胁事件按照攻击类型可进行分类统计，具体攻击类型包括信息收集、获取权限、远程控制、数据盗取、破坏系统和其他类攻击事件。

（3）流量统计。

流量统计包括宏观流量统计（总流量、Web 流量、邮件流量、数据库流量、P2P 流量、其他流量）、微观流量统计（主要针对 P2P、DNS、IP 地址/端口、重点协议、关键运维、关键 Web 行为）、各种行为分类显示等。

（4）网络安全的攻击类型。

网络安全的攻击类型包括缓冲溢出攻击、网络数据库攻击、网络设备攻击、木马病毒和后门程序攻击、蠕虫病毒攻击、拒绝服务攻击、分布式拒绝服务攻击、CGI 攻击、安全漏洞攻击、弱口令攻击、欺骗劫持、穷举探测等。

（5）可视化展示。

入侵事件定位系统结合网络入侵检测功能，可以将离散的实时报警信息通过地理信息、网络结构和 IP 地址的定位，综合显示在图形化的界面上，用户可以清晰地看到入侵事件的源头或目标对象、不同地域的入侵事件发生比例，以及事件级别比例。通过入侵事件定位系统，用户可以更好地使用入侵检测系统提供的信息进行事件跟踪和及时的响应处理，有效地提高入侵事件的可视化管理。

2．入侵检测系统的分类

入侵检测系统有以下几种分类方式。

1）根据信息来源和目标系统的类型分类

（1）基于网络的入侵检测系统（Network-based IDS，NIDS）。

基于网络的入侵检测系统是以原始的网络包作为数据源的，它将网络中检测主机的网卡设置为混杂模式，该主机实时接收和分析网络中流动的数据包，从而检测是否存在入侵行为。这种检测系统尤其适用于大规模网络的 NIDS 可扩展体系结构、知识处理过程和海量数据处理技术等。

（2）基于主机的入侵检测系统（Host-based IDS，HIDS）。

基于主机的入侵检测系统的检测目标主要是主机系统和本地用户。它在每个需要保护的主机上运行代理程序，以主机的审计数据、系统日志、应用程序日志等为数据源，主要对主机的网络实时连接及主机文件进行分析、判断，发现可疑事件并做出响应。该系统主要安装于网络中的重要节点上，这些重要节点可以是需要重点保护的主机，也可以是关键路由节点。为了防止误报和漏报，这些运行于不同节点上的入侵检测系统需要协同工作来完成入侵攻击的全局信息提取。基于主机的入侵检测系统主要用于保护运行关键应用的服务器。

2）根据检测原理分类

（1）基于异常入侵检测的入侵检测系统。

基于异常入侵检测又称为基于行为的入侵检测，是基于统计分析原理的。异常入侵检测假设入侵者的活动异于正常主体的活动，根据这一假设，建立主体活动的"活动简档"，将当前主体活动状态与"活动简档"进行比较，当违反其统计规律时，认为该活动可能是"入侵"行为。异常检测的难题在于如何建立"活动简档"以及如何统计算法，从而不把正常的操作作为"入侵"行为，而忽略真正的"入侵"行为。

（2）基于滥用（误用）入侵检测的入侵检测系统。

基于滥用入侵检测又称为基于规则的入侵检测，是基于模式匹配原理的。滥用入侵检测是将观察对象与已知的系统缺陷和入侵模型（事先收集非正常操作的行为特征，建立相关的特征库）进行比较，以做出系统是否具有非法行为的判断，它能准确地检测到某些特定的攻击，但过度依赖事先定义好的安全策略，所以无法检测系统未知的攻击行为，因而会产生漏报。

3）按入侵检测形态分类

（1）基于硬件入侵检测的入侵检测系统。

它是以单独硬件形式存在的入侵检测系统，这主要是相对纯软件的入侵检测系统而言的。

（2）基于软件入侵检测的入侵检测系统。

顾名思义，它是由纯软件实现的入侵检测系统。

4）按系统结构分类

（1）集中式的入侵检测系统。

集中式的入侵检测系统的特点是在网络中所有的入侵事件都由集中统一的一个入侵检测系统来处理。

（2）等级式的入侵检测系统。

等级式的入侵检测系统的特点是在网络中的入侵事件是被分等级进行处理的，一般是以网络重要节点的结构位置来分的。

（3）协作式的入侵检测系统。

协作式的入侵检测系统的特点是网络中的入侵事件能够由多个入侵检测系统联合处理，既可以集中实施，也可分区实施。

5）根据工作方式分类

（1）离线检测的入侵检测系统。

离线检测就是把样本在后台或实验室进行检测分析。通常离线检测都被用于做深入研究。

（2）在线检测的入侵检测系统。

在线检测就是实时地对网络系统进行检测、处理并分析样本。一般入侵检测系统，都采取在线检测方式。

3．入侵检测技术

入侵检测技术正如入侵侦查系统、入侵预防系统一样，根据正常数据以及数据之间关系的特征，可以对照识别异常，进行异常检测。当遇到动态代码时，先把它们放在沙箱或仿真器或虚拟机内，观察其行为动向，如果发现有可疑情况，则停止传输，禁止执行。

有些入侵检测系统能结合协议异常、传输异常和特征异常，对通过网关或防火墙进入网络内部的有害代码进行有效阻止。因为用户程序是通过系统指令享用资源的，如存储区、输入输出设备、中央处理器等，所以入侵检测系统可以截获有害的系统请求，从而阻止有害代码进入用户程序。入侵检测系统还可以对 Library、Registry、重要文件和重要的文件夹进行防守和保护。

那么入侵检测系统都由哪些部分组成呢？

1）入侵检测系统的技术架构

入侵检测系统的技术架构，如图 4-24 所示。

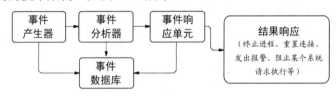

图 4-24　入侵检测系统的技术架构

（1）事件产生器的作用：采集和监视被保护系统的数据。

（2）事件分析器的作用：分析数据，发现危险、异常事件，通知事件响应单元。

（3）事件响应单元的作用：对分析结果做出反应。

（4）事件数据库的作用：存放各种基础信息特征、中间结果和最终数据。

（5）结果响应的作用：根据对事件处理的结果，做出响应，如终止某个进程、重置某个连接、发出报警、阻止某个系统请求执行、对重要文件进行防护，等等。

入侵检测系统中使用的数据检测技术有：滥用（误用）检测技术和异常检测技术。

2）滥用（误用）检测技术的特点

（1）优点：准确率高，算法简单。

（2）技术的关键点：①对所有的攻击特征，需要建立完备的特征库；②特征库要不断更新；③无法检测新的入侵行为。

3）异常检测技术的特点

（1）优点：可检测未知攻击，具有自适应、自学习能力。

（2）技术的关键点：①对正常行为特征的选择；②统计算法、统计点的选择。

4．入侵防御系统和入侵检测系统的关系

1）作用不同

入侵防御系统（IPS）位于防火墙和网络系统之间，这样如果检测到被攻击，入侵防御系统会在这种攻击扩散到网络之前阻止这个恶意的行为。而入侵检测系统（IDS）旁接于网络系统之外，起到报警的作用。

2）检测方法不同

入侵防御系统检测攻击的方法与入侵检测系统不同。一般来说，入侵防御系统和入侵检测系统都依靠对数据包的检测，入侵防御系统检查入网的数据包，确定这种数据包的真正用途，然后决定是否允许这种数据包进入用户的网络；而入侵检测系统是对已经入网的数据包进行检测。

3）产品不同

目前普遍都认为入侵防御系统和入侵检测系统是两类产品，并不存在入侵防御系统替代入侵检测系统的可能。但入侵防御产品的出现，给用户带来新的困惑：到底什么情况下该选择入侵检测产品，什么时候该选择入侵防御产品呢？

从产品价值角度来讲，入侵防御系统关注的是对入侵行为的控制，入侵检测系统注重的是对网络安全状况的监管。入侵防御系统可以实施深层防御安全策略，即可以在应用层检测出攻击并予以阻断，这是入侵检测系统做不到的。

从产品应用角度来讲，为了达到可以全面检测网络安全状况的目的，入侵检测系统需要部署在网络内部的中心点及必要的分支节点上，以便观察到所有网络数据。如果信息系统中包含了多个逻辑隔离的子网，则需要在整个信息系统中实施分布部署，即每个子网部署一个入侵检测分析引擎，并统一进行引擎的策略管理及事件分析，以达到掌控整个信息系统安全状况的目的。

而为了实现对外部攻击的防御，入侵防御系统需要部署在网络的边界。这样所有来自外部的数据必须串行通过入侵防御系统，入侵防御系统即可实时分析网络数据，发现攻击行为立即予以阻断，保证来自外部的攻击数据不能通过网络边界进入网络系统内部。

4）价值不同

入侵检测系统的核心价值在于通过对全网信息的分析，了解信息系统的安全状况，进而指导信息系统安全建设目标以及安全策略的确立和调整；而入侵防御系统的核心价值在于安全策略的实施是对黑客行为的阻击。入侵检测系统需要部署在网络内部，监控范围应该覆盖整个子网，包括来自外部的数据以及内部终端之间传输的数据；入侵防御系统则必须部署在网络边界，抵御来自外部的入侵，对内部攻击行为无能为力。

5）产品选择

明确了以上区别，用户就可以比较理性地进行产品类型的选择。

若用户计划在一次项目中实施较为完整的安全解决方案，应同时选择和部署入侵检测系统和入侵防御系统两类产品，在全网部署入侵检测系统，在网络边界部署入侵防御系统。

若用户计划分步实施安全解决方案，可以考虑先部署入侵检测系统进行网络安全状况监控，后期根据监控的网络安全状况，再部署入侵防御系统和其他的安全设备，采取其他的安全措施。

若用户仅仅关注网络安全状况的监控，则在目标信息系统中部署入侵检测系统即可。

6）入侵防御系统和入侵检测系统之间的关系

我们发现对一些入侵威胁行为，入侵防御系统是无法控制的，这正是入侵检测系统的作用。

入侵检测系统对那些异常的、可能是入侵行为的数据进行检测和报警，告知使用者网络中的实时状况，为下一步提出相应的解决、处理方法做好准备，因此入侵检测系统是一种侧重于风险管理的安全产品。入侵防御系统对那些被明确判断为攻击行为，会对网络、数据造成危害的恶意行为进行检测和防御，其能减少使用者对异常状况的处理开销，因此入侵防御系统是一种侧重于风险控制的安全产品。

因此，入侵防御系统和入侵检测系统的关系，并非取代和互斥，而是相互协作。没有部署入侵检测系统的时候，只能凭感觉判断，应该在什么地方部署什么样的安全产品，通过入侵检测系统的广泛部署，可了解网络的当前实时状况，据此状况可进一步判断应该在何处部署何类安全产品。

5. 入侵检测系统引擎接入位置和原则

入侵检测系统不同于防火墙，它是一个监听设备，没有跨接在任何链路上，无需网络流量便可以工作，因此对入侵检测系统部署的唯一的要求是：入侵检测系统应当挂接在所有所关注流量都必须流经的链路上。所关注流量是指来自高危网络区域的访问流量和需要进行统计、监视的网络报文。在如今的网络拓扑中，已经很难找到以前的 Hub 式的共享介质冲突域的网络，绝大部分的网络区域已经全面升级到交换式的网络结构，因此入侵检测系统在交换式网络中的位置一般尽可能靠近攻击源或者尽可能靠近受保护资源。这些位置通常是服务器区域的交换机上、互联网接入路由器之后的第一台交换机上、重点保护网段的局域网交换机上。

1）检测引擎接入的位置

检测引擎在实际网络中通常通过镜像方式接入的位置如下。这里指的位置是引擎监听口或抓包口的接入位置。

（1）网络边界处交换机或安全设备上；

（2）重点保护网段的局域网交换机上；

（3）核心交换机上。

2）检测引擎接入网络的原则

（1）要保证实际网络流量小于或接近检测引擎的处理能力；

（2）接入点能够覆盖被保护的机器。

6. 入侵检测系统的典型应用

（1）基于网络的入侵检测系统部署，如图 4-25 所示。

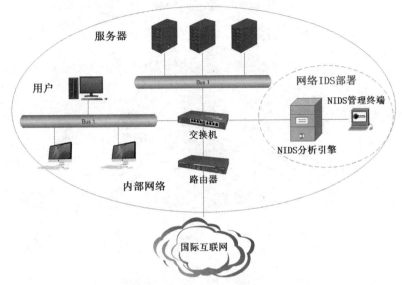

图 4-25 基于网络的入侵检测系统部署

（2）基于主机的入侵检测系统部署，如图 4-26 所示。

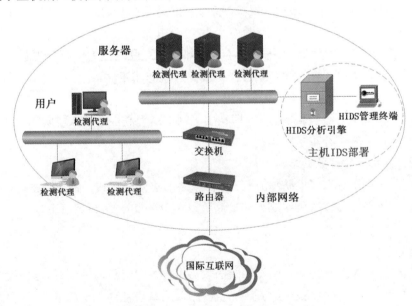

图 4-26 基于主机的入侵检测系统部署

7. 入侵防御系统和入侵检测系统综合入侵防护解决方案

入侵防御系统和入侵检测系统综合入侵防护解决方案示例，如图 4-27 所示。

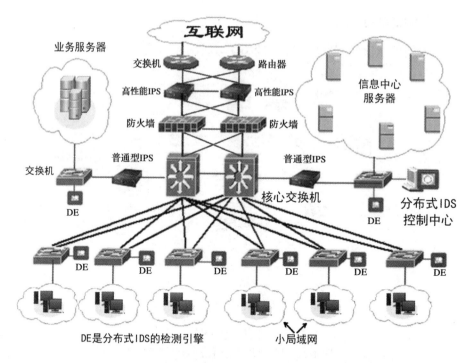

图 4-27 入侵防御系统和入侵检测系统综合入侵防护解决方案示例

图 4-27 展示的入侵防御系统和入侵检测系统综合入侵防护解决方案的特点如下。

1）双路热备工作模式

本安全防护解决方案为网络系统提供了双路热备的互联网通道，有效地解决了网络系统带宽、断网的问题，提高了网络系统的上网性能和系统的稳定性。

2）入侵防御系统的防护策略

入侵防御系统采用分级防护的方式，即在主干网上采用高性能的入侵防御系统，对重点区域也放置入侵防御系统进行重点防护。

3）入侵检测系统的防护策略

入侵检测系统采用分布式的防护方式，即在网络中建立分布式入侵检测系统控制中心，在各个重要节点上接入分布式入侵检测系统检测引擎（Detection Engine，DE）。

（1）策略集。

① 系统级策略集。

系统级策略集：Web 事件集（网站相关的攻击事件）、热点事件集（只包含最新流行的攻击事件）、内网事件集（除网络娱乐类之外的事件）、测试事件集（全部事件）、中高级事件集（仅包含中高级事件），等等。

② 用户级策略集。

升级管理模块包括事件库升级模块、引擎升级模块、控制中心升级模块、病毒库升级模块、恶意样本库升级模块、威胁情报库升级模块、URL 信誉库升级模块，等等。

组件管理模块包括引擎配置、子控配置和联动引擎配置。

运行日志包括全部设备、控制中心和引擎的日志。

响应方式包括事件是否有效、事件级别、响应方式子项。响应方式子项包括：日志、报警、全局预警、防火墙联动、RST 阻断（TCP）、提取原始报文、SNMP、邮件报警、短信报警、单机存储，等等。

（2）与防火墙联动策略：单向阻断、按 MAC 地址阻断、阻断 IP 协议、阻断所有源端口、阻断所有目的端口，等等。

（3）二次事件：与特征事件不同，二次事件的检测基础不是特征匹配，而是对事件发生次数的统计，因为网络中存在着很多难以找到其特征的攻击与探测行为，在无法提取特征的情况下进行入侵防御，这在入侵防御系统之中几乎是不可能的。与特征事件相似，二次事件也可以由用户自定义。

技术是不断发展的，因此要不断地完善入侵检测系统的功能，不断改进入侵检测方法和手段，要充分发挥入侵检测系统的核心价值，为保障网络系统安全提供有力的技术支撑。

4.3.6　双向网闸

双向网闸，又称安全隔离与信息交换系统，是利用网络隔离技术的访问控制系统，它具有对信息进行隔离保护的作用。它通常部署在网络边界，用于连接两个安全等级不同的网络，主要应用于政府、军队、医疗卫生、能源、金融等多领域网络建设中，对重点数据能提供安全隔离保护。

1．双向网闸的组成

双向网闸由外部处理单元、仲裁处理单元（切换控制）、隔离安全交换单元、内部处理单元组成，如图 4-28 所示。其特点是：断开内外网之间的会话，即能实现物理隔离、协议隔离。

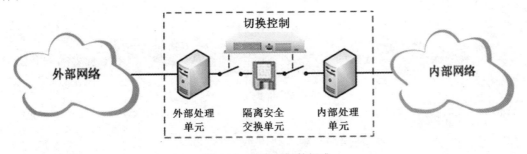

图 4-28　双向网闸的组成

双向网闸通常采用多主机隔离结构，它把安全性、智能性、高效性完美地结合在一起。它通过对连接和数据包的获取、阻断、分离、检测、重组、交换、恢复、连接等一系列安全操作，完成对数据的隔离与交换，其多主机隔离结构如图 4-29 所示。

双向网闸的信息流交换原理如图 4-30 所示。

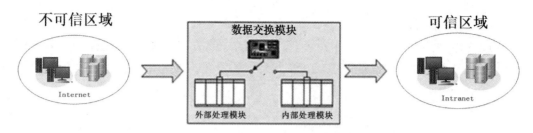

图 4-29　双向网闸的多主机隔离结构

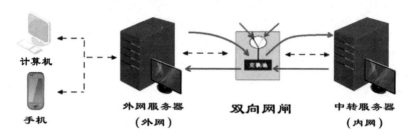

图 4-30　双向网闸的信息流交换原理

2．双向网闸的功能

双向网闸的功能有数据库访问和同步、文件同步、消息传输、FTP 访问、邮件访问、安全浏览、TCP/UDP 协议的定制交换、安全通道，等等。

1）数据库访问和同步

数据库同步模块作为双向网闸的应用模块，其主要负责完成在两个网络之间隔离的前提下，基于数据库的安全的数据交换。其工作原理主要是通过各项安全策略对需要传输的数据表进行监控，一旦发现有更新（包括增加、删除、修改），立即对该数据进行提取，并通过双向网闸放置在另外一边网络的数据库中，以实现数据的同步。双向网闸的数据库同步系统的工作原理如图 4-31 所示。

图 4-31　数据库同步系统的工作原理

双向网闸的数据库模块通常支持相对较流行的 Oracle、SQL Server、Sybase、Db2 等数据库，同时双向网闸对于数据库表的要求包括：支持有限的数据类型；表名相同，若表名不同，必须指定与其对应的表，即一一对应关系；源表字段个数必须小于或等于目的表字段个数；支持以字段为单位的双向传输；每一个需要同步传输的表都必须具有唯一确定的主键或者唯一索引、主索引，如果有主键则自动选用，否则可以自己选择。

数据库模块的专用客户端通过证书验证机制与双向网闸建立安全连接，负责在互不信任网络间进行数据的安全交换。用户无须修改现有应用软件，部署灵活、简便。

身份认证方式通常支持数字证书方式的强用户认证，整个数据通信过程采取全过程 SSL 加密措施，以确保数据同步的高安全性，而且数据库系统之间的双向同步模式能更好地满足用户的需求。

该模块支持内外网络用户访问对方数据库。

2）文件同步

文件同步模块作为双向网闸的应用模块，其功能是在两个网络之间部署双向网闸的前提下，通过文件同步客户端的安全策略完成外网到内网、内网到外网的文件同步。其工作原理主要是根据发送端各项配置对需要传输的文件夹进行监控，当发现该文件夹中有新文件产生或原有文件发生更新，立即记录该文件及发生的操作，通过双向网闸传输该文件到对端，从而实现文件同步。

文件同步模块支持各种类型文件在外部网络和内部网络之间的安全传输，文件传输支持数字证书方式的强用户认证和通信加密，提高文件同步的安全性和保密性。

3）消息传输

消息传输模块支持各种消息在外部网络和内部网络之间的安全传输，消息的类型有文件和字符串。

4）FTP 访问

FTP 访问模块能使内、外网络用户实现内、外网络之间的双向的 FTP 访问，即内网用户可通过双向网闸访问外网 FTP 服务器，外网用户可通过该双向网闸访问内网 FTP 服务器，双向的 FTP 访问可同时进行。

5）邮件访问

邮件访问模块支持一侧网络用户访问另一侧网络的邮件服务器，包括 POP3 访问和 SMTP 访问。

6）安全浏览

安全浏览模块支持用户通过浏览器访问互联网，具有普通和透明两种工作模式。

7）TCP/UDP 协议的定制交换

定制模块包含"TCP 访问"和"UDP 访问"两个模块，可以支持基于 TCP/UDP 协议的、针对固定服务器地址和端口号的常规访问。访问模式包括透明访问和普通访问。对于透明访问，管理员只需在双向网闸的内网主机配置一条访问任务即可；而普通访问，需要在双向网闸的内、外网两个主机系统分别添加客户端任务和服务端任务，并且两条任务的任务号应对应。

8）安全通道

安全通道模块支持内、外网络用户安全快速地访问所有应用服务器。

3．双向网闸和单向网闸的区别

1）应用不同

（1）单向网闸用于单向传输数据，也就是只能向一个方向传送数据，不能向另一个方向传送数据。

（2）双向网闸是可以双向传送数据的。

2）标准不同

（1）单向网闸是国家电监会和国家电网为保证国家电力系统不受攻击而要求所有的电力系统必须安装的设备，单向网闸的标准是由国家电力调度中心制定的。

（2）对双向网闸并没有这个要求。

4．使用双向网闸的意义

（1）当用户的网络需要保证信息安全，又要与其他不信任网络进行信息交换时，如果采用物理隔离卡，用户必须使用开关在内、外网络之间来回切换，不仅管理起来非常麻烦，使用起来也非常不方便。

如果采用防火墙，由于防火墙自身的安全很难保证，所以防火墙无法防止内部信息泄露和外部木马病毒、黑客程序的渗入，安全性无法保证。在这种情况下，双向网闸能够同时满足这两个要求，弥补了物理隔离卡和防火墙的不足之处，是最好的选择。

（2）对网络的隔离是指通过双向网闸的硬件使两个网络在链路层断开。为了交换数据，通过设计的隔离硬件在两个网络对应的硬件设备上进行切换，通过对硬件上的存储芯片的读写，完成数据的交换。

（3）安装了相应的应用模块之后，双向网闸可以在保证相对安全的前提下，使用户浏览网页、收发电子邮件、在不同网络上的数据库之间交换数据，并在网络之间交换定制的文件。

（4）双向网闸能防止基于操作系统漏洞和网络协议的攻击。双向网闸，有自有传输协议，一般木马病毒是使用 TCP/IP 协议直接连接的，而双向网闸相当于把 TCP/IP 协议连接给断开了，因此双向网闸能有效阻止木马病毒控制目标计算机系统。

最后说明一点，不要轻易将双向网闸应用在不可信任网络和涉密网络之间，要想如此应用，应该先经过相关部门的安全认证，否则有可能给涉密网络带来巨大的安全隐患。

4.3.7 Web 应用防火墙

Web 应用防火墙（Web Application Firewall/Gateway，WAF/WAG）也称 Web 应用安全网关系统，网站应用级入侵防御系统。

Web 应用防火墙是通过执行一系列针对 HTTP/HTTPS 的安全策略来专门为 Web 应用提供保护的一款安全设备。

1．Web 应用防火墙的功能

Web 应用防火墙是针对服务器或网站站点实施保护的，其功能包括 URL 访问控制、慢攻击防护、防逃逸、HTTP/HTTPS 合规、业务合规、暴力破解防护、Web 恶意扫描防护、SQL 注入防护、XSS 攻击防护、跨站请求伪造（CSRF）攻击防护、网页挂马防护、盗链防护、网页篡改防护、文件上传/下载过滤、URL 流量控制、Cookie 保护、Web 表单关键字过滤、客户端访问控制、弱口令防护、敏感信息保护、XML DoS 防护、虚拟补丁，等等。

2．Web 应用防火墙实现的防护

1）Web 应用防火墙对安全事件的响应方式

Web 应用防火墙对安全事件的响应方式有：信息、通知、警示、报警。

2）Web 应用防火墙使用黑白名单控制

Web 应用防火墙使用黑白名单来实现全局访问控制。

3）Web 应用防火墙的攻击防护

Web 应用防火墙的 Flood 防护有 TCP Flood、UDP Flood 和 ICMP Flood 的防护。

Web 应用防火墙能有效防护拒绝服务（DoS）和分布式拒绝服务（DDoS）攻击，它们是大型网站和网络服务器的安全威胁。

4）Web 应用防火墙防护策略（方法）

Web 应用防火墙是采取对每台源主机进行流限制，对目标主机限制最大连接数的方法来进行防护的。

5）对 Web 服务器的全方位保护

在 Web 应用防火墙中，站点安全是 Web 服务器安全保护的关键。为保证站点安全，它可以实现 URL 访问控制、慢攻击防护、防逃逸（包括 HTTP/HTTPS 版本防逃逸、非法 URL 防逃逸、重复编码防逃逸、参数重复防逃逸、文件上传防逃逸）、HTTP/HTTPS 协议合规、暴力破解防护、业务合规（对重点 URL 进行业务监控和审计，防止客户端的异常访问行为，同时对响应页面进行检测，通过响应内容判断访问行为是否正常，此功能可以防止服务器重点业务被频繁访问）、Web 恶意扫描防护（网络爬虫、CGI 和漏洞扫描）、SQL 注入防护、XSS 攻击防护（实现丢弃攻击报文，阻断攻击主机，提取原始报文以及上报攻击事件等功能）、跨站请求伪造（CSRF）攻击防护（它是一种盗用合法用户的身份，以用户的名义发送恶意请求的攻击。常见的 CSRF 攻击有以用户名义发送邮件、发消息，盗取用户账号，甚至于购买商品、虚拟货币转账等，造成个人隐私泄露和财产的不安全）、盗链防护（盗链是指服务提供商自身不提供服务的内容，通过技术手段绕过其他有利益的最终用户界面，如广告，直接在自己的网站上向最终用户提供其他服务提供商的服务内容，骗取最终用户的浏览和点击率。网站盗链会大量消耗被盗链网站的带宽，而真正的点击率也许会很小，严重损害了被盗链网站的利益）、网页篡改防护（网页篡改防护通过定期主动访问方式，查看用户定制的网页是否有了较大变化。如果有较大变化，启动防篡改机制，当有外部用户实时访问该页面时，接收用户网络的数据，把保存的旧页面发送给对方，而不向服务器转发请求，从而使外部用户看不到变化的、被非法篡改的页面，达到防篡改的目的）、文件上传/下载过滤、URL 流量控制（CC 攻击的防护更注重对恶意攻击的防护，URL 级别的流控制则更注重服务器可用性的提升）、Web 表单关键字过滤、客户端访问控制、弱口令防护、敏感信息保护（OS 类型、Web 服务器类型、Web 错误页面信息、银行卡卡号信息和身份证号信息、自定义信息等）、

XML DoS 防护（XML DoS 攻击检查是对 HTTP 请求中的 XML 数据流进行合规检查，防止非法用户通过构造异常的 XML 文档对 Web 服务器进行 DoS 攻击）、虚拟补丁防护（其承认系统漏洞存在，在受保护的资源外部建立一个策略实施点，以便在漏洞到达目标之前识别和拦截利用这些漏洞的行为）等，完成对 Web 服务器的全方位保护。

6）Web 过滤

Web 过滤模块针对 HTTP/HTTPS 为用户提供应用级的安全防护和访问限制。

Web 过滤大致分为两个方面：一方面是对 HTTP/HTTPS 请求的过滤，主要是对 URL 的过滤；另一方面是对 HTTP/HTTPS 响应的过滤，主要是对 HTTP/HTTPS 内容的过滤。

7）敏感信息防护

敏感信息防护是指对外发的 Web 应用、邮件以及内网的敏感数据进行内容识别、威胁监控和安全防护（阻断、提醒、报警等），在不影响使用的前提下，实现对网络中敏感数据的防泄露、防扩散。

敏感信息防护大致分为两个方面：一方面是对 Web 应用的检测，主要是对微博、博客、论坛、网盘等应用中的敏感数据防泄露；另一方面是对外发邮件的检测，主要是对 Web 邮件和邮件客户端中的敏感数据防泄露。

8）Web 应用防火墙恶意样本检测

Web 应用防火墙恶意样本检测不仅对已知漏洞攻击进行识别，更对未知漏洞攻击进行识别，对未知漏洞攻击的识别主要针对 Shellcode 识别。Shellcode 是一段用来发送到服务器利用特定漏洞的代码，可以获取权限或进行其他恶意攻击。通过对一些 Shellcode 特征的总结来进行检测，恶意样本检测引擎可快速判断接收的文件内容或网络报文内容是否包含恶意代码。

9）Web 应用防火墙的事件引擎

Web 应用防火墙是通过事件引擎触发安全防护机制的，其事件引擎有以下几个方面。

（1）注入攻击：命令攻击、XML 注入、SQL 注入、其他注入等。

（2）恶意程序攻击：Webshell 攻击、木马病毒攻击、蠕虫病毒攻击、间谍软件攻击等。

（3）溢出攻击：Web 服务器溢出攻击、FTP 服务器溢出攻击等。

（4）通用攻击：安全设备攻击、浏览器攻击、内容管理系统脆弱性攻击、中间件攻击、第三方应用攻击等。

（5）爬虫扫描：敏感文件访问、网页爬虫、网络扫描等。

（6）信息泄露：服务器信息泄露、错误信息泄露、源码泄露等。

（7）拒绝服务：HTTP/HTTPS 拒绝服务、第三方应用拒绝服务等。

（8）其他：其他事件、自定义事件等。

3．Web 应用防火墙的部署模式

Web 应用防火墙提供四种部署模式：桥模式、代理模式、双臂模式、单臂模式（旁路模式）。其中桥模式、代理模式、双臂模式都是串联模式。

串联模式是指 Web 应用防火墙位于主干网络和被保护的服务器中间，主干网络和服务器之间的数据流通过 Web 应用防火墙，并且 Web 应用防火墙根据相应的策略做出响应。

单臂模式（旁路模式）是指 Web 应用防火墙连在交换机而不直接连在主干网络和被保护的服务器的中间，主干网络的流量数据通过交换机的镜像数据进入 Web 应用防火墙，Web 应用防火墙在单臂模式下只对流量做检测，不能执行策略。关闭 Web 应用防火墙后主干网络和服务器之间仍能正常通信。

4.3.8　服务器防护

随着宽带网络的不断普及，网络在人们的生活中扮演着越来越重要的角色。在各种层出不穷的网络服务中，不管是局域网络内部提供给企业组织运行的服务，还是广域网中提供给用户访问的各种服务，都是由服务器承载的，因此服务器就成为重点的防御对象。

由于服务器提供的服务、部署的环境、使用的应用是多种多样的，为了保证服务器的安全，特别需要对服务器采取有效的安全防护手段。

1．微分段技术

微分段技术是一种减少 LAN 网络段上站的数目以改进性能的技术。微分段技术就是在虚拟数据中心内实施隔离和分段的过程。微分段技术有助于在发生破坏的时候，控制住破坏。

将微分段技术应用在对服务器的管理中，当攻击者入侵到网络系统中，想要横向移动、扩展、渗透到网络系统中的其他位置时，微分段技术能很好地控制住攻击者，使网络系统的损失降到最低。

2．软件定义边界技术

软件定义边界（Software Defined Perimeter，SDP）是一种具有创新性的网络安全解决方案，这种解决方案又称零信任网络（Zero Trust Network，ZTN）。软件定义边界是由云安全联盟（Cloud Security Alliance，CSA）开发的，它根据身份控制对网络资源的访问。它是基于美国国防部的"need to know"模型的，即每个终端在连接服务器前必须进行验证，以确保每台设备都是被允许接入的。

软件定义边界的核心思想是通过"软件定义边界"架构隐藏核心网络资产与设施，用隐身衣取代安全防弹衣保护目标，使攻击者在网络中看不到攻击目标而无法攻击，从而使网络的资源与设施免受外来威胁。

3．容器安全

我们用一张图来展示服务器、容器和应用程序之间的关系，如图 4-32 所示。可以看出，容器使用共享的操作系统模式，对主机操作系统漏洞的攻击可能导致容器受到影响。

传统网络和基于主机的安全解决方案是无视容器的，为保证容器中操作系统的安全，我们要重视容器的安全问题。

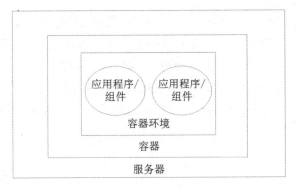

图 4-32　服务器、容器和应用程序之间的关系

容器安全解决方案可保护容器的整个生命周期，即从创建到部署运行。大多数容器安全解决方案针对漏洞、违规、威胁、攻击，并结合安全策略进行实时监控，提供安全保护服务。

4．网站安全检测

网站安全检测是指通过技术手段对网站进行漏洞扫描，检测网页是否存在漏洞、网页是否挂马、网页有没有被篡改、是否有欺诈网站等，如果存在缺陷，提醒网站管理员及时修复和加固，保障网站的安全运行。常见的网络安全漏洞有 SQL 注入、网页挂马等，这些会使得网站存在安全风险。

一般服务器都是通过网站的形式对外提供服务的，采用 Web 应用防火墙对网站进行安全防护是比较有效的方法。

5．其他防护措施

（1）实时监控服务器主动发起的外联行为，防控木马病毒等恶意程序的非法外联行为。

（2）实时监控外部用户访问服务器的流量，监控恶意扫描和非法攻击。

（3）智能部署服务器的合法流量，并可以自动完成合法流量白名单的配置。

（4）对服务器的容器、容器环境或底层操作系统采取安全加固措施。

4.3.9　杀毒软件

杀毒软件，也称反病毒软件或防病毒软件，是用于消除计算机病毒和恶意软件等计算机威胁的一类软件。杀毒软件通常集成监控识别、病毒扫描和清除、自动升级、主动防御等功能，有的杀毒软件还具有数据恢复、防范黑客入侵、网络流量控制等功能，是计算机防御系统的重要组成部分。

杀毒软件是一种可以对木马病毒等一切已知的、对计算机有危害的程序代码进行清除的程序工具。每种攻击代码都具有只属于它自己的特征，病毒之间通过各自不同的特征互相区别，同时与正常的应用程序代码相区别。杀毒软件就是通过储存所有已知的病毒特征来辨认病毒的。"杀毒软件"是由国内的反病毒软件厂商起的名字，后来为了与世界反病毒业接轨，统称为"反病毒软件""安全防护软件"或"安全软件"。集成在防火墙中的"互联网安全套装"

"全功能安全套装"等都是用于消除计算机病毒和恶意软件的一类软件，都属于杀毒软件的范畴。

杀毒软件的任务是实时监控和扫描磁盘，部分杀毒软件通过在系统中添加驱动程序的方式，进驻系统，并且随操作系统启动而启动，大部分的杀毒软件还具有防火墙功能。杀毒软件的实时监控方式因软件而异，有的杀毒软件通过在内存里划分一部分空间，将计算机里流过内存的数据与杀毒软件自身所带的病毒库（包含病毒定义）的特征码相比较，以判断其是否为病毒；还有的杀毒软件则在所划分的内存空间里面，虚拟执行系统或用户提交的程序，根据其行为或结果判断其是否为病毒。而扫描磁盘的方式，则和上面提到的实时监控的工作方式类似，只是在这里，杀毒软件会将磁盘上所有的文件（或者用户自定义的扫描范围内的文件）做一次检查。

理想的杀毒软件能阻止计算机感染病毒，能检查计算机是否染有病毒，能消除已感染的病毒，能防止介质上的病毒传播，能查杀恶意代码等。

通常，杀毒软件有网络版和单机版之分。单机版杀毒软件只对单一的主机进行病毒查杀、防护，保证单一主机的安全。网络版杀毒软件部署在网络内部，对网络进行统一集中管理，它可以对网络内部的病毒进行查杀，在一定程度上能保证网络系统的安全，但仍然存在很大的局限性。例如：①它是安装在原有的操作系统之上的，操作系统本身的稳定性以及是否存在漏洞都对杀毒软件的功能产生一定影响；②它并不能保证病毒不进入网络系统。

此外，为了保证杀毒软件具有较好的性能，应及时对杀毒软件进行升级。杀毒软件的升级包括：软件升级、入侵防御特征库升级、病毒特征库升级、URL 分类特征库升级、恶意样本检测规则升级，等等。

4.3.10　上网行为管理

上网行为管理是指帮助网络管理者控制和管理用户对网络系统的使用。上网行为管理能实时监控、管理网络资源使用情况，提高整体工作效率。上网行为管理可实现对网络系统访问行为的全面管理，即在对网页访问过滤、网络应用控制、带宽流量管理、信息收发审计、用户行为分析、行为控制、防止内网数据泄露、防范违规风险、网络访问行为记录等多个方面为用户提供解决方案。上网行为管理的内容，如图 4-33 所示。

随着宽带网络的不断普及，即时聊天软件（如 MSN、QQ）、点到点传输软件（如 BitTorrent、eMule）、流媒体视频点播软件（如 PPLive、QQLive）、网络游戏（如搜狐游戏大厅、快乐西游）和股票软件（如大智慧、万点理财）在人们的工作、生活中扮演了越来越重要的角色。这些软件在给人们带来便利的同时，也给网络管理带来了新的挑战。一方面，这些软件随意滥用导致的网络拥堵、内部网络信息泄露、病毒传播等情况时有发生；另一方面，由于应用协议的复杂性，传统的入侵防御系统对这些常用外联软件又无能为力，所以迫切需要针对外联软件进行有效管理的手段。

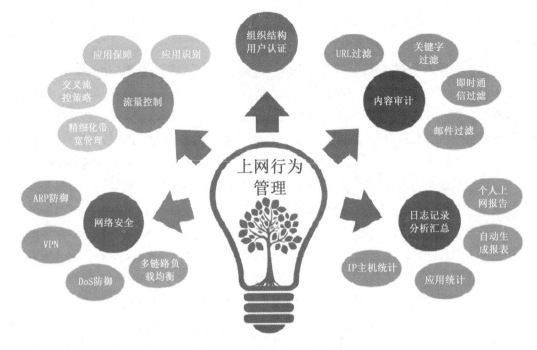

图 4-33　上网行为管理的内容

1. 上网行为管理功能

上网行为管理适用于需实施内容审计与行为监控、行为管理的网络环境，尤其是按等级进行计算机信息系统安全保护的相关单位或部门。上网行为管理具有高性能的、实时的网络数据采集能力、智能的信息处理能力、强大的审计分析能力、精细的行为管理能力。

1）对上网人员进行管理

上网人员（用户）身份管理：利用 IP 地址和 MAC 地址特征识别方式、用户名和密码认证方式、与已有认证系统联合的单点登录方式，对用户身份进行准确识别，确保用户身份的合法性。

用户身份验证过程，如图 4-34 所示。

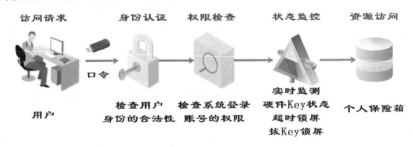

图 4-34　用户身份验证过程

上网终端管理：检查主机的注册表、进程和硬盘文件的合法性，确保接入网络的终端的合法性和安全性，防范蓝牙、刻录机及任何新增设备带来的数据泄露风险，规范设备的使用，有效降低 U 盘滥用带来的文档外泄及病毒泛滥等安全隐患。

移动终端管理：检查移动终端识别码，识别移动终端的类型和型号，确保接入网络的移动终端的合法性。

文档复制和打印管理：在进行文件复制和打印时，要进行复制和打印前的安全认证，只有通过认证、审批的才允许复制和打印，从而保障重要文档不会被复制和打印并带出而造成数据泄露。

屏幕监控管理：能对屏幕进行可视化管理，能对客户端的屏幕进行安全查看，让安全审计更直观。

上网地点管理：检查上网终端的物理接入点，识别上网地点，确保上网地点的合法性。

2）上网浏览管理

搜索引擎管理：利用对搜索框中关键字的识别、记录、阻断技术，确保上网搜索内容的合法性，避免不当关键词的搜索带来的负面影响。

网址 URL 管理 ：利用网页分类库技术，对海量网址进行提前分类识别、记录、阻断，确保上网访问的网址的合法性。

网页正文管理：利用正文关键字识别、记录、阻断技术，确保浏览正文的合法性。

文件下载管理：利用文件名称、大小、类型、下载频率的识别、记录、阻断技术，确保网页下载文件的合法性。

网页浏览管理：限制对工作无益或违规违法网站的访问，规范上网行为，提升工作效率。

3）上网外发管理

普通邮件管理：利用对 SMTP 邮件收发人、标题、正文、附件、附件内容的深度识别、记录、阻断技术，确保外发邮件的合法性，有效避免电子邮件使用过程中的文档外泄风险。

Web 邮件管理：利用对 Web 方式的网页邮件的收发人、标题、正文、附件、附件内容的深度识别、记录、阻断技术，确保外发邮件的合法性。

网页发帖管理：利用对 BBS 等网站的发帖内容的标题、正文关键字的识别、记录、阻断技术，确保外发言论的合法性。

即时通信管理：利用对 MSN、飞信、QQ、Skype、雅虎通等主流即时通信软件的外发内容关键字的识别、记录、阻断技术，确保外发言论的合法性。

其他外发管理：针对 FTP、Telnet 等传统协议的外发信息进行内容关键字的识别、记录、阻断，确保外发信息的合法性。

对文档操作进行全面而详尽的审计，可有效防止重要文档被恶意篡改或者删除。

4）上网应用管理

上网应用阻断：利用不依赖端口的应用协议库进行应用的识别和阻断。

上网应用累计时长限额：针对每个或多个应用分配累计时长，一天内累计使用时间达到限额将自动终止访问。

上网应用累计流量限额：针对每个或多个应用分配累计流量，一天内累计使用流量达到限额将自动终止访问。

应用程序管控：掌握并管理用户对程序的应用，保证应用安全，从而提升工作效率。

5）上网流量管理

网络流量管理：对带宽进行合理分配，避免网络拥堵，保证关键业务所需带宽。

上网带宽控制：为每个或多个应用设置虚拟通道上限值，对于超过虚拟通道上限值的流量进行丢弃处理。

上网带宽保障：为每个或多个应用设置虚拟通道下限值，确保为关键应用保留必要的网络带宽。

上网带宽借用：当有多个虚拟通道时，允许超负荷虚拟通道借用其他空闲虚拟通道的带宽。

平均分配上网带宽：为每个用户平均分配物理带宽，避免单个用户的流量过大，抢占其他用户的带宽。

6）上网行为分析

上网行为实时监控：对网络当前速率、带宽分配、应用程序资源利用情况、在线用户情况、在线运行应用程序情况等进行统一展现。

上网行为日志查询：对网络中的上网人员、终端、地点、上网浏览、上网外发、上网应用、上网流量等行为日志进行精准查询、精确定位。

上网行为统计分析：对上网日志进行归纳汇总，统计分析出流量趋势、风险趋势、数据泄露趋势、效率趋势等并制作报表，便于管理者掌控全局，发现潜在问题。

上网行为态势分析：对用户上网 IP 地址、用户使用的 App 进行行为态势分析。

网络控制：阻断非法外联和接入，限制内部计算机之间的互联，保护终端安全。

7）上网隐私保护

日志传输加密：管理者采用 SSL 加密隧道方式，访问设备的本地日志库、外部日志中心，防止黑客窃听。

管理三权分立：分别设置账号管理员、权限审核员、日志审计员。账号管理员负责创建、禁止网络系统的用户账号；权限审核员负责给用户账号赋予使用权限，并开通用户账号；日志审计员负责查看、维护网络系统的日志，但无权删除日志。

精确日志记录：对所有上网行为可根据过滤条件进行选择性记录，不违规不记录，最低程度记录隐私。但为了对不可预测的违规行为进行有效溯源，可对上网行为进行详细记录，最大限度地记录上网行为。

8）设备容错管理

死机保护：死机保护设备带电死机，断电后可变成透明网线，不影响网络传输。

一键排障：网络出现故障后，按下一键排障按钮，可以直接确定故障是否为上网行为管理设备引起，缩短网络故障定位时间。

双系统冗余：提供硬盘、Flash 卡或固态硬盘双系统，互为备份，单个系统故障后依旧可以保持设备正常使用。

资产管理：为 IT 资源的高效、集中管理提供方法，实现 IT 资源的高效利用。

远程维护：帮助快速判断并排除故障，保证系统时刻顺畅运行。

9）风险集中报警

报警中心：所有报警信息可在报警中心页面集中展示。

分级报警：不同等级的报警进行区分排列，防止低等级报警信息淹没关键的高等级报警信息。

报警通知：报警可通过邮件、语音、屏幕提示、短信等方式通知管理员，便于快速发现报警风险。

2. 上网行为管理的用途

1）防止带宽资源滥用

通过基于应用类型、网站类别、文件类型、用户或用户组、时间段等的带宽分配策略限制P2P、在线视频、大文件下载等不良应用所占用的带宽，保障自动化办公、业务应用等获得足够的带宽支持，提升上网速度和网络办公应用、业务应用等的使用效率。

2）防止无关网络行为影响工作效率

可基于用户或用户组、应用、时间等上网授权策略，管控所有与工作无关的网络行为，并根据各组织不同要求进行授权的灵活调整，包括基于不同用户身份的差异化授权、智能提醒等，提升网络的使用效率。

3）为网络管理与优化提供决策依据

通过提供网络可视化详细报表，让管理者清晰掌握互联网的使用情况，找到造成网络故障的原因和网络瓶颈所在，从而为网络管理优化提供依据。

4）防止木马病毒等网络风险

利用内置的危险插件和恶意脚本过滤等创新技术，过滤挂马网站的访问、封堵不良网站等，从源头上阻断木马病毒的潜入，再结合终端安全检查与网络准入、DoS 防御、ARP 欺骗防护等多种安全手段，实现立体式安全护航，确保上网安全。

5）有效落实管理制度

通过事前精细规范、事中智能提醒、事后报表呈现等手段，来实现用户网络权限的细致分配以及带宽的优化管理；通过将是否具备上网权限与用户对管理制度的遵守情况进行绑定，强制要求用户遵守管理制度里的各项细则规定，并且根据管理制度要求进行各种智能提醒，让管理制度融入每位用户的日常工作中。

6）全面控制应用

通常上网行为管理系统内置的应用特征识别库，支持各种常用应用，并持续更新。同时，上网行为管理系统具有海量的 URL 识别库和 URL 智能识别系统，涵盖 URL 常用类型并能自动学习，对上网行为进行全面的识别控制，规范用户上网行为，并通过标签化的方式简化配置管理过程，提高工作效率，提升对应用的管理效率。

7）有效的流量控制

上网行为管理系统提供多级父子通道、动态流量控制、智能流量控制等多种流量控制技术，合理分配带宽资源，避免单一、静态的流量控制策略所带来的带宽浪费。

8）精细的行为管理

对于有信息溯源需求的用户，应详细记录用户上网行为，使上网行为管理能够追溯网络用户的上网轨迹，并对网络中的上网流量、上网时间、应用行为、搜索的关键字、微博和论坛热点及操作时间等进行统计分析，根据用户的需求有针对性地输出日志报表，为组织决策提供有效依据。

9）严格控制外发信息

上网行为管理支持基于文件特征和扩展名识别文件类型，通过识别篡改、删除、压缩、加密外发文件的行为，来全面保护信息安全。

10）全面解决用户安全问题

要根据用户安全要求，选择通过相关安全认证的上网行为管理设备。要运用系统管理思想，充分利用行为审计、分级授权、访问控制和集中管理等技术手段，全面解决信息安全、使用效率、系统管理三项网络安全难题。采用全面的网络安全解决方案，有效地防范信息外泄，保护信息资产安全，营造健康安全的网络环境，在提高各种效率的同时合理分配网络资源，轻松进行系统维护，保证系统时刻处于巅峰状态。

3. 上网行为管理的特点

1）规范用户上网行为

上网行为管理能结合细致的访问控制策略，有效管理用户上网；能记录并审查用户的所有上网行为；能对违反管理规定，使用网络游戏、网络视频和网络聊天、股票软件等用户行为进行准入控制。

2）优化带宽使用效率

上网行为管理能优化带宽，提升工作效率，保护网络资源；能保证关键应用的质量，如视频会议、VoIP、电子邮件、网页浏览；能保证关键用户的网络带宽。

3）对用户实现有效监管

上网行为管理能有效地对用户的网络行为进行监控；能掌握用户的网络使用情况，提高工作效率；能对网络传输信息进行实时采集、海量存储、统计分析；能对网络行为进行后期取证，对网络潜在威胁者予以威慑。

4）净化网络环境，预防犯罪

上网行为管理能禁止用户通过互联网搜索和浏览反动、政治敏感、色情等相关信息；能禁止用户通过 BBS、Web 邮件等发表反动、政治敏感及色情信息；能净化网络环境，预防网络犯罪。

5）防范信息外泄

上网行为管理能对电子邮件、BBS 发帖等外发信息进行过滤，对即时聊天外发信息进行过滤，对网站访问、代理软件的使用进行分析和控制，从而有效地防止敏感信息外泄。

6）防止网络安全事故发生

上网行为管理能屏蔽恶意站点、监控网络攻击行为、防止 ARP 攻击、抵抗拒绝服务攻击等，从而防止网络安全事故的发生。

7）简单易用

上网行为管理的配置简单易用；审查内容丰富，支持网页回放功能；系统性能高，运行稳定，且支持双机热备；系统具有全面强大的日志功能及详细的报表系统。

为营造良好的网络环境，保证网络的信息安全，希望每个人都能养成良好的上网习惯。

4.3.11　网络通信安全

在信息化时代下，通过网络进行通信是重要的交互方式之一。研究网络通信安全，其目的是要保证系统中的数据安全。网络通信是网络数据传输的一个重要环节，因此网络通信安全就显得尤为重要。保证网络通信过程中的信息安全、可靠的方式有以下几种。

1．敏感信息通信技术

对于比较重要的数据，如果需要将前端采集的数据传到后台数据中心，那么为了安全，需要对前端工作中采集的数据进行信息加密处理，再进行数据传输；在数据传输的过程中，需要选用专用网络；传输技术可以采用多路传输，数据到达目标后，再整合；如果数据需要中转，那么在中转处，不对数据进行暂存或存储，即"数据不落地"，数据直接通过中转应用或服务器转接给下一级或后台数据中心（"数据不落地"的通信方式避免了数据在中转处留下存储痕迹，减少了数据被获取的风险）；如果有必要，再通过单向光闸导入后台数据中心。

2．网络隐蔽通信技术

1）夹带式信息通信

最初的夹带通信主要以文档、图像为夹带载体，但近年来，随着互联网带宽的增长以及流媒体技术的发展，互联网流媒体应用已经深入社会生活的方方面面，互联网流媒体已经成为互联网中主要的网络流量载体，因此，信息夹带也开始采用互联网流媒体作为夹带载体。

2）将信息隐藏后进行传输

在正常的网络通信中，引入信息隐藏技术对信息进行加密，加密后的信息表面上看也是正常的信息，把这种正常的信息用普通的通信途径传输，以实现隐蔽通信——这不失为一种有效的传递信息的方法。

3）通信链路加密

在处理到达网络应用服务器的信息之前，部署 SSL 安全网关或特种加密设备，实现数据通信链路加密，也能起到很好的保护数据安全的作用。

3．自定义通信

采用定制的通信协议更有利于实现隐蔽通信，起到保护信息的作用。比如在暗网上进行信息交流，要想进行信息获取就相当困难，这就为网络安全通信提供了一种技术思路，即采用一种新的通信模式进行网络通信，能使信息更安全。

4.3.12　电子数据安全

数据安全是网络安全最重要的内容，网络安全实质上就是要保证信息系统中的数据安全，实现电子数据的安全导入、安全存储、安全流转和输出管控。

1．数据安全

为保证数据安全，需重点关注如下几点。

1）屏蔽数据

（1）数据对外屏蔽，避免攻击者扫描，从而加强数据的安全性。

（2）普通用户不能直接访问超范围的数据。

2）防止数据被复制

加强对数据服务器的监控和保护，防止数据库被复制。

3）严格地控制用户的权限

连接数据的用户不应使用超级权限账户，应新建立低权限账户，用低权限账户访问数据。

为增强系统的安全性，即使是数据库管理员，也不能随便浏览数据库内容。重要的数据信息，最好采用加密存储、拆分式存储方式，这样数据库管理员也不能轻易浏览全部数据内容。而且在行使管理员职能时，最好两人以上在场。对数据复制的权限也要严格控制。

对数据权限的管控最好由多人来完成，而且他们要相互制约，如图 4-35 所示。

图 4-35　数据权限的管控

2．数据导入

对导入系统的数据要进行杀毒，尤其是对非文本数据；对数据进行格式化处理，以便日后使用数据。

3．数据备份

为了网络信息系统安全，应对数据库进行及时备份，数据备份的方式有同步备份和异步备份。数据备份的好处是避免数据由于意外灾难而丢失，给用户带来巨大的损失。

4．数据加密存储

为保证数据信息的安全，一般要对数据进行加密。加密有两种方式，一种是可逆的，一般用于加密数据信息和文件；另一种是不可逆的，一般用于验证，如登录密码。

要设计特殊的存储密码的数据库（而且密码是加密的，如用 MD5、SHA-1、RIPEMD、HAVAL 等算法），只有登录模块才有权只读密码数据库，只有有权限的管理员才有权修改密码库。

对数据库中的用户名和密码、特殊的敏感数据等要采取重点加密防护措施。如果有必要，要对数据库中的数据进行分级管理，对不同安全等级要求的数据，采取不同的安全措施，比如采用不同的加密算法、采用不同安全机制的数据库，进行拆分式存储、分区域管理、属地管理，限制只能指定的用户使用特定的数据库，等等。

5．电子文件保险箱

数据层安全防护是存放于服务器内的数据本身的最后一道安全防护屏障，如果网络层、应用层和服务器层的安全防护被攻破，只要数据层安全防护有效，就不致泄露敏感数据，可见数据层安全防护的重要性。

电子文件保险箱是指专为用户保护机密、隐私数据的桌面防护型设备，其通过核心加密虚拟卷技术对用户敏感数据、隐私记录予以安全保护，是用户身边不可多得的"隐私数据防护专家"。

部署文件保险箱的作用：文件保险箱是保护数据、文件不泄露的有效措施。一旦使用了文件保险箱，无论是在运行环境的硬件存储设备中，还是数据备份的存储设备中，敏感数据都是以加密的形式存储的，从而能有效地防止硬件丢失、硬件维修、黑客底层破解等造成的信息泄露。

（1）在处理网络文件服务器上，部署虚拟的网络安全存储容器，即保险箱，可实现文件安全集中存储。

（2）在处理网络文件各终端上，部署定制的保险箱及登录认证系统，可实现单机涉密文档的加密存储和 PC 安全登录保护。

6．利用隐藏硬盘扇区来存储数据

隐藏扇区是指硬盘格式化后，只能用某种特定的工具软件才能访问的区域，正常的浏览器是看不到这个扇区的。

下面介绍几种隐藏扇区的方法。

（1）在 Windows 操作系统下，在"计算机管理"→"磁盘管理"中，删除想隐藏分区的逻辑盘符，但是，这样做连自己也进不去这个硬盘扇区了，每次想访问时还得重新给它设定一个盘符，比较麻烦。

（2）在 Windows 操作系统下，在命令窗口，输入"gpedit.msc"打开组策略，依次选中"用户配置"→"管理模板"→"Windows 组件"→"文件资源管理器"。在右侧窗口中找到"隐藏'我的电脑'中的这些指定的驱动器"编辑策略设置。双击它，然后选中"已启用"，并从"选择下列组合中的一个"列表中选择"仅限制 X 驱动器"，最后单击"确定"按钮即可。

这种隐藏的好处是别人看不到这个盘符，但我们自己却能在资源管理器中输入"X："打开这个隐藏的分区，不会影响自己的日常使用。

（3）如果用户的 Windows 系统是家庭版，没有组策略功能，可通过注册表的形式实现对硬盘指定分区的隐藏。方法很简单，在桌面新建一个文本文档，复制以下文字并粘贴到其中。

```
[HKEY_CURRENT_USER\SOFTWARE\Microsoft\Windows\CurrentVersion\Policies\Explorer]
    "NoDrives"=hex:00,00,00,00
```

注意，以上每一行代码都是用回车键分行的，不是连在一起的。

接下来，需要针对想隐藏的硬盘分区，修改"00,00,00,00"对应的字符位置。比如，要隐藏 C 盘就改为"04,00,00,00"，要隐藏 D 盘就改为"08,00,00,00"。

盘符对应的二进制编码如表 4-1 所示。

表 4-1　盘符对应的二进制编码表

盘符	A	B	C	D	E	F	G
编码	01000000	02000000	04000000	08000000	10000000	20000000	40000000
盘符	H	I	J	K	L	M	N
编码	80000000	00010000	00020000	00040000	00080000	00100000	00200000
盘符	O	P	Q	R	S	T	U
编码	00400000	00800000	00000100	00000200	00000400	00000800	00001000
盘符	V	W	X	Y	Z		
编码	00002000	00004000	00008000	00000001	00000002		

如果想隐藏 F 盘，只要将二进制编码改为"20,00,00,00"，然后将这个文本文档另存为"隐藏 F 盘.reg"即可。保存后双击"隐藏 F 盘.reg"将信息导入注册表，重启计算机之后就会发现 F 盘不见了。

如果用户想找回隐藏的分区，只要重新建立一个文本文档，将上文中的代码重新复制进去，默认的"00,00,00,00"不要修改，将其另存为"取消隐藏.reg"，双击导入注册表，重启计算机即可。

（4）如果想做隐藏分区，最好选择字母排序比较靠后的、不常用的项，这样不易被发现。

（5）使用特殊的隐藏工具软件进行硬盘扇区隐藏。

7．数据流转

数据在系统中流转时也存在安全风险，比如存在不安全的传输线路或传输信号电磁辐射等。针对可能的安全风险，要采取相应的安全措施，比如对传输线路按安全等级要求进行安全加固，采用加密协议进行传输，对系统区域进行防电磁辐射，等等。

8．数据删除

在对数据进行删除处理时，也要十分小心。对敏感的、机密的数据要采取特殊的处理方式，应使用经过安全认证的数据处理工具。

9．介质销毁

对存储过敏感数据信息的存储介质，如纸介质（纸质载体）、磁介质（硬盘等）、光介质（CD、DVD 等）、半导体介质（U 盘、手机、录音笔、存储卡等）及其他介质（硒鼓、印筒等），要按相关的规定对它们进行销毁处置，如粉碎、消磁、化浆等，而且粉碎的碎屑大小也要符合规定。

10．输出管控

网络系统的信息输出方式通常有 U 盘、光盘、打印机、屏幕显示等，这些都有可能造成信息泄露，因此要有针对性地采取相应的安全措施。

4.3.13　终端安全防护

对终端和外设进行安全管理是网络系统安全的重要内容之一。网络系统整体的安全水平往往取决于最薄弱的一环，终端就是薄弱环节，任何一个用户的疏漏、漏洞管理的疏漏，都会给网络安全带来威胁。终端和外设出现安全问题会造成重大安全事件，因此要加强对终端和外设的管理。

为了避免安全事件的发生，首先要加强对终端和外设的安全管理；其次要对终端和外设不断地进行安全加固，增强安全防护能力；最后，在可能的情况下首选国产设备，这样就能去除很大一部分安全隐患。

1．终端面临的安全风险

近年来，信息化建设取得了快速的发展，网络环境变得越来越复杂。如何有效地对网络进行安全管理、满足信息安全需求是新形势下信息安全管理者急需解决的问题，而安全管理的重中之重又非终端莫属。随着大量的木马病毒、数据泄露事件以及应用安全隐患的出现，网络攻击的性质也发生了根本转变，追求经济利益、威胁国家安全、威胁社会安全已成为攻击者的最终目标，在这些安全威胁的背后，网络终端安全正经受着前所未有的挑战。

归纳起来，终端安全主要面临以下几方面的挑战：恶意软件、数据窃取和数据泄露、访问控制、外设管理、终端用户安全等。

1）恶意软件

互联网上一直存在大量的恶意软件，这些恶意软件的最大特点是获取用户的账号和密码、破坏用户的关键信息，这些恶意软件正在通过各种手段侵入用户的终端，这些恶意软件的制作门槛逐渐降低，使恶意软件新变种的产生周期大大缩短，这已经严重威胁到用户的信息安全。

2）数据窃取与数据泄露

除网络设备漏洞、服务器漏洞、Web 的各种应用程序漏洞，以及数据库本身的缺陷造成数据泄露外，终端安全防护不到位无疑是造成数据泄露的最直接因素。目前攻击者正在利用网络终端中存在的已知和未知漏洞，发起更为隐蔽、目标性更强的攻击。为了逃避检测和找到新的侵入点，攻击者会不断开发新的方法，试图做到始终能够未经授权即可访问网络信息系统和数据库信息，而且不被检测出来。

3）访问控制

对于企业网络来说，不仅需要实现内部协作与数据共享，还要为其合作商及客户提供相应的访问权限，然而这些身份认证和权限管理对于网络管理来说是一个非常严峻的挑战。

此外，对于访问用户终端的健康状况检查，也应成为企业网络管理者需要关注的问题。

4）外设管理

对于网络系统的服务器来讲，外设包括台式计算机、笔记本式计算机、手机和平板电脑、打印机（一体机）、扫描仪、刻录机、数码相机、摄像机、传真机、移动存储介质、键盘、鼠标、电源，等等。各种外设已经成为网络系统不可或缺的一部分，这些外设多种多样的互连互通方式，正在成为网络合规管理实践中所面临的严峻挑战之一，各种各样的外设可能成为网络系统数据泄露的重要途径，因此要对外设采取必要的安全防护手段。

（1）要加强对外设的管理。

我们既要对外设存放的地点加强管理，还要对外设的使用加强管理，如对网络系统上的 USB 口进行管理，控制 U 盘的使用。

要加强对带有系统的外设的管理，避免外设在连接网络系统时窃取系统数据。

要防止键盘、鼠标、电源等外设内被植入信息获取装置（带存储器的装置被植入木马病毒），从而使非法用户获取重要信息，如用户名、密码、系统中的重要文件等，给信息系统带来重大安全隐患。

（2）要部署外设在线监控系统。

外设在线监控系统能防止脱机、断电时信息被复制、植入木马病毒，以及被别有用心的人利用，作为跳板入侵网络系统。如果发现异常，要及时进行处置。

5）终端用户安全

无论何种手段、何种方式造成的网络信息安全事故，最终会发现人为因素是起决定作用的。粗心的 Web 浏览（如点击可疑链接、访问恶意网站）和不负责任的电子邮件行为（如点击恶意附件）是攻击者传播蠕虫病毒、木马病毒和后门程序的主要途径，因此要加强员工的安全意识培养，还要增加防病毒技术措施。

2. 从"桌面安全"角度谈防护

终端安全 = 桌面系统安全+终端设备安全，终端安全又称桌面安全。就桌面安全本身而言，其涉及系统设置安全、系统启动项安全、浏览器组件安全、系统登录和服务安全、文件和系统内存安全、系统综合安全等诸多方面。

1）终端设备安全保护

终端设备安全保护主要是指防范设备丢失、被盗的保护措施，包括防盗锁（笔记本防盗锁、机箱锁等）、防窥屏（防窥贴膜）、防拆标签（防止用户私自拆卸硬盘等）、物理存放要求（禁止带出工作场所或者禁止遗留在未上锁的不安全区域等）、使用环境要求（温湿度、电源等）等。此外，BIOS 加密、磁盘加密、针对移动设备的定位追踪、远程数据擦除等也有助于终端设备被盗后的止损。

2）桌面安全防护

桌面安全防护措施包括为终端操作系统打安全补丁和安装防病毒软件。

安全补丁是操作系统厂商和软件研发厂商针对已发现的操作系统和软件安全漏洞而发布的更新程序，作为网络系统的安全管理员应当认识到补丁更新的必要性。比如，2017 年具有里程碑意义的永恒之蓝勒索病毒，证明了即使是所谓隔离区域，也仍然需要及时更新补丁。

对于网络系统来讲，病毒防护是非常必要的，否则会给网络系统带来灾难性的后果。防病毒技术目前仍在使用特征病毒库，杀毒引擎依据特征库来检测目标程序是否存在危害。为了实现对未知威胁的防护，我们使用白名单方式，即仅允许运行指定列表中的进程和文件；使用行为分析沙箱，即依据程序后续的动作而非程序本身的特征来识别恶意程序；使用威胁情报网络，即将某处已经确认的恶意程序特征传递给网络系统中的其他节点，以便及时阻断恶意程序。

3）桌面数据防泄露

桌面数据泄露途径主要包括复制、打印、数据端口（含蓝牙等）传输、网络途径等。为完善整个防泄露体系，桌面数据防泄露或数据丢失防护措施是必不可少的。

桌面数据防泄露是依赖代理来实现的，代理的作用是发现和识别本地敏感文件数据，对于数据的操作，尤其是数据外联操作，要进行审计和控制。

4）终端加密防护

加密在理论上可以无视终端的复杂性来解决很多终端安全问题。在某种情况下加密可以实现即使敏感信息及其载体（终端设备或者存储介质）丢失或被窃取，也不会外泄敏感信息。

加密方式主要有文档加密、环境加密、磁盘加密等。文档加密指的是对指定的敏感文件进行加密。环境加密指的是对一个环境（比如一个分区或者几台计算机或者一个网络环境）内所有的文件进行加密，在这个环境下文件都是加密的，但是脱离这个环境，文档就不可读了。磁盘加密则可以看作一种更底层的环境加密。磁盘加密可以直接对整个磁盘分区进行加密。

文档加密适用性较好，但是需要良好的管理策略来发挥加密的作用，环境加密和磁盘加密有着明显的适用性，即适合不经常与外界交互的环境。

加密技术虽好，但是如何很好地利用是难点！

5）控制终端上网行为

管理者记录上网行为的主要原因：一是合规要求，即网络管理部门要求网络运营者需要保留一段时间的网络日志；二是数据安全防护需要，即对用户上网行为进行控制和审计。

为了控制终端上网行为，可以在网络出口部署网关型设备，有两种思路：一是把上网行为自身变成代理或中间人，用户访问 HTTPS 网站其实是在访问上网行为网关，由上网行为网关跟真实网站交互；二是在访问用户端安装代理，这样可以在发送信息加密前和接收信息解密后进行审计。此外，终端上网行为可以依靠桌面管理类软件实现防护。

内网用户上网行为可以通过传统网关型设备进行精细的管控审计，而内网之外的用户上网行为可以利用桌面管理类软件进行上网行为管控。

6）桌面标准化

终端的很多问题在于其环境的复杂性，导致安全策略不能很好地落地，因此桌面标准化的需求便应运而生。桌面标准化意味着尽量简化终端环境，网络内所有桌面尽量使用一种（或者尽可能少）操作系统版本，使用一套软件版本，大多数配置尽可能一样。

桌面标准化还有一个重要的内容就是终端用户降权，即取消用户对终端的绝对控制权。从安全的角度来讲，降权一般是指直接降至用户级，使用户无法更改系统设置或者安装系统程序，这样就极大地降低了用户可能对终端环境造成的影响。

7）桌面虚拟化

桌面虚拟化一般有两大出发点：节省资源和保障安全。

从资源层面看，传统的单机用户实际上有非常大的资源浪费，一是由于工作不同、岗位不同，单机用户对于计算资源、存储资源的需求差异是非常大的，为了实现用户办公的需求，需要按照一组用户中个体所需求的最大资源进行配置；二是有相当一部分单机用户在计算资源、存储资源上的需求是重复的；三是计算机的维修、维护、更新换代等也耗费了大量的人力、物力资源。

从安全角度看，传统的 PC 掌握在终端用户手中，一般授予了用户较大的支配终端设备的权限，不可能实现高强度的管控，用户总有各种方式，包括启动操作系统（光盘、U 盘启动）、直接重装系统、物理拆除硬盘等去绕过安全措施。

虚拟化的目的：一是通过把资源池化，以便动态分配不同个体的资源，从而实现整体资源的有效利用，并减少终端维护工作量；二是将终端桌面集中到可管理的服务器端，以实现全方位的管控。

桌面虚拟化有多种方式，一是用虚拟化平台的资源代替物理机，每个用户都使用独立的操作系统、个性化的配置；二是应用虚拟化，即把一些应用安装在服务器端，以远程调用的方式提供给用户，可以解决不常用软件占用桌面资源、同一种软件不同版本的兼容性等问题；三是利用多用户系统实现用户配置和用户文档漫游，这样多个用户实际上共享同一个底层操作系统的输入/输出接口和基本功能，用户配置可以自己设置，但是和操作系统是分离的，可以配合应用虚拟化，实现资源有效利用。

桌面虚拟化极端依赖网络，与服务器虚拟化不同，桌面虚拟化之后其使用者仍然是分散的，会严重影响桌面虚拟化的使用体验。在用户行为习惯方面，连接桌面云的方式、使用移动存储、打印等方式，甚至包括软件配置文件和工作文档的存储方式等都可能需要改变。在管理策略方面，需要考虑如何平衡安全需求和用户体验、平衡虚拟化技术和传统技术等。

3. 从端点安全角度谈防护

1）防止网络攻击

为防止端点，包括位于防火墙之后以及网络安全范围之外的终端，受到恶意软件攻击，需要一个有效的、多层次的安全体系来规范终端的安全行为，保证周边安全和端点安全，建议用户使用一套集成安全套装或集成安全解决方案。

为增加攻击者的攻击难度，建议采用"多品牌"的做法。

2）准入控制保护网络

在内网安全管理中，准入控制是所有终端管理功能实现的基础，采用准入控制技术能够主动监控桌面计算机的安全状态和管理状态，监控和阻止不合规的数据传输，将不安全的计算机隔离。准入控制技术与传统的网络安全技术如防火墙、防毒墙相结合，将被动防御变为主动防御，能够有效促进内网合规建设，减少网络安全事故。

目前的准入控制技术主要分为两大类：一类是基于网络的准入控制；另一类是基于主机的准入控制。基于网络的准入控制主要有 EAPOL（Extensible Authentication Protocol Over LAN）技术、EAPOU（Extensible Authentication Protocol Over UDP）技术；基于主机的准入控制主要有应用准入控制、客户端准入控制。

对于大型网络来说，采用基于网络的准入控制是个不错的选择。如果网络设备不支持网络准入，可以采用基于主机的准入控制，此处主机是指网络中除网络设备之外的计算机主机，包括服务器和计算机终端，基于主机的准入控制的最大特点是容易部署。

无论采取何种准入控制，都需要安全性好的密码和多元素登录认证来强化自身的安全。简单的密码可以在几分钟内被经验丰富的黑客破解，因此用户应使用由大写字母、小写字母、阿拉伯数字、特殊字符（加汉字更好）组合成的高难度密码，并且要定期更改密码。

3）终端安全登录

根据相关标准，采用"双因子认证登录管理"技术（如虹膜认证、指纹认证、U 盾认证、TF 卡认证、设备特征码、动态码等），确保用户能实现安全登录与账户管理，利用文件过滤驱动、虚拟磁盘等核心技术实现对计算机涉密文件的保护。

终端安全登录与文件保护系统的功能，如图 4-36 所示。

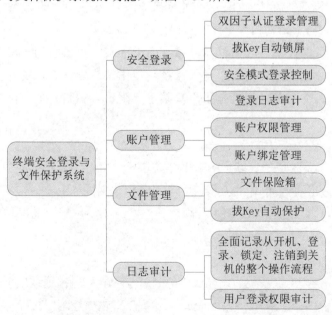

图 4-36　终端安全登录与文件保护系统的功能

4）防止数据泄露

事实上导致数据泄露的主要原因是：受信任的用户违反规定往计算机或其他便携式设备中复制信息，并将其带出，随后在超出网络安全范围的地方使用。

防止数据泄露最好的方法是限制用户对重要数据的访问，并运用内容过滤功能限制文件传输。如果不控制复制到终端设备的资料，那么终端安全策略就不完整，数据丢失、泄露只是迟早的事情。

防止数据泄露造成损害的基础是加密保护。这样即使数据落入坏人之手，他也不能轻易得到真实的数据，所以要为敏感的数据采取加密措施。但是不要以为对数据进行加密了，就可以肆无忌惮地违规操作、使用数据，因为不能低估攻击者的解密能力。

5）提高安全防范意识

终端安全面临的另一个挑战是终端使用者本身。防止恶意事件发生的最有效的方法是纠正用户的行为。安全策略应包括一个强有力的持续教育部分，用来教育终端用户，如何建立高强度密码、如何处理电子邮件附件，以及如何识别欺诈行为，如钓鱼式攻击和可疑的网络链接。安全策略还应明确哪些软件是网络内部计算机允许的，并且警告滥用内部计算资源的行为。此外，要对访问用户终端的健康状况进行安全检查，要监控其行为，若发现违规操作，要及时采取有效措施，及时止损。要管控好网络系统中的设备，要能及时断掉、拦截除合规终端连接之外的一切连接。要让每个网络用户都知道，所有的网络活动都将被记录和监测。

6）界限寄存器保护

硬件是计算机系统的基础。硬件防护一般是指在计算机硬件（CPU、存储器、外设等）上采取措施或通过增加硬件来防护，如计算机加锁、加专用的信息保护卡（如防病毒卡、防复制卡）、加插座式的数据变换硬件（如安装在并行接口或 USB 接口上的加密狗等），输入/输出通道控制，以及用界限寄存器对内存单元进行保护等措施。

界限寄存器提供保护的方法简单、可靠。由于界限寄存器对用户确定的存储区域并不为用户所知，因此非法用户即使可以进入系统，但由于界限寄存器的保护，他不知道要窃取信息的存放地点，并且他的活动范围也只限于界限寄存器规定的范围，这样就保护了信息的安全。

7）虚拟存储保护

虚拟存储是操作系统中的策略。当多用户共享资源时，为合理分配内存、外存空间，可设置一个比内存大得多的虚拟存储空间。用户程序和数据只在需要时，才通过动态地址翻译并调到内存（实存）中，供 CPU 调用，用后马上就退出。虚拟存储保护应用较多的是段页式保护。

8）输入/输出通道控制

输入/输出设备是计算机系统的重要组成部分。为使输入/输出通道安全，针对输入/输出特性，编写通道控制程序，控制输入/输出细节，并由输入/输出控制器执行，使输入/输出操作有更多的限制，从而保证通道安全。

9）禁用休眠

有些系统具有休眠功能，休眠是一个非常棒的功能，它可以将当前内存中的所有数据保存至硬盘文件中，之后可以断电，下次开机时系统会将这些数据恢复到内存，还原关机前的状态。但这个保存所有数据的文件存在安全隐患，一旦丢失，容易泄露数据，因此要禁用终端的休眠功能。

10）管理好系统虚拟内存区域的临时数据

由于程序在运行时会将执行代码和数据调入系统虚拟内存中，所以重要的应用运行结束后，在关闭应用或系统前，要重点对系统虚拟内存区域进行安全处理，主要是指对用作系统虚拟内存的硬盘区域的扇区数据进行彻底删除。

11）隔离浏览器

几乎所有成功的攻击都源自公共互联网，基于浏览器的攻击是用户被攻击的主要来源。信息安全架构师无法阻止攻击，但是他们可以将最终用户互联网浏览会话与用户端点和用户网络隔离开来，从而避免受到损害。通过隔离浏览功能，就可以让恶意软件远离最终用户的系统，从而大大减少用户受攻击的风险。（在浏览时要严格遵守计算机的操作规程，不要随意浏览、下载、安装程序。）

12）对终端可以采取的安全措施

对所有客户端设备使用主流的安全工具，即防病毒软件、间谍软件扫描器、Rootkit 检测工具及防火墙，并保持及时更新，可以考虑使用软件套装或使用一个更综合、更容易管理的保护系统。

为整个网络的计算机终端安装软件补丁，迅速和持续更新安全软件。对所有敏感信息（包括闲置的数据）加密。

确保所有用户都接受了足够的安全意识教育，定期开展关于怎样识别和避免可疑附件、链接和钓鱼欺诈行为的培训。通过了解不断变化的威胁，包括主要安全厂商和专业网站（如 IT 专家网）摘要，及时了解并掌控安全威胁。

要规范移动设备，如智能手机和 PDA 等的使用，对其实施安全保护，包括安装防病毒软件。用户终端从硬件、操作系统到应用软件，应首选国产的产品。对服务器和计算机终端上没用的器件、端口等，最好采取物理方法对其进行处理，如拆除无线网卡、蓝牙等器件，用固体胶封住不用的端口或加装封条等。

使用硬盘还原卡对用户终端进行防护，硬盘还原卡是用于计算机操作系统保护的一种 PCI 扩展卡。每一次开机时，硬盘还原卡总是让硬盘的部分或者全部分区恢复到先前的内容。换句话说，任何对硬盘保护分区的修改都是无效的，这样就起到了保护硬盘数据的作用，也防止了硬盘被植入木马病毒。这是一种比较古老的保护方法，目前大多采用虚拟技术来实现这一功能，比如影子系统、虚拟机快照等。

建立一个明确的管理制度，定义怎样的信息可存储在端点设备，如何存储。定期对终端用户重装操作系统，在必要的情况下，对其进行硬盘低级格式化。

网络终端正在经历前所未有的安全威胁，随着网络业务系统复杂度的增加，安全威胁也接踵而至，明确责任、立体保护的安全防御已成为企业解决信息安全问题的主流。当然，网络终端安全防护的根本，仍然是明确网络用户的基本需求，针对其需求，采取必要的防护措施。

4．对安全要求较高的终端采取的额外小措施

根据用户需求来决定是"开启"还是"禁止"终端的如下功能。

（1）联网终端的浏览器；

（2）终端系统的软件在线更新功能（可采用离线更新）；

（3）终端屏幕截图、录像功能；

（4）终端执行 cmd 命令功能；

（5）终端修改注册表功能；

（6）复制（Ctrl+C）和粘贴（Ctrl+V）功能；

（7）对独立终端要关闭远程网络唤醒功能（终端不用的时候，不但要关闭终端，还要切断终端的供电电源）；对需要网络监控的终端要开启远程网络唤醒功能。开启网络唤醒功能的方法如下：

①进行计算机的 BIOS 设置，单击 Advanced→Onboard Device Setting 选项，启用"Lan PXE（Preboot eXecution Environment）Boot ROM"功能。②进入设备管理器，单击网络适配器→网卡属性→高级选项，启用"关机唤醒"功能。③打开网络和共享中心，单击本地连接→属性→网络\配置→高级选项，启用"关机唤醒"功能。

（8）终端的打印功能；

（9）终端使用 U 盘功能；

（10）终端使用刻录设备的功能；

（11）终端安装软件的功能；

（12）终端修改 IP 地址的功能；

（13）终端安装插件的功能；

（14）终端操作进程的功能；

（15）终端删除软件的功能；

（16）终端的其他功能。

为了保证终端安全，上述这些功能可以长期被系统安全管理员禁止，也可以根据终端用户的需要，短时间对终端用户开放，终端用户使用完毕，再关闭。

此外，要对计算机的危险端口进行检查并采取有效措施，在不使用端口时，关闭相应端口。

4.3.14　堡垒机

由于来自内部网络的安全威胁日益增多，综合防护、内部威胁防护等越来越受到重视，各个层面的政策，纷纷对运维人员的操作行为审计提出明确要求。堡垒机作为系统运维和安全审计的核心设备，已成为网络信息系统安全的重要防线。

　　堡垒机也称堡垒主机，是指在一个特定的网络环境下，为了保障网络和数据不受来自外部和内部用户的入侵和破坏，而运用各种技术手段监控和记录运维人员、用户对网络内的服务器、网络设备、安全设备、数据库、应用系统等所做的所有操作行为，以便集中及时处理、报警及审计定责的设备。

　　堡垒机是系统运维和安全审计的主机系统，它对网络上所有的行为进行监督、控制、管理，自身通常经过了一定的安全加固，具有较高的安全性，可抵御一定的攻击，其作用主要是将需要保护的信息系统资源与安全威胁的来源进行隔离，从而在被保护的资源前面形成一个坚固的"堡垒"，并且在抵御威胁的同时又不影响普通用户对资源的正常访问。基于其应用场景，堡垒机可分为两种类型：网关型堡垒机和运维审计型堡垒机。

　　网关型堡垒机被部署在外部网络和内部网络之间，其本身不再直接向外部提供服务，而是作为进入内部网络的一个检查点，提供对内部网络特定资源的安全访问控制。这类堡垒机不具有路由功能，将内、外网在网络层隔离开来，除授权访问外，其还可以过滤掉一些针对内网的来自应用层以下的攻击，为内部网络资源提供了一道安全屏障。但由于此类堡垒机需要处理应用层的数据内容，性能消耗很大，所以随着网络进出口处流量越来越大，部署在网关位置的堡垒机逐渐成为网络通信性能的瓶颈，因此网关型堡垒机逐渐被日趋成熟的防火墙、统一威胁管理（Unified Threat Management，UTM）系统、入侵防御系统、网闸等安全产品所取代。

　　运维审计型堡垒机的原理与网关型堡垒机类似，但其部署位置和应用场景与网关型堡垒机不同，且更为复杂。运维审计型堡垒机被部署在内网中的服务器和网络设备等核心资源的前面，对运维人员的操作权限进行控制，对运维人员的操作行为进行审计；运维审计型堡垒机既解决了运维人员权限难以控制的问题，又可对违规操作行为进行控制和审计，而且由于运维操作本身不会产生大规模的流量，运维审计型堡垒机不会成为性能的瓶颈，所以运维审计型堡垒机作为运维操作审计的手段得到了快速发展。

1. 堡垒机的作用

　　堡垒机的作用主要是阻断网络和服务器设备对数据库的直接访问，对用户的网络行为进行安全审计，如图 4-37 所示。

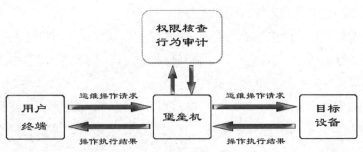

图 4-37　堡垒机的作用

2. 堡垒机的工作原理

堡垒机的工作原理，如图 4-38 所示。

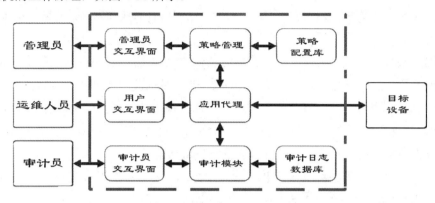

图 4-38　堡垒机的工作原理

在实际使用场景中，堡垒机的使用人员通常可分为管理员、运维人员、审计员三类。

管理员最重要的职责是根据相应的安全策略和运维人员应有的操作权限来配置堡垒机的安全策略。堡垒机管理员登录堡垒机后，在堡垒机内部，"策略管理"组件负责与管理员进行交互，并将管理员输入的安全策略存储到堡垒机内部的策略配置库中。

"应用代理"组件是堡垒机的核心组件，负责中转用户的操作，并与堡垒机内部其他组件进行交互。"应用代理"组件收到运维人员的操作请求后，调用"策略管理"组件对该操作行为进行核查，核查依据便是管理员已经配置好的策略配置库，如果此次操作不符合安全策略，"应用代理"组件将拒绝该操作行为的执行。

运维人员的操作行为通过"策略管理"组件的核查之后，"应用代理"组件则代替运维人员连接目标设备完成相应操作，并将操作返回结果返回给对应的运维人员；同时此次操作过程被提交给堡垒机内部的"审计模块"，然后此次操作过程被记录到审计日志数据库中。

最后，当需要调查运维人员的历史操作记录时，由审计员登录堡垒机进行查询，然后"审计模块"从审计日志数据库中读取相应日志记录，并展示在审计员交互界面上。

3. 堡垒机的主要功能

堡垒机的主要功能是核心系统运维和安全审计管控。

核心系统运维即类似于防火墙的功能，网络中所有的操作和访问将被堡垒机监控和过滤，对不合法的命令进行阻断，对目标设备的非法访问将被过滤，同时对所有的操作和访问行为进行记录，以备故障发生后的行为追溯、追责。

安全审计管控是指对内部人员的运维操作进行审计和权限控制，具体包括账号集中管理、单点登录控制、身份认证、行为监控、行为过滤、行为审计等功能。不过审计是事后行为，审计可以发现问题，但是无法防止问题发生，只有在事前严格控制，才能从源头真正解决问题。

网络中的任何人都只能通过堡垒机单点登录系统。堡垒机能集中管理和分配全部账号，更重要的是，堡垒机能对运维人员的运维操作进行严格审计和权限控制，确保运维的安全合规和运维人员的最小化权限管理。堡垒机能够保护网络设备及服务器资源的安全性，使得网络管理合理化和专业化。

4. 堡垒机与防火墙的区别

防火墙是内网与外网之间的门卫，而堡垒机是内部运维人员与内网之间的门卫。防火墙所起的作用是隔断，无论谁都过不去，但是堡垒机就不一样了，它的职能是检查和判断是否可以通过，只要符合条件就可以通过，因此堡垒机更加灵活一些。

堡垒机是一种被强化的可以防御进攻的计算机，是进入内部网络的一个检查点，可实现把整个网络的安全问题集中在某个主机上解决，不用考虑其他主机的安全的目的。堡垒主机是网络中最容易受到侵害的主机，所以堡垒主机必须是自身保护最完善的主机。

1）两者的性质不同

在一个特定的网络环境下，为了保障网络和数据不受外部和内部用户的入侵和破坏，堡垒机运用各种技术手段实时收集和监控网络环境中每一个组成部分的系统状态、安全事件、网络活动，以便及时报警、及时处理及审计定责。

防火墙是通过有机结合各类用于安全管理与筛选的软件和硬件设备，帮助计算机网络在其内、外网之间构建一道相对隔绝的保护屏障，以保护用户资料与信息安全性的一种技术。

2）两者的产生原因不同

堡垒机的产生原因：随着信息技术（Information Technology，IT）不断发展，网络规模和设备数量迅速扩大，日趋复杂的 IT 系统与不同背景的运维人员的行为给信息系统安全带来较大风险。

防火墙是在两个网络通信时执行的一种访问控制尺度，能最大限度阻止网络中的黑客访问用户的网络，是设置在不同网络或网络安全域之间的一系列部件的组合。

3）两者的应用不同

堡垒机用于单点登录的主机应用系统，中国电信、中国移动、中国联通三个运营商广泛采用堡垒机来完成单点登录的审计。此外，在银行、证券等金融机构也广泛采用堡垒机来完成对财务、会计操作的审计。

防火墙在内网中的位置是比较固定的，一般将其设置在服务器的入口处，通过对外部的访问者进行控制，达到保护内网的作用，而处于内网的用户，可以根据自己的需求明确权限规划，使用户可以访问规划内的路径。

总的来说，内网与外网之间可以通过防火墙来做一些网络的限制，内网内的计算机可以将堡垒机作为统一访问的入口，并提供运维审计与危险指令拦截等服务。

堡垒机的部署如图 4-39 所示。

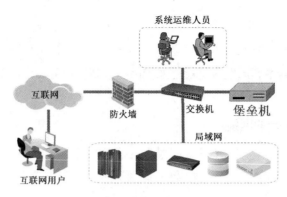

图 4-39　堡垒机的部署

5．选择堡垒机的原则

信息系统的管理者更关心如何选择一款好的运维审计堡垒机。一款好的运维审计堡垒机产品应实现对服务器、网络设备、安全设备等核心资产的运维管理账号的集中管理、集中认证和授权，通过单点登录实现对操作行为的精细化管理和审计，达到运维管理简单、方便、可靠的目的。

1）管理方便

堡垒机提供一套简单直观的账号管理、授权管理策略，管理员可快速方便地查找某个用户，查询、修改访问权限，同时用户能够方便地通过登录堡垒机对自己的基本信息（包括账号、口令等）进行管理。

2）可扩展性

当进行新系统建设或扩容，需要增加新的设备到堡垒机时，系统能方便地增加设备数量和设备种类，方便进行管理。

3）精细审计

针对传统网络安全审计产品无法通过加密协议进行审计的缺陷，系统应能实现对 RDP、VNC、SSH、SFTP、HTTPS 等协议的集中审计，提供对各种操作的精细授权管理和实时监控审计。

4）审计可查

堡垒机可实时监控和进行审计，记录所有运维人员的操作行为，并能根据需求，方便、快速地查找到用户的操作行为日志，以便溯源、追查、取证。

5）安全性

堡垒机自身需具备较高的安全性，必须有冗余、备份措施，如日志自动备份等。

6）部署方便

系统可采用物理旁路、逻辑串联的模式部署堡垒机，不需要改变网络拓扑结构，不需要在终端安装客户端软件，不改变管理员、运维人员的操作习惯，也不应影响正常的业务运行。

4.3.15　日志审计系统

日志审计系统是对网络系统中各种网络设备、安全设备、服务器和终端设备的操作系统和应用系统等推送或获取的日志进行记录、管理、分析、审计的系统。它可以对发生的异常日志、事件等进行预警和及时处置，为日常系统维护人员提供处理事件的依据，为发生安全事件后进行安全审计、核查、溯源提供依据。

审计日志记录网络系统和用户的所有行为和操作，以及网络系统产生的响应和用户操作行为产生的结果。日志审计系统能够实时采集网络系统中各种不同的安全设备、网络设备、主机、操作系统及各种应用系统产生的日志、事件、报警等信息，并将数据信息汇集到审计中心，进行集中存储、展现、查询和审计核查。

审计日志中要记录命令行的操作和 Web 图形操作界面的操作，要记录用户执行操作的时间、用户名、操作内容、用户 IP 地址和操作执行的结果等信息。

1．数据库审计

数据库是任何商业和公共安全中的战略性资产，通常都保存着用户的重要信息，这些信息需要被保护起来，以防止被竞争者和其他非法者获取。互联网的迅速发展，伴随着数据库信息价值及可访问性的提升，使得数据库面对的来自内部和外部的安全风险大大增加，如违规越权操作、恶意入侵导致机密信息泄露，但事后却无法有效追溯和审计，致使数据库信息资产面临严峻的挑战。

1）数据库的主要安全风险

（1）管理风险：主要表现为人员的职责、流程不完善，内部员工的日常操作不规范，第三方维护人员的操作监控失效，离职员工遗留的后门，等等，致使安全事件发生时，无法追溯并定位真实的操作者。

（2）技术风险：Oracle、SQL Server、分布式数据库及大型数据库等是庞大而复杂的系统，安全漏洞（如溢出、注入）层出不穷，每一次的关键性的补丁更新都疲于奔命，而用户出于稳定性考虑，往往将补丁的跟进延后。

（3）审计风险：现有的依赖于数据库日志文件的审计方法，存在诸多的弊端，比如数据库审计功能的开启会影响数据库本身的性能，数据库日志文件本身存在被篡改的风险，难于体现审计信息的有效性和公正性。此外，对于海量数据的挖掘和迅速定位也是任何审计系统必须面对和解决的核心问题之一。

打个比方，对于一个仓库，如果要防盗，常见的做法是在出入口装上监控设备，一旦有问题，调出监控视频，查找异常情况。对数据库来说也类似，数据库就是一个数据仓库，也有出入口，对所有出入口监控，记录下所有动作，一旦出了问题，查询历史动作，找到关键信息。如果仓库中的东西价值高，损失已经造成，追查监控也于事无补，所以往往请专业人士巡逻防盗，防止偷盗事件发生。同样数据库审计也有专业的手段，比如 SQL 阻断，在动作发生前，对动作进行行为分析，如果判断符合预先设置的高危动作，直接中止执行，防止对数据造成破坏。审计既能够实时记录网络上的数据库活动，又能够对数据库遭受的风险行为进行报警，对攻击行为进行阻断。为防止数据库日志被修改，要及时将实时日志传输给网络系统的日志审计系统进行保存。

2）数据库审计的主要内容

（1）多层业务关联审计。

通过应用层访问和数据库操作请求进行多层业务关联审计，实现访问者信息的完全追溯，包括：操作发生的 URL、客户端的 IP 地址、请求报文等信息，通过多层业务关联审计能更精确地定位事件发生前后所有层面的访问及操作请求，使管理人员对用户的行为一目了然，真正做到数据库操作行为可监控，违规操作可追溯。

（2）细粒度数据库审计。

通过对不同数据库的 SQL 语义分析，提取出 SQL 中相关的要素（用户、SQL 操作、表、字段、视图、索引、过程、函数等），实时监控来自各个层面的所有数据库活动，包括应用系统发起的数据库操作请求、来自数据库客户端的操作请求、远程登录服务器后的操作请求等，以及通过远程命令行执行的 SQL 命令，并对违规的操作进行阻断。系统不仅对数据库操作请求进行实时审计，还对数据库返回结果进行完整的还原和审计，同时可以根据返回结果设置审计规则。

（3）精准化行为回溯。

一旦发生安全事件，系统可提供基于数据库对象的完全自定义的审计查询及审计数据展现功能，彻底摆脱数据库的黑盒状态。

（4）全方位风险控制。

灵活的策略定制：根据登录用户、源 IP 地址、数据库对象（分为数据库用户、表、字段）、操作时间、SQL 操作命令、返回的记录数或受影响的行数、关联表数量、SQL 执行结果、SQL 执行时长、报文内容等的灵活组合来定义客户所关心的重要事件和风险事件。

多形式的实时报警：当检测到可疑操作或违反审计规则的操作时，系统可以通过监控中心报警、短信报警、邮件报警、Syslog 报警等方式通知数据库管理员。

（5）职权分离。

根据相关标准和规范，应对工作人员进行职责和系统设置权限划分。

（6）真实的操作过程回放。

对用户关心的操作可以回放整个相关过程，让审计员可以看到真实输入及屏幕显示内容。对于远程操作，能实现对精细操作内容的检索，如删除表、执行文件命令、数据搜索等。

3）数据库审计系统

数据库的审计需要数据库审计系统来完成。

（1）数据库审计系统的主要功能。

① 实时监测并智能地分析、还原各种数据库操作过程。

② 根据规则设定及时阻断违规操作，保护重要的数据库表和视图。

③ 实现对数据库系统漏洞、登录账号、登录工具和数据操作过程的跟踪，发现对数据库系统的异常使用。

④ 对登录用户、数据库表名、字段名及关键字等内容进行多种条件组合的规则设定，形成灵活的审计策略。

⑤ 提供记录、报警、中断等多种响应措施。

⑥ 具备强大的查询统计功能，可生成专业化的报表。

（2）数据库安全审计系统的主要特点。

① 采用旁路技术，不影响被审计的数据库的性能。

② 使用简单，不需要对被审计的数据库进行任何设置。

③ 适用面广，支持 SQL-92 标准，支持 Oracle、MS SQL Server、Sybase、Informix 等多类数据库。

④ 审计精细度高，能审计并还原 SQL 操作语句。

⑤ 其采用分布式监控与集中式管理的结构，易于扩展。

⑥ 具有完备"三权分立"的管理体系，适应对敏感内容审计的管理要求。

（3）数据库审计系统的用途。

① 用户行为发现审计。

A．具有关联应用层和数据库层的访问操作。

B．支持追溯到应用者的身份和行为。

② 多维度线索分析。

A．风险和危害线索分析：支持对高、中、低的风险等级、SQL 注入、黑名单语句、违反授权策略等 SQL 行为进行分析。

B．会话线索分析：支持根据时间、用户、IP 地址、应用程序和客户端等进行多角度分析。

C．详细语句线索分析：提供用户、IP 地址、客户端工具、访问时间、操作对象、SQL 操作类型、操作成功与否、访问时长、影响行数等多种检索条件。

③ 对异常操作、SQL 注入、黑名单等行为进行实时报警。

A．异常操作：支持通过 IP 地址、用户、数据库客户端工具、时间、敏感对象、返回行数、系统对象、高危操作等多种元素细粒度定义要求监控的风险访问行为，发现异常行为立即报警。

B．SQL 注入：提供系统性的 SQL 注入库，以及基于正则表达式或语法抽象的 SQL 注入描述，发现数据库异常行为立即报警。

C．黑名单：通过准确而抽象的方式，对系统中的特定访问 SQL 语句进行描述，当判定这些黑名单出现时能够迅速报警。

④ 针对各种异常行为提供精细化报表。

A．会话行为：提供登录失败报表、会话分析报表。

B．SQL 行为：提供新型 SQL 报表、SQL 语句执行历史报表、失败 SQL 报表。

C．风险行为：提供报警报表、通知报表、SQL 注入报表、批量数据访问行为报表。

D．政策性报表：提供萨班斯报表。

4）常见的数据库审计方式

（1）应用层审计。

在应用系统中直接审计，语句还没往数据库后台发送就先做审计，不影响数据库的性能，对底层用的是什么数据库也不关心，但对应用系统来说，压力比较大，并且应用系统需要解析语句，有一定复杂度。

（2）传输层审计。

通过抓包实现解析对上下层都没什么影响，但同样要解析语句，有一定复杂度，并且如果传输层是通过加密方式通信的，将无法解析。

（3）插件审计。

对于开源数据库，通常都通过提供插件的方式增加功能。审计可以将插件直接嵌在内核上，当然这会对数据库性能有一定影响，但同样因为直接嵌在内核上，很多一手信息能直接拿到，比如上面没办法回避的语法解析就不用做，还能直接拿到更多的运行状态信息，开发功能强大又灵活的审计系统。

（4）内核审计。

内核审计直接在内核上实现，所有功能都能实现，也能将性能影响降到最低，但是对后台稳定性会有影响，对开发人员要求高，不管是开源还是非开源数据库，都会非常慎重地考虑直接在内核上支持审计。

5）配置数据库审计

在默认情况下配置数据库审计功能是关闭的，因为开启审计功能对系统性能影响大，需要设置一些参数打开它，审计结果既可以放在文件中，也可以放入系统表中。

审计是再现真实记录的实际操作过程，但有些情况下，真实再现实际操作过程远远不够。对于应用系统，很多语句都是绑定参数运行的，直观审计到的就是一条条带问号的语句，不能看到实际动作，若要还原真实语句，需要联系上下语句分析，非常不便，这就要求审计有一定的语句还原拼接功能，把参数和内容放在一起展示。

审计用户应该是个特权用户，与账户用户、权限用户互相制约。审计用户应该独立出来，有账户用户不能修改的账号密码，专门用于审计相关操作，如开关审计、设置审计策略、查阅审计结果，账户用户和权限用户不能干涉这些操作，保证审计记录的真实性和完整性。审计用户账号应该掌握在客户最核心人手中，以对账户用户和权限用户活动形成制衡，从而保证数据的安全。

另外，有的客户可能希望不同用户看到的内容不一样，对敏感数据根据不同用户进行自动过滤，这需要更严密的处理逻辑来实现。比如，安全访问控制模型 Bell-La Padula（BLP）是著名的多级安全策略模型，它的安全特性是不可读取权限高的用户信息，它有自主访问控制和强制访问控制两种方式，该模型的关键在于权限标签，对主体、客体进行标识，每个主体、客体都有自己的标签，权限高的可访问修改权限低的内容，低权限的用户不能看到高权限用户的内容。

数据库审计系统可针对各种常用数据库进行访问审计，解析和审计的协议应能覆盖商业数据库（如 Oracle、SQL Server、Informix、DB2、Sybase 等）、行业数据库（如 Teradata、Cache 等）、开源数据库（如 MySQL、PostgreSQL 等）、国产数据库（如人大金仓、达梦、南大通用等）、NoSQL 数据库（如 MongoDB 等）及大型的分布式数据库。对这些数据库的不同的服务编码方式（如 UTF8、UTF16、GB2312、UTF32、UTF64 等）和各种访问客户端，系统应均能有效解析，能对用户访问数据库的操作进行全面审计。

2．安全设备审计

出于对网络系统的安全性考虑，一般网络系统都部署了一些安全防护设备。这些安全防护设备也记录了安全事件、安全威胁行为，因此需要把这些安全设备的日志实时地记录下来，并安全可靠地传输给网络系统的日志审计系统进行统一的管理，以便监督、监控安全设备的工作情况、运行情况，掌握整个网络系统的实时状况。

如果发生安全性事件，或进行定期安全性检查，可以对安全设备及时采取有效的安全措施，也可以对其日志进行审计。如果没有适当的入口，黑客是很难进入安全设备的，这样黑客在安全设备中留下的入侵痕迹就难以被清除，我们就可以发现黑客的蛛丝马迹。如果能及时地将安全设备的日志传输给日志审计系统，那么对网络信息系统的日志审计将更加有利。

3．系统审计

网络系统中的所有设备的操作系统和应用系统都会产生日志，为了保证网络系统的安全性，这些日志都需要进行日志审计。

日志审计系统应该对系统内的所有设备的事件进行收集，并写入日志。安全管理人员可以对日志进行可视化的实时分析、实时监视、实时统计，也可以对历史事件进行查询、分析和统计及关联分析，从而快速识别出需要注意的安全事件。

系统审计模块应该对所有的事件分析场景，以策略的方式进行分类展示，安全管理人员可以方便地自定义各种分析策略，并在各种分析策略之间快速切换，提高分析工作的效率。系统审计的审计功能包含实时监视、实时统计、历史统计、历史查询、历史关联、容错管理等。

（1）实时监视：通过定义不同的策略，来实时地监视网络系统内设备、应用的日志，并对其进行进一步分析。

（2）实时统计：通过定义不同的策略，以统计图的方式实时展示网络系统内的设备、应用的日志。

（3）历史统计：通过定义不同的策略，把存储在系统中的海量日志以统计图的方式展示。

（4）历史查询：可以直接查询系统中存储的海量日志，或者通过定义不同的策略来查询相应的日志。

（5）历史关联：是将指定时间的历史事件与引用规则进行匹配，并产生相应的历史关联报警。可以直接对系统中储存的海量日志，通过定义的规则进行历史数据的分析，并产生相应报警。

（6）容错管理：用于对由于某些原因未成功的操作进行查询、删除等操作，对其进行审计，可以发现某些非法的企图。在某些情况下，可以预防安全事件的发生。

日志审计如此重要，那么日志从何而来呢？这就需要由日志采集器来完成。日志采集器是系统中非常重要的组件。通过日志采集器，系统可以被动地接收设备发送的日志，也可以主动地去采集设备的日志。通过它可以采集到网络系统实时的运行状态数据，从而实现对网络系统的监视、管理、审计。

日志采集器应通过主动、被动结合的手段，实时不间断地采集用户网络中各种不同的安全设备、网络设备、主机、操作系统，以及各种应用系统产生的海量日志信息，并将这些信息汇集到审计中心，进行集中化存储、备份、审计、报警、响应，并出具丰富的报表报告，获悉全网的整体安全运行态势，实现全生命周期的日志管理。

特别注意，要控制审计用户的权限，使其不具有修改系统日志的能力。

4．日志审计报表

日志审计工作是一项非常重要的工作，当完成日志审计后，审计员需要对审计的结果进行汇总，出具一份完整的日志审计报告，下面介绍不同类型的日志审计报表。

（1）审计分析报表：此类报表含有大量对比数据，适用于运维人员对安全状态的分析与决策。

审计分析报表包括时间、事件发生次数分析、事件级别分析、事件类型分析、攻击者危险程度评估、事件影响系统分析、事件频发地址分析、本期频发事件分析、攻击类型评估，等等。

报表的文件格式可以是 HTML、PDF、Excel、Word 等支持的文件格式。

（2）基础统计报表：此类报表给出发生事件的基础统计数据，适用于运维人员对事件进行初步统计、分析。

基础统计报表包括事件基础统计、按引擎统计事件、按源 IP 地址统计事件、按目的 IP 地址统计事件、按级别统计事件、按名称统计事件、按受影响的系统统计事件、按受影响的设备统计事件、按处理状态统计事件、按威胁流行情况统计事件、按安全类型统计事件、事件处理情况分析、按时间统计流量、按 IP 地址统计流量、数据库信息统计，等等。

（3）高级统计报表：此类报表给出发生事件的多维度统计数据，适用于运维人员对事件进行详细统计、分析。

高级统计报表包括<引擎+事件名称>交叉统计、<引擎+事件级别>交叉统计、<引擎+源 IP 地址>交叉统计、<引擎+目的 IP 地址>交叉统计、<引擎+事件类型>交叉统计、<引擎+处理状态>交叉统计、<引擎+受影响的系统>交叉统计、<引擎+受影响的设备>交叉统计，等等。

（4）详细事件报表：此类报表给出发生事件的详细信息，适用于运维人员对具体事件进行查询、分析。

5．日志审计系统安全措施

日志审计系统含有系统非常重要的信息，加强日志审计系统的安全防护是非常必要的。为了提高整个网络系统和日志审计系统的安全性，日志审计系统要单独组网，使用单独的交换机。

日志审计系统的安全措施如下。

（1）满足国家法律法规、行业标准和规范要求，同时要满足用户的实际需求。

（2）要严格控制日志审计系统的登录行为。

（3）安全设备的日志，要通过安全设备的管理口推送给日志审计系统，即安全设备通过管理口连接到日志审计系统的子网络。

（4）日志审计系统要独立组网，与系统应用网络分离。为了使应用系统与日志审计系统的局域网隔离，可以先将应用系统的日志推送给 FTP 服务器，再通过单向摆渡设备将日志推送给日志审计系统的局域网，从而完成应用系统日志推送。

（5）实时做好对日志审计系统的监控、管理，对应用系统是非常有益处的。

（6）做好日志审计系统的日常安全防护，加强日常管理。要定期产生日志报表，查看、分析入侵检测日志，发现威胁应及时处理，并进行分析汇总。

（7）可在网络系统中增加"网络抓包审计系统"，同时配合终端监管的内部审计及业务系统自身的审计，实现网络传输流量、终端、服务器、操作系统、数据库系统、业务系统、应用软件、安全设备等不同层次的安全审计。

4.4 备选的网络安全防护技术

本节介绍在网络安全建设工作中，根据安全需求可选配的安全防护技术。

4.4.1 负载均衡技术

随着当今网络应用的迅猛增长，保护企业网内部安全的安全网关日渐成为限制网络通信带宽的瓶颈和单一故障点，并极大地制约了其在网络中的实际应用，因此需要提高安全网关的可用性和处理性能，这对硬件和软件平台都提出了更高的要求。

系统在使用一个或多个网络安全设备时，这些串接的网络安全设备是局域网（内网）与互联网（外网）连接的唯一通道，那么它也就成为内网访问外网的瓶颈。我们要扩展这个通道，防止断网，也就是说要保证网络系统的可靠连接、运行稳定，还应保证网络系统具有一定的带宽（提高网络访问的吞吐量）、连接速度。

1．双机热备模式

采用双机热备、负载均衡和互为主备工作模式能实现负载分担，增加集群的高可用性和高性能。两台安全网关可构成双机热备，单点故障能被有效地抑制，能实现高可用性，提高访问吞吐能力。

双机热备方案是一种能够保证网络具有高可靠性、高可用性的技术方案，其支持两台安全设备以主-备或主-主两种工作模式运行，可以满足不同的组网需要。

下面以防火墙为例来说明这个方案，其他网络安全设备与此类似。

1）主-备工作模式

正常情况下，主-备工作模式的业务仅由主防火墙承担，当主防火墙出现故障时，才会启动备用防火墙接替其工作，如图 4-40 所示。

主-备工作模式需要对一个备份组进行智能管理，该备份组由主防火墙和备用防火墙组成，不同防火墙在该备份组中拥有不同优先级，优先级最高的防火墙将成为主防火墙，智能控制器对这个备份组中的设备进行自动管理，实现自动切换。

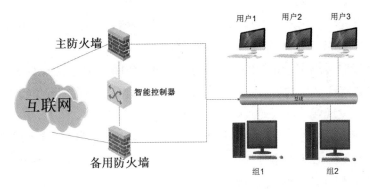

图 4-40　防火墙主-备工作模式部署

在主-备工作模式下,只有状态为"主"的防火墙设备转发流量,所有流量都被主设备转发,"备"设备不工作,但保持和"主"设备同样的配置,同时实时监测"主"设备的运行状态,一旦检测到"主"设备出现故障,比如掉电、设备死机等,"备"设备会自动接替"主"设备承担网络流量的转发工作,以保持网络的不中断运行,如图 4-41 所示。

图 4-41　防火墙主-备工作模式原理

虚拟路由器冗余协议(Virtual Router Redundancy Protocol,VRRP),请参见第 3 章 3.1.1 节内容。

2)主-主工作模式

在主-主工作模式下,两台防火墙设备同时转发流量,流量分配比例主要取决于防火墙上的相关配置,如浮动 IP 地址等。防火墙主-主工作模式原理如图 4-42 所示。

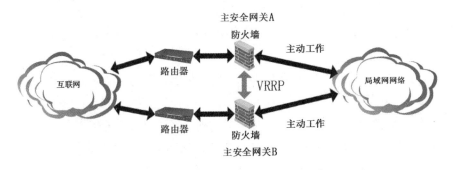

图 4-42　防火墙主-主工作模式原理

双机热备支持路由模式和透明模式部署，这取决于设备的性能。

双机热备示例拓扑图，如图 4-43 所示。

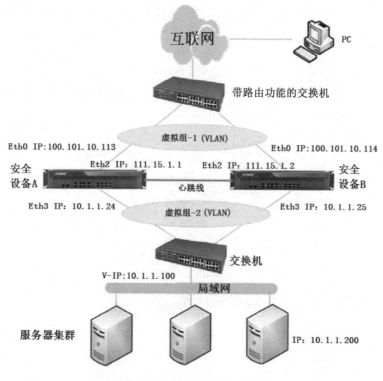

图 4-43　双机热备示例拓扑图

采用端口聚合也可以缓解/解决设备带宽瓶颈的问题。下面给出一个采用双链路的企业网络，如图 4-44 所示。

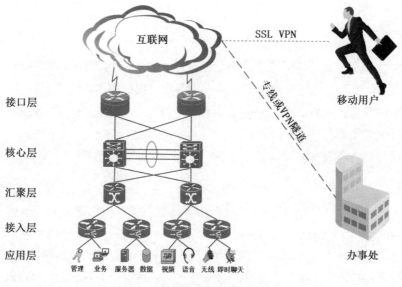

图 4-44　采用双链路的企业网络

由图 4-44 可见，本示例主要采用三种安全技术，一是主链路上采用双路设备均衡技术，能消除网络瓶颈；二是准入登录控制采用 SSL VPN 安全认证，能保证登录用户的合法性；三是在交换机上合理设置应用层 VLAN 安全区域和访问策略，能有效阻止内网渗透。

2．双机热备的工作过程

1）监控主机宕机

一般欲以双机热备模式工作的安全设备都具有双机热备管理系统，其界面如图 4-45 所示。

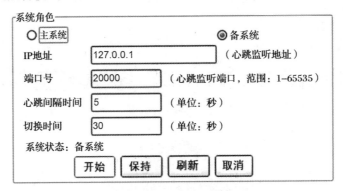

图 4-45　双机热备管理系统界面

系统角色有主系统和备系统；当主系统运行时备系统不工作；一旦备系统与主系统失去"心跳"联系，备系统开始工作；一旦主系统恢复心跳，则备系统停止工作，主系统继续执行工作任务。

2）监控主机外网连接状态

系统实时监控外部线路的工作状态，如果一条外部线路断线，系统即刻切换到另外一条外部线路。

4.4.2　欺骗防御技术

欺骗防御技术是指通过使用欺骗或者诱骗手段来挫败或阻止攻击者的认知过程，从而破坏攻击者的自动化工具，拖延攻击者的活动或检测出攻击的技术。

通过在网络安全设备后面使用欺骗防御技术，我们可以更好地检测出已经突破防御的攻击者，而且所检测到的攻击事件高度可信。

目前欺骗防御技术的实施可以覆盖网络中的多个层，包括端点、网络、应用和数据等。

1．蜜罐

蜜罐（Honeypot），也称哨兵，是一种应用于计算机领域的用来检测或抵御未经授权的操作或者攻击的陷阱，因其原理类似诱捕昆虫的蜜罐而得名。蜜罐是一个包含漏洞的诱骗系统。蜜罐是网络管理员经过周密布置而设下的"黑匣子"，看似漏洞百出却尽在掌握之中。它通过模拟一个或多个易受攻击的主机，给攻击者提供一个容易攻击的目标。简单点说，蜜罐就是诱捕攻击者的一个陷阱。蜜罐的构造，如图 4-46 所示。

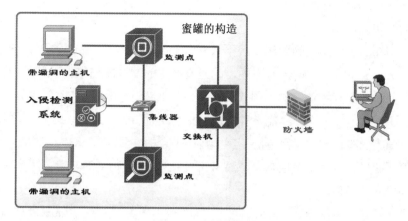

图 4-46　蜜罐的构造

　　在网络中为了进一步分析攻击行为，部署蜜罐主机，使攻击者掉入事先设计好的陷阱，然后收集攻击者的信息，捕捉攻击者的攻击行为，以便对攻击者进行分析、跟踪、反制。

　　1）部署蜜罐的原因

　　在网络世界中，充满着各种各样的攻击者，虽然我们可以用网络防火墙等在一定程度上防范他们的入侵，但是我们并不能真正地了解攻击者。想知晓攻击者在计算机中干了些什么，可以安装一个"间谍"程序来监视攻击者的一举一动，这个"间谍"程序就是网络安全界最常使用的蜜罐。利用蜜罐，我们就可以更加深入地了解攻击者入侵时真实的一面，针对攻击者采取的攻击手段，我们就能更有针对性地采取有效的防御措施。

　　2）蜜罐的类型

　　在许多大型网络中，一般都设有专门的蜜罐。

　　（1）按功能划分。

　　蜜罐一般按功能分为以下四类：一是只发现攻击者而不对其采取报复行动；二是发现攻击者同时采取报复行动，对其进行追踪、反制；三是发现攻击者直接进行防御，即通过在防火墙中将攻击者的 IP 地址加入黑名单来立即拒绝攻击者继续进行不友好的访问；四是蜜罐能够对攻击者实现全链路欺骗防御：感知、诱捕、分析、溯源、反制、防御。

　　（2）按形态划分。

　　① 实系统蜜罐。

　　实系统蜜罐是最真实的蜜罐，它运行着真实的系统，并且带着真实的可入侵的漏洞，属于最危险的漏洞，但是它记录下的入侵信息往往是最真实的。这种蜜罐安装的系统一般都是最初的系统，没有任何系统补丁，或者打了低版本系统补丁，根据管理员需要，也可能补上一些漏洞，只留值得研究的漏洞即可。然后把蜜罐连接到网络上，根据目前的网络扫描频繁度来看，这样的蜜罐很快就能吸引到目标并被攻击，系统运行着的记录程序会记下攻击者的一举一动，但它也是最危险的，因为攻击者每一个入侵动作都会引起系统真实的反应，例如被溢出、渗透、夺取权限，等等。

　　② 伪系统蜜罐。

　　伪系统不要误解成"假的系统"，它也是建立在真实系统基础上的，但是它最大的特点就是平台与漏洞的非对称性。

大家应该都知道，世界上的操作系统不只有 Windows 一家，在这个领域，还有 Linux、UNIX、OS2、BeOS 等，它们的核心不同，因此会产生的漏洞缺陷也就不尽相同。简单地说，就是很少有能同时攻击几种系统的漏洞代码，也许用 lsass 溢出漏洞能拿到 Windows 的权限，但是用同样的手法去溢出 Linux 只能是徒劳的。根据这种特性，就产生了"伪系统蜜罐"，它利用一些工具强大的模仿能力，伪造出不属于自己平台的"漏洞"，入侵这样的"漏洞"，只能是在一个程序框架里打转，即使成功"渗透"，也仍然是程序制造的梦境，因为系统本来就没有让这种漏洞成立的条件。

实现一个伪系统并不困难，Windows 平台下的一些虚拟机程序、Linux 自身的脚本功能加上第三方工具就能轻松实现，甚至在 Linux/UNIX 下还能实时由管理员产生一些根本不存在的"漏洞"，让攻击者自以为得逞地在里面瞎忙。伪系统蜜罐实现跟踪记录也很容易，只要在后台开着相应的记录程序即可。

伪系统蜜罐的好处在于它能最大限度防止被入侵者破坏，也能模拟不存在的漏洞，甚至可以让一些 Windows 蠕虫病毒攻击 Linux，只要模拟出符合条件的 Windows 特征即可。但是它也存在缺点，一个聪明的入侵者只要经过几个回合就会识破伪装。

3）两个典型的蜜罐工具

虚拟防攻系统蜜罐：是一种故意留有缺陷的虚拟系统，是易受攻击的服务器程序，用来对攻击者进行欺骗，吸引攻击者进入陷阱。

Honeynet Project：是一个包含安全缺陷的网络系统，是一个很有学习价值的工具。当它受到安全威胁时，入侵信息就会被捕获并被分析，它能使管理员了解攻击者入侵的方式，观察入侵系统的攻击者，研究攻击者的战术、动机及行为。

公开的工具用于教学是很好的，对于高级防御来讲，还是自己研发的比较靠谱。

4）蜜罐的用途和作用

（1）蜜罐是一个安全资源。

蜜罐的价值在于被探测、攻击和损害，从而收集有价值的安全技术资源。一个合格的蜜罐应拥有发现攻击、产生警告、记录、欺骗、溯源、协助调查、取证等功能。

在具有蜜罐的网络系统中，一个操作系统与外界接触的一切行为都会被设计完善的蜜罐系统所保护、隔离，攻击者最先接触到的就是蜜罐系统，当攻击者被蜜罐系统发现后，蜜罐系统就会立即向操作系统发出警告，此时管理员就可以立即发现并锁定攻击者。

（2）蜜罐是一个情报收集系统。

蜜罐是故意让人攻击的目标，引诱攻击者前来攻击，所以当攻击者入侵后，我们就可以知道他是如何得逞的。通过蜜罐，我们能随时了解针对服务器发动的最新的攻击和漏洞，还可以通过窃听攻击者之间的联系，收集攻击者所使用的各种工具。

蜜罐本质上是一种对攻击者进行欺骗的技术，通过布置一些作为诱饵的主机、网络服务或者信息，诱使攻击者对它们实施攻击，从而可以对攻击行为进行捕获和分析，了解攻击者所使用的工具与方法，推测攻击意图和动机，能够让防御者清晰地了解他们所面对的安全威胁，并通过技术和管理手段来提高系统的安全防御能力。

蜜罐其实就是一个"陷阱"程序，这个陷阱就是针对攻击者而特意设计出来的一些伪造的系统漏洞。这些伪造的系统漏洞，在引诱攻击者扫描或攻击时，就会激活能够触发报警事件的软件。这样，管理员就可以立即知晓有攻击者侵入了。也就是说通过设置蜜罐程序，一旦操作系统中出现入侵事件，系统就可以很快发出报警。当管理员发现一个普通的客户端/服务器模式的网站服务器已经牺牲成为肉鸡的时候，管理员要迅速修复服务器。既然攻击者已经确信自己把该服务器做成了"肉鸡"，他下次必然还会来查看战果，管理员应事先设置一个蜜罐模拟出已经被入侵的状态，来引诱攻击者。同样，一些管理员为了查找攻击者，也会故意设置一些有不明显漏洞的蜜罐，让攻击者在不起疑心的情况下乖乖被记录下一切行动证据，通过与网络运营商的配合，可以揪出 IP 地址源头的那双黑手，将其绳之以法，因此也有人把蜜罐称为"监狱机"。

（3）迷惑攻击者。

蜜罐可拖延攻击者对真正目标的攻击，让攻击者在蜜罐上浪费时间。使用蜜罐，主要是为了套住攻击者，以便网络安保系统和人员能够将之锁定。

一般的客户端/服务器模式里，浏览者是直接与网站服务器连接的，换句话说，整个网站服务器都暴露在攻击者面前。如果服务器安全措施不够，那么整个网站数据都有可能被攻击者轻易毁灭。但是如果在客户端/服务器模式里嵌入蜜罐，让蜜罐扮演服务器的角色，真正的网站服务器作为一个内部网络，在蜜罐上做网络端口映射，这样就可以把网站的安全系数提高，攻击者即使渗透了位于外部的蜜罐，也得不到任何有价值的资料，因为他入侵的是蜜罐。虽然攻击者可以在蜜罐的基础上跳进内部网络，但那要比直接攻击下一台外部服务器复杂得多，许多水平不足的攻击者只能望而却步。蜜罐也许会被破坏，可是不要忘记，蜜罐本来就是被破坏的角色。这种用途的蜜罐不能再设计得漏洞百出了，蜜罐既然成为内部服务器的保护层，就必须要求它自身足够坚固，否则，整个网站都要拱手送人了。

（4）抵御攻击者。

入侵与防范一直是矛盾的两个方面，而在其间插入一个蜜罐环节将会使防范变得更加有趣，这台蜜罐被设置得与内部网络服务器一样，当一个攻击者费尽力气入侵了这台蜜罐的时候，管理员已经收集到足够的攻击数据来加固真实的服务器。

采用这个策略去布置蜜罐，能够增强系统的防御能力，但是这需要管理员配合监视，及时采取加固措施。

（5）增强防御能力。

蜜罐是一台存在多种漏洞的计算机，且管理员清楚它身上有多少个漏洞，也有可能存在管理员未发现的漏洞，这就像狙击手为了试探敌方狙击手的实力而用枪支撑起的钢盔一样，蜜罐被入侵而记录下攻击者的一举一动，是为了让管理员更好地了解攻击者都掌握哪些漏洞、喜欢往哪个漏洞里钻、如何钻，日后才能更好地防御。

因为防火墙必须在基于已知危险的规则体系上进行防御，如果攻击者发动新形式的攻击，防火墙没有相对应的规则去处理，这个防火墙就形同虚设了，防火墙保护的系统也会遭到破坏，所以技术人员需要蜜罐来记录攻击者的行动和入侵技术手段的数据，必要时给防火墙添加新规则或者手工防御。

5）设置蜜罐的方法

设置蜜罐并不难，只要在外部互联网上有一台计算机运行没有打上补丁的操作系统即可，如用 Windows 或者 Red Hat Linux 等，再在计算机和互联网之间安装一套网络监控系统，就可记录下进出计算机的所有行为，一个蜜罐就设置完成了，下一步就等待攻击者自投罗网了。

6）使用虚拟蜜网——虚拟蜜罐网络

虚拟蜜网是指在真实主机上运行虚拟软件，如使用 VMware 或 User-Mode Linux 等虚拟软件可以使用户在单一主机系统上运行几台虚拟计算机，通常是 4～10 台，这些虚拟的计算机就可以组成计算机网络，也就是虚拟蜜罐网络（简称虚拟蜜网）。虚拟蜜网可大大降低成本、机器占用空间及管理蜜罐的难度。此外，虚拟系统通常支持"挂起"和"恢复"功能，这样就可以冻结、保存安全被危及的虚拟系统状态，留待日后仔细分析、研究。

7）使用蜜罐要慎重

既然使用蜜罐有那么多好处，那么大家都在自己家里做个蜜罐，岂不是能最大限度防范攻击者？有这个想法的用户请就此打住。蜜罐虽然在一定程度上能帮管理员分析解决问题，但它并不是防火墙，而是入侵记录系统。蜜罐被狡猾的攻击者反利用来攻击别人的例子屡见不鲜，只要管理员在某个蜜罐上出现错误，蜜罐就成了打狗的"肉包子"。蜜罐看似简单，实际上却很复杂。虽然蜜罐要做好随时牺牲的准备，可是如果它到最后都没能记录到入侵数据，那么这台蜜罐根本就是等着挨宰的"肉鸡"了。

蜜罐最吸引人的地方就是它自身需要提供让攻击者乐意停留的漏洞，又要确保后台正常记录并能隐蔽地运行，而且管理员还要具备处理复杂网络攻击问题的能力，这些都需要专业技术。

2. 虚拟网络系统

虚拟网络系统是采用虚拟技术虚拟出的一个网络系统，将真实的网络主机融入其中，能实现真实的网络功能。对渗透入网络的攻击者来讲，它就是一个庞大的网络系统，使攻击者无法分辨哪个是真实的主机，哪个是虚拟的主机，所以虚拟网络系统也是一个制造迷惑的系统。由于虚拟网络系统能有效地防御 APT 攻击，也可形象地称之为 APT 主动防御系统。

虚拟网络系统是基于软件定义网络（Software Defined Network，SDN）技术的基本架构来设计的，其采用动态网络技术，让接入主机之间通过动态的虚拟 IP 地址进行通信；虚拟网络系统能虚拟出一个庞大的网络系统，从而能有效地阻止对网络的探测和渗透。

虚拟网络系统主要分为控制层和数据层。在控制层添加相应 IP 地址，根据数据层转发操作的数据包建立流表，完成对网络流量的控制；数据层则根据控制层生成的流表项对数据包进行操作，包括修改域、丢弃、转发至端口、转发至控制层等。

为保证虚拟网络之间必要的数据通信，动态网络技术引入 DHCP 服务和 DNS 服务。在 DHCP 服务为接入主机分配主机 IP 地址（或称为真实 IP 地址）的同时，为接入主机维护其真实 IP 地址、虚拟 IP 地址、外网 IP 地址及用于网络通信的虚拟域名之间的对应关系；接入主机之间则利用上述域名通过 DNS 服务进行必要的通信。

为了保证虚拟网络系统动态变换的特性，上述所有主机的属性均需要进行动态变换，以增加网络的探测难度：其中真实 IP 地址通过 DHCP 服务的租期续约机制完成变换，虚拟 IP 地址和域名则通过额外的动态变换模块实现变换。

另外，虚拟网络系统具有虚拟响应功能，在主机所在网段和动态网络（动态 IP 地址）虚拟响应接入主机的 ICMP 请求和端口请求，并记录日志，使得接入主机能看到动态的虚拟拓扑，且使管理员对网络中渗透情况进行审计。同时为了进一步分析攻击行为，也可以在其中部署蜜罐主机（哨兵）用以捕捉攻击者的进一步攻击行为。

控制主机能实时展示接入虚拟网络系统的所有交换机的基本信息，包括其物理接口、真实 IP 地址、虚拟 IP 地址、外网 IP 地址、虚拟域名、MAC 地址及虚拟的网关 MAC 地址。

总结一下：

（1）为什么要使用虚拟网络系统？

因为真实的主机能隐藏在虚拟的、庞大的网络系统中；虚拟网络系统能有效地阻止攻击者的攻击，使攻击者很难找到或探测到真实的网络主机。

（2）虚拟网络系统的功能。

虚拟网络系统能虚拟出庞大的网络系统，且能实现实体机的有效通信。

（3）虚拟网络系统的作用。

① 攻击者很难探测到真实的网络，如网络结构、真实的主机，等等。

② 能收集攻击者的信息，了解攻击者的攻击手段，制定有效的防御策略。

（4）设置虚拟网络系统是实现虚拟网络系统功能的重要过程。

4.4.3　端点检测与响应系统

1. 使用端点检测与响应系统的必要性

端点就是指终端、网关和微控制单元。端点可以发起呼叫，也可以接受呼叫，媒体信息流就在端点生成或终结。在计算机网络中，通过 IP 地址来定位主机，通过端口号来识别通信端点，那么对端点进行检测和响应的系统就是端点检测与响应系统（Endpoint Detection and Response System，EDRS）。

端点检测与响应（EDR）解决方案就是通过监控端点的异常行为、恶意活动迹象，以及加强传统的端点预防性控制措施，来对端点进行全面防护的方案。

如今人们都逐渐意识到，要想把攻击者完全拦截在网络环境之外，不像部署防火墙和防病毒软件那么简单，现在大多数攻击者都能够利用定制的恶意软件绕过传统的防病毒解决方案，所以我们需要采取更为主动、强大的方法来保护端点，这种方法应该兼备实时监控、检测、高级威胁分析及响应等多种功能，因此采取主动防御的方式保护端点安全越来越有必要。

另外，端点检测与响应系统也可以作为网站 Web 应用的一种防护系统。针对 Web 网站应用，如果我们采用"防火墙+入侵检测系统（IDS）+网络版杀毒软件"来进行防护，那么这三种防护措施哪个能防范 SQL 注入、XSS、文件上传等攻击呢？

传统的网络防火墙对应用层攻击就形同虚设；而入侵检测系统本身就不具备拦截功能；多数网站也就几台服务器，但可能有多种操作系统，那么有几个用户会购买适用多种操作系统的网络版杀毒软件呢，因此选择端点检测与响应系统是一种较好的解决方案，因为端点检测与响应系统能较好地解决如下问题。

（1）能解决防火墙不能防范应用层攻击的问题；

（2）能化解入侵检测系统不能阻断的尴尬；

（3）能弥补杀毒软件不擅长系统加固、防范恶意代码的不足。

部署端点检测与响应系统后，会有专业技术人员提供服务，安全管理员可以高枕无忧，何乐而不为。

2．端点检测与响应系统的功能

1）端点检测与响应系统的强大功能

端点检测与响应系统能够提高用户对终端设备的监控能力，包括对攻击者的活动及用户行为的监控。

（1）对端点的检测更为深入，即具有深度检测与响应能力；

（2）对端点检测的不间断性，即具有持续检测、威胁捕捉、修复能力；

（3）使系统实时可视化程度不断提高，即能发现高级攻击行为，实时观测该攻击行为对用户造成的影响。

端点检测与响应系统的特点，如图 4-47 所示。

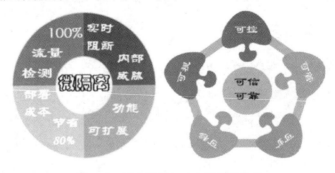

图 4-47　端点检测与响应系统的特点

2）端点检测与响应系统的成熟解决方案

端点检测与响应系统成熟的解决方案包括性能监控、病毒查杀和进程防护等功能，具体的成熟解决方案如图 4-48 所示。

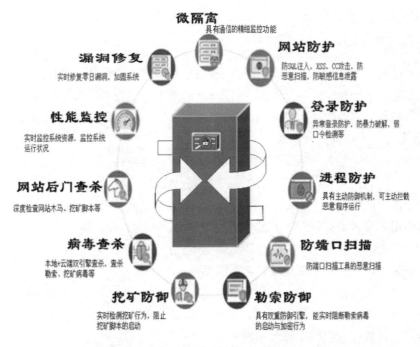

图 4-48　端点检测与响应系统的成熟解决方案

（1）微隔离：具有通信的精细监控功能。

在内外网之间的流量，称为南北向流量；内部主机之间的流量，称为东西向流量；内部主机跟外部网络或内部主机之间通信的精细监控，称为微隔离。

（2）网站防护：防 SQL 注入、XSS、CC 攻击，防恶意扫描，防敏感信息泄露。

（3）登录防护：异常登录防护，防暴力破解，弱口令检测等。

（4）进程防护：具有主动防御机制，可主动拦截恶意程序运行。

（5）防端口扫描：防端口扫描工具的恶意扫描。

（6）勒索防御：具有双重防御引擎，能实时阻断勒索病毒的启动与加密行为。

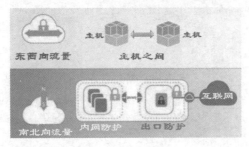

图 4-49　微隔离

（7）挖矿防御：能实时检测挖矿行为，阻止挖矿脚本的启动。

（8）病毒查杀：本地+云端双引擎查杀，能查杀勒索、挖矿病毒等。

（9）网站后门查杀：能深度检查网站木马病毒、挖矿脚本等。

（10）性能监控：能实时监控系统资源，监控系统运行状况。

（11）漏洞修复：能实时修复零日漏洞，加固系统。

3．要做好准备工作

虽然端点检测与响应系统能对 2～7 层的威胁进行检测，发现并阻断东西向流量的安全威胁，阻止网络攻击在系统内的横向渗透，还能阻止网络系统内的主机与外部网络的非法连接。但是，在使用端点检测与响应系统之前，要做好准备工作，否则会带来很多麻烦。

1）建立易受攻击的端点检查表

在决定使用端点检测与响应系统之前，首先应该确定自己系统的"易感"水平，明确网络的各个端点是否容易受到攻击，即是否容易受到端点攻击，危险性有多大。

具体检查内容如下。

（1）最终用户是否拥有管理员无法监测到的移动设备或其他高风险设备？

（2）用户是否在管理员的网络之外连接笔记本式计算机和移动设备？

（3）用户是否可以自由选择想要访问的网站？

（4）用户或员工是否与其他人，如家庭成员和客户，共享他们的联网系统？

（5）所处行业是否属于高风险领域，如关键基础设施行业、政府和政务相关行业、医疗业、金融业或为这些行业提供支撑的相关领域？

2）根据经验明确可能遭遇的威胁

要充分认识你所在的网络可能被攻击的网络攻击类型，这至关重要，我们可以尝试问自己如下这些问题。

（1）是否经常遇到攻击事件？如果是，攻击是持续性的吗？

（2）攻击痕迹是否难以彻底清除？

（3）是否已经遭遇过数据泄露事件？如果是，严重性如何？攻击者窃取了什么资料？

（4）发生攻击事件以后，你是否能够收集与攻击或泄露事件相关的记录和信息？

3）采用端点检测与响应系统的难点

列出系统检查表并进入系统评估环节后，你可能会发现：利用各种可用的端点防护技术非常复杂，将其与已有安全产品整合的成本十分高，并且有可能出现难以管理的局面，所以新技术的整合成了大难题。

4）要有专业的技术人才做保障

如今只购买最新最好的技术已经远远不够，用户还需要有专业的人才对他们所拥有的技术进行有效管理，确保其正常运行，实现价值的最大化。但是想要自己管理端点检测与响应系统非常困难，归根结底是缺乏专业的技术人才。为了解决这个问题，很多信息安全用户正在抓紧培养专业的技术人才或与安全服务提供商合作。

在进行信息安全合作时，要保证合作的对象是安全、可靠的。

5）要保证系统发挥最大的效能

用户应与可靠的安全服务提供商合作，争取利益最大化，获得最有价值的资源，利用端点检测与响应系统主动查找用户环境中的威胁攻击事件，可获得功能管理服务与关键的威胁情报信息资源，为解决网络中的安全问题提供有力支撑。

4．部署系统要注意的问题

端点检测和响应系统不断发展，以满足用户对更高效的端点保护的需求和检测潜在漏洞的迫切需要，并做出更快速的反应。端点检测和响应系统通常会记录大量端点和网络事件，并把这些信息保存在端点本地，或者保存在中央数据库中，然后使用已知的威胁事件、行为分析和机器学习技术的数据库来持续搜索数据，其目的是在早期检测出漏洞（包括内部威胁），并对这些攻击做出快速响应。

端点检测和响应系统还有一个功能，就是"威胁追踪"，即通过分析大量数据，可以发现威胁行为或新型攻击的迹象，而不是依赖已知的威胁特征，它是威胁情报和大数据分析相结合的产物。威胁追踪是全面的端点检测和响应系统解决方案的重要组成部分。

1）明确要解决的问题

部署端点检测和响应系统的第一步就是确定用户想解决的问题。网络信息安全主管的任务是为安全操作中心（Security Operations Center，SOC）配置适当的工具来解决问题，要牢记安全不仅仅是工具的问题，还是人的问题。迟早会有人因为错误配置系统，使用户遭受新型或高级持续性威胁（APT）入侵，即使是最好的网络可视化工具也不能完全阻止一个动机明确且训练有素的攻击者。

端点检测和响应系统有助于发现和识别网络威胁，但是它们不是灵丹妙药，即使使用了端点检测和响应系统，仍需要投入很多的人力，以及制定一个全面的事件响应方案使端点检测和响应系统发挥真正的作用。

2）数据回溯

端点检测和响应系统需要数据回溯，一个端点检测和响应系统除了需要提供实时的数据，还要提供历史数据才有效，应提供至少 30 天的实时数据来满足分析要求。如果能提供 90 天到一年或更长时间的历史数据用于调查、分析、回溯最好。

3）工具集成

端点检测和响应系统需要与威胁情报平台和其他现有工具集成。由于端点检测和响应系统工具旨在协助发现和识别网络威胁，实现威胁追踪，所以其与威胁情报源或平台集成是非常重要的，这样有助于快速分析威胁。

安全操作中心通常有很多工具，因此端点检测和响应系统需要与现有工具集成，而且了解端点检测和响应系统集成了哪些工具也是非常重要的。

4）需要技术支持

端点检测和响应系统需要技术支持。运行端点检测和响应系统，需要参加培训并与安全服务提供商的工程师合作，才能使其更好地运行，因此需要花费许多时间和大量的资源来实现可视化运行、学习破译结果以及在必要时进行故障排除。

建议用户在部署前仔细考虑如下问题：我们需要做什么？分析师需要做什么？谁将对警报做出响应？端点检测和响应系统需要哪些人员、流程和工具？等等。

5）要保证端点正常工作

端点检测和响应系统不应影响端点正常工作，要避免在代理部署或威胁调查期间中断端点，所以建议端点检测和响应系统使用内核级代理的解决方案。

6）系统的适用性

在选择端点检测和响应系统时，必须确保所有端点覆盖服务器操作系统的所有类型，端点检测和响应系统能够对环境可视化。

由于网络安全性的要求，采用国产操作系统和应用软件越来越普遍，因此在选择、制定端点检测和响应系统解决方案时，在可能的情况下要考虑支持国产操作系统和应用软件的解决方案。

7）系统的可扩展性

在部署端点检测和响应系统之前，要了解好该产品的部署涉及的端点、代理数量的限制等，该系统应具有可扩展性，以满足不断增长的业务需要。

8）系统的可用性

可用性是任何安全解决方案的重要元素，一个包含工作流程模板或能方便地集成到其他系统的解决方案是非常受欢迎的。不易操作的解决方案会使用户感到困惑，继而选择放弃。

9）系统应支持"多租户"技术

多租户就是指在同一套程序下实现多用户数据的隔离。目前基于云的解决方案经常使用"多租户（Multitenancy）"技术来保持多用户数据的隔离。通过"多租户"技术，客户可以分离自己的基础设施，以实现更好的组织、控制，但是这必须提前确定，因为改造"多租户"技术是非常困难的。

10）系统的成本预算

用户安全管理平台（安全操作中心）的成本一般很高，一些用户只关注了平台，而忽略了端点检测和响应系统，并且一个管理服务可以为客户提供端点检测和响应系统功能，使用户忽略了对端点检测和响应系统的需求。这些服务可能会在 12 个月、24 个月或 36 个月的服务合同中，我们需要关注端点检测和响应系统的后期运营成本，因为我们需要端点检测和响应系统长期提供服务。

最后要强调一点，在选择端点检测和响应系统解决方案时，要坚持国产化，掌握核心技术，这样才能有效地保证网络的安全性。

4.4.4 智能安全防御系统

智能安全防御系统，也称安全防护中心，是针对未知病毒及其他有害程序的实时防护系统。它的工作原理是动态跟踪、分析程序的行为，并判定危险级别，当达到一定威胁级别时，便阻止其运行并发出警告，第一时间保障计算机的安全。智能安全防御系统是一个实时防护引擎，它只对已经运行的程序进行检测，而且绝大多数情况下会在病毒及其他有害程序破坏前将其终止。由于其具有对未知病毒及其他有害程序的防护能力，因此可以让安装此系统的用户更具安全感。

智能安全防御系统在理想情况下能探测出目前绝大多数未知的和已知的病毒及其他有害的程序，是计算机不可或缺的安全工具。智能安全防御系统有主动防御和被动防御两种方式。

主动防御是与被动防御相对应的概念，就是在入侵行为对信息系统产生影响之前，能够及时精准地预警，实时构建有效的防御体系，避免、转移、降低信息系统面临的风险。传统的信息安全，受限于技术发展，都采用被动防御方式。随着大数据分析技术、云计算、软件定义网络（SDN）技术、安全情报收集技术的发展，信息安全检测技术对安全态势的分析越来越准确，对安全事件预警越来越及时、精准，因此安全防御逐渐由被动防御向主动防御转变。

1. 智能安全防御系统的防护体系

智能安全防御系统有四大防护体系，如图 4-50 所示。

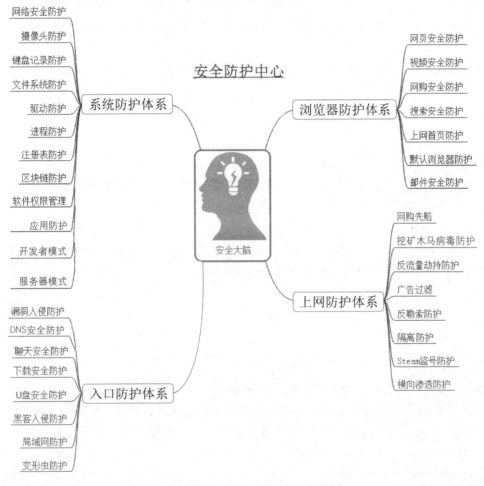

图 4-50　智能安全防御系统的防护体系

1）系统防护体系

系统防护体系具有如下防护功能。

网络安全防护：防御黑客和木马病毒攻击，能对网络行为进行监控，能分析并拦截下载器自动下载木马病毒、恶意推广程序，能防止黑客远程控制本机等。

摄像头防护：具有摄像头开启提醒、视频防打扰功能。

键盘记录防护：防止键盘记录被读取。

文件系统防护：防止文件被篡改及加密等危险行为，监控对文件的任何方式的访问，监控文件的写入，确保病毒无法入侵文件系统。

驱动防护：防止私自安装驱动，可恢复被驱动防护拦截的进程、服务及驱动项。

进程防护：防止进程信息被监控及读取。

注册表防护：防止注册表被恶意篡改。

区块链防护：防止黑客及木马病毒攻击区块链服务。

软件权限管理：要加强系统管理，严格限制敏感权限。

应用防护：当安装软件时，可净化掉不需要的软件，以便保持计算机健康、干净。

开发者模式：将编辑输出的路径加入信任列表，能减少弹窗提示，提高开发效率。开发结束后，及时清理信任列表项。

服务器模式：将数据库的进程路径加入信任列表，能提高服务器的性能，但存在安全风险，请谨慎使用。

主动防御服务：利用文件审计技术与文件关联，来查杀木马病毒。

2）浏览器防护体系

浏览器防护体系具有如下防护功能。

网页安全防护：能自动对危险网站进行查杀拦截，如对挂马网站进行拦截。

视频安全防护：能隔离视频网站危险控件，以免给系统带来危害。

网购安全防护：能扫描网购环境，保障网购安全。

搜索安全防护：防止搜索跟踪，防止 Cookies 被木马病毒、黑客等窃取，保护隐私安全。

上网首页防护：防止首页被篡改，以保障浏览安全。

默认浏览器防护：防止默认浏览器被篡改。

邮件安全防护：开启邮件危险链接提醒。

3）入口防护体系

入口防护体系具有如下防护功能。

漏洞入侵防护：对系统漏洞进行监控，并采取入侵防御措施。

DNS 安全防护：应用 DNS 本身的防御功能对各种攻击进行相关的保护。

聊天安全防护：通过监控文件、链接及号码安全性，来保证聊天的信息安全。

下载安全防护：对文件下载及传输安全性进行检测。

U 盘安全防护：对 U 盘进行安全性扫描。当插入 U 盘后，立即对 U 盘的全盘文件进行木马病毒、恶意程序扫描。

黑客入侵防护：对系统进行实时监控，发现漏洞及时修复，能有效防御黑客入侵。

局域网防护：防御典型攻击，阻拦非法访问。

变形虫防护：能抵御恶意 USB 设备的攻击。

4）上网防护体系

上网防护体系具有如下防护功能。

网购先赔：为增强客户对网购平台的信心，客户受骗后平台可先进行赔付，后进行处理。

挖矿木马病毒防护：防御挖矿木马病毒，保障系统运行。

反流量劫持防护：防止网页被劫持及非法跳转。

广告过滤：自动拦截非法广告弹窗。

反勒索防护：防御勒索病毒，保障文件安全。

隔离防护：隔离可疑程序，隔离运行未知文件。

Steam 盗号防护：保护 Steam 账号安全。

横向渗透防护：防止内网渗透攻击。

2. 要定期进行安全防护检查

要定期对网络系统进行安全防护检查，具体内容如下。

1）各种防护功能开关是否打开

要检查安全防护开关是否都已经打开，检查项包括：自我防护、键盘记录防护、注册表防护、输入法防护、进程防护、下载防护、黑客入侵防护，等等。

2）对系统进行故障检测

故障检测是指检测系统及浏览器设置是否有故障，检测内容包括：IE 主页相关项目、About 协议、用户样式表、重置 Web 设置、IE 菜单项、IE 核心配置、IE 外观配置、IE 常规设置、IE 浏览图标配置、Internet 选项、显示属性、Web 桌面、常用文件关联项、磁盘及文件夹配置、域名解析文件 Hosts、网络驱动器、打印机设置、收藏夹快捷方式、桌面快捷方式、桌面及资源管理器、快速启动栏快捷方式、开始菜单快捷方式、系统常用组件、系统启动配置、系统图标配置、任务栏及开始菜单、系统重要服务组件、组策略，等等。

3）对系统进行安全检测

安全检测是指检测是否有木马病毒、漏洞等，检测内容包括：主动防御服务、系统关键位置木马病毒检测、系统关键位置文件检测、本地 DNS 安全检测、高危漏洞检测、系统中信任项（白名单）检测、软件更新漏洞，等等。

3. 防黑加固的内容

智能安全防御系统防黑加固的内容如下。

（1）如果用户密码不为空且强度不高，则很容易被黑客利用，从而远程登录系统。

（2）如果使用空密码，且允许空密码远程登录，则很容易被黑客利用，从而入侵系统。

（3）Telnet 服务提供了远程登录并连接到用户计算机的途径，其有可能被黑客利用，入侵系统。

（4）远程桌面服务提供了远程登录用户的系统的途径，其有可能被黑客利用，从而入侵系统。

（5）远程协助服务允许通过其他计算机远程登录并操作用户的计算机，其有可能被黑客利用，从而入侵系统。

（6）远程注册表服务允许远程操作系统的注册表，其有可能被黑客利用，从而远程写入恶意启动项。

（7）网络防火墙开启后，可以拦截非法的外部网络入侵，使系统具备了基本的入侵防御能力。

（8）系统中 Guest 及 HelpAssistant 账户如果开启，有可能被黑客利用来远程入侵用户的计算机。

（9）如果计算机中存在隐藏的盘符，那么这些盘符可能被黑客用来写入木马程序。

（10）如果 Admin$ 管理共享功能未关闭，那么它有可能被入侵的黑客用来写入木马程序。

（11）如果防火墙针对 SQL 服务器端口的保护未开启，则有可能无法阻止蠕虫病毒对 SQL 服务器的攻击。

4.4.5　漏洞扫描

漏洞是指系统的弊端、弱点。系统存在漏洞就容易被利用、被攻击。漏洞扫描是指基于漏洞数据库，通过扫描等手段对指定的远程或者本地计算机系统的安全脆弱性进行检测，发现可利用漏洞的一种安全检测行为。漏洞扫描包括网络漏洞扫描、主机漏洞扫描、数据库漏洞扫描等多种形式。

1．漏洞扫描的意义

网络安全工作是防守和进攻的博弈，是保证信息安全工作顺利开展的基石。只有及时、准确地审视信息化工作的弱点，审视信息平台的漏洞和问题，才能获得先机，立于不败之地。

漏洞扫描技术是一种重要的网络安全技术。它和防火墙、入侵检测系统等互相配合，能够有效提高网络的安全性。通过对网络的扫描，网络管理员能了解网络的安全设置的效果和运行应用服务的状况，及时发现安全漏洞，客观评估网络风险等级。网络管理员能根据扫描的结果消除网络安全漏洞和更正系统中的错误设置，在黑客攻击前进行防范。如果说防火墙和网络监视系统是被动的防御手段，那么安全扫描或漏洞扫描就是一种主动的防范措施，它能有效避免黑客的攻击行为，做到防患于未然。

建议对已部署的网络系统和业务系统进行漏洞扫描，可采用黑盒模式或白盒模式进行多种方式的漏洞扫描。黑盒模式就是在对目标系统没有任何认知，且防护设备开启的情况下进行的扫描；白盒模式就是在对目标系统的结构、逻辑驱动、代码等完全了解的情况下进行的扫描。目前的漏洞扫描通常缺少代码审计的环节，在项目最终完成后建议进行代码审计，分析挖掘不易被察觉的新漏洞。在 Web 漏洞扫描完成的前提下，还可以继续进行"渗透测试"工作，即对目标的网络系统进行攻击测试，以检验其安全防护水平。

2．何时开展漏洞扫描

漏洞扫描系统的作用就是发现网络系统的潜在危险，那么什么时候开展漏洞扫描呢？

1）定期对网络安全进行自我检测和评估

配备漏洞扫描系统后，网络管理员应定期进行网络安全检测。安全检测可帮助用户最大限度地消除安全隐患，尽可能早地发现安全漏洞并进行修补，有效地利用已有系统、优化资源、提高网络的运行效率。

2）安装新软件、启动新服务后要进行安全检查

由于漏洞和安全隐患的形式多种多样，安装新软件或启动新服务都有可能使原来系统中隐藏的漏洞暴露出来，因此在进行这些操作之后，应该对网络系统进行漏洞扫描，这样才能使系统的安全得到保障。

3）在网络建设和改造前后要进行安全规划评估和成效检验

网络建设者必须建立整体安全规划，以统领全局。在可以容忍的风险级别和可以接受的成本之间，取得恰当的平衡，在多种多样的安全设备和技术之间做出取舍。配备网络漏洞扫描或网络评估系统可以很方便地进行安全规划评估和成效检验，以及对网络系统的安全建设方案和建设成效进行评估。

4）在重要任务前进行安全性测试

在网络承担重要任务前应该采取主动的、防止出现事故的安全措施，从技术上和管理上加强对网络安全和信息安全的检查，形成立体防护，由被动修补变成主动的防范，最终把出现事故的概率降到最低。配备网络漏洞扫描或网络评估系统可以很方便地进行安全性测试，找出网络中存在的隐患和漏洞，帮助用户及时弥补漏洞。

5）在出现网络安全事故后进行分析调查

发生网络安全事故后，应通过网络漏洞扫描或网络评估系统分析、确定网络被攻击的漏洞所在，帮助弥补漏洞，尽可能多地提供攻击者的资料，这样可以方便调查攻击的来源。

6）配合公安及相关保密部门组织的安全性检查

互联网的安全主要分为网络运行安全和信息安全两部分。网络运行安全主要是指 ChinaNet、ChinaGBN、CNCnet 等十大计算机信息系统的运行安全和其他专网的基础网络运行安全；信息安全主要是指接入互联网的计算机、服务器、工作站等用来进行采集、加工、存储、传输、检索信息的人机系统的安全。网络漏洞扫描或网络评估系统能够积极地配合公安及相关保密部门组织的网络系统安全性检查。

3．几种常用漏洞扫描工具

根据我们目前了解的情况，简单介绍以下几种漏洞扫描工具。

（1）针对操作系统、典型应用软件漏洞的扫描工具。

天镜脆弱性扫描与管理系统是启明星辰自主研发的基于网络的脆弱性分析、评估与管理系统，它遵循了启明星辰在总结多年市场经验和客户需求基础上提出的"发现—扫描—定性—修复—审核"的弱点全面评估法则，综合运用多种国际最新的漏洞扫描与检测技术，能够快速发现网络资产，准确识别资产属性，全面扫描安全漏洞，清晰定性安全风险，给出修复建议和预防措施，并对风险控制策略进行有效审核，从而在弱点全面评估的基础上实现安全自主掌控。此外，还有 Nessus、绿盟极光等工具。

（2）针对网络端口的漏洞扫描工具，如 Nmap。

（3）针对数据库的漏洞扫描工具，如安信通、安恒。

（4）针对 Web 应用的漏洞扫描工具。WebCruiser Web Vulnerability Scanner 是一个功能不

凡的 Web 应用漏洞扫描器，能够对整个网站进行漏洞扫描，并能够对发现的漏洞进行验证。此外，还有 IBM AppScan、HP WebInspect WVS 等工具。

（5）针对网络数据流的漏洞扫描工具，如 Wireshark、Ethereal。

（6）系统分析、手动杀毒工具，如 PowerTool。

（7）针对 Windows 的 MS17-010 的漏洞扫描工具："网安永恒之蓝"检测工具、方程式漏洞利用工具。MS17-010 漏洞危害极大，它是在"永恒之蓝"被黑客曝光后微软紧急发布的一个系统严重漏洞。

相关建议：为杜绝在局域网内传播相关病毒的意外发生，建议所有使用 Windows 操作系统的计算机安装 MS17-010 漏洞补丁，或者使用安全策略关闭 445 端口的对外访问权限，同时增加计算机登录口令的复杂度，将风险降到最低。

（8）弱口令扫描工具：HScan Gui v1.20 Scan Report。

（9）开发端口扫描工具：Zenmap 等。

（10）常用的内网安全工具：MSF、Mimikatz 等。

4．利用漏洞攻击系统的一般过程

下面根据我们目前了解的情况，介绍利用漏洞攻击系统的一般过程。

（1）端口探测。

首先进行服务器端口探测，如使用 Nmap 工具进行隐蔽 TCP 扫描，同时对操作系统进行指纹识别，寻找、发现系统中的 FTP 和 HTTP 服务等。

（2）信息搜集。

使用已知账号登录系统，进行 URL 安全监测；使用 Burp Suit 软件对所有的 URL 请求进行拦截；通过大量的人工干预，观察分析所有可疑的参数和返回数据，收集目标信息。

（3）信息篡改测试。

使用 Burp 软件的 Repeater 功能，篡改网络数据包，对服务器进行各种漏洞扫描，寻找、发现任意文件上传、跨目录浏览、敏感信息泄露、越权访问、验证码失效等漏洞。

（4）任意文件上传测试。

通过探知的漏洞上传木马脚本文件到服务器，使用"中国菜刀"软件对服务器进行文件操作和命令执行，进一步挖掘服务器的权限设置类漏洞。

（5）App 探测。

在安卓系统模拟器中安装 App 客户端，登录系统，配合 Burp 网络数据拦截工具进行漏洞扫描，寻找、发现手机端任意文件上传、信息泄露和越权访问等漏洞。

（6）自动化扫描。

使用大型的 Web 漏洞扫描工具，如 AWVS、Netsparker 等，进行探测，寻找、发现 XSS 攻击的漏洞。

（7）利用找到的系统漏洞，对系统进行攻击。

5．部分 Web 漏洞解决方案

下面介绍部分 Web 漏洞解决方案。

（1）针对 Apache Tomcat 的漏洞。

① 出错信息泄露漏洞：产生原因是 Apache Tomcat 调试模式已开启，建议关闭调试模式，删除代码开发过程中的调试信息。

② 应用软件设置：不使用开发模式（Debug），系统发布后必须将 Apache Tomcat 的运行模式切换为非开发模式，并且删除能够泄露敏感信息的日志。

（2）任意文件上传漏洞：产生原因是未设置文件类型过滤器，建议使用白名单机制，将系统允许上传的文件类型做成白名单。

（3）跨站脚本攻击漏洞：产生原因为第三方控件自身存在漏洞，建议修改核心代码，关闭相关错误信息提示。

（4）验证码失效漏洞：产生原因是系统采用二次登录验证方式，而验证码只在第一次登录过程中发挥作用，并且不自动更新，建议设置为强制更新验证码，优化密码加密方式。

（5）越权访问漏洞：产生原因是访问权限控制机制有缺陷，建议将客户端权限验证修改为客户端、服务端及 Session 的多重认证；第三方网络文件管理器控件越权访问可通过设置访问权限进行修复。

（6）敏感信息泄露漏洞：产生原因是开发 Java 核心代码过程中未按照正确的权限区分返回信息的类型，建议细化权限管理以及返回数据模块。

（7）跨目录浏览漏洞：出现原因是第三方文件管理器未严格限制目录访问方式，建议修改控件核心代码，将“../”等危险字符串屏蔽掉。

4.4.6　防离线防篡改监控系统

防离线防篡改监控系统是网络中实时监测网络中的设备在线状态的监控系统。它能判定某网络设备是否一直保持在线状态、监控网络设备中的硬件是否有变化、实时监控网络设备中运行软件是否有变化、监控主机系统是否有被修改的系统文件，等等，也就是说它能实时对网络中的设备进行全方位的在线监控。归纳起来，该系统主要有以下几方面的作用。

1. 端口状态监控

为防止设备离线，脱离监控，要实时监控网络中网络接口的连接状态（判断网络设备的网线是否一直处于连接状态，需要开启“网络唤醒”功能，以便控制中心对网络端点进行管控），监控网络连接线是否始终保持连接状态，一旦发现网线断开，要及时向控制中心报警，并记录离线的时间，将网络连接状态及时写入日志审计系统。没有经过批准，不允许将连接设备的网络连接线断开。

将网线断开的安全隐患：在脱机状态下，设备被光盘或 U 盘或以其他方式启动，非法操作计算机，数据被脱机复制，系统被植入木马病毒。

对多余的、暂时不用的网口、USB 口等，要采取必要的安全措施。

2. 主机状态监控

设备正常启动后，防离线防篡改监控系统会收集主机的系统信息（不收集用户区的私人数据文件信息），监控主机内是否有变化，如硬盘是否增加，硬盘是否被更换，是否外接 USB 存储设备；操作系统中的软件是否有变化，是否被安装、植入软件；系统文件是否有变化；等等。然后与事先保存的系统信息表进行比对，如果发现异常，应及时报警。

不能实时监控主机状态带来的安全隐患是系统非法接入存储介质，可能带入木马病毒，非法复制数据。

3．定期进行安全检查

防离线防篡改监控系统定期或定时对网络（安全）设备进行内部安全设置、检查、核查，这有利于保证网络中的系统设备始终处于原始配置状态，为网络系统的安全运行提供可靠的保障。

管理员要定期为网络中系统设备进行安全升级维护。安全升级维护后，要及时更新系统设备的信息表，以备正常监控系统核查使用。

4.4.7　系统后台行为监控

除安全设备之外，网络信息系统的主要设备是服务器和终端，因此，对服务器和终端的后台行为监控是网络系统安全防护的重要内容之一。

1．系统已知协议后台行为监控

我们知道系统的后台一般都运行很多的应用程序、服务、进程和线程等，很多病毒就隐藏在它们当中，一般很难被发现，尤其是高级的木马病毒更难被发现，如果我们使用系统后台行为监控系统就可以较方便地解决这个难题了。使用系统后台行为监控系统可以实时对系统后台运行的应用程序、服务、进程和线程等的行为进行监控，可以获得其在系统后台运行的详细信息，通过（自动）比对可以发现系统应用的异常并进行报警，为系统的安全管理提供有利的依据，从而能及时发现攻击者的行为，为网络管理员应急处置提供方便。

2．系统未公开的、未知的协议或数据流监控

通常我们国内使用的服务器和计算机终端，其硬件 CPU 以 Intel 和 AMD 公司的 CPU 为主，操作系统软件主要是 UNIX、Linux 及 Windows，因此在底层通信协议上可能有未公开的、未知的协议或数据流。出于安全性考虑，需要在本地系统上进行底层通信链路检测。

目前，为了保证网络安全，最好从服务器和计算机系统的基础芯片到操作系统和应用级软件全部使用国产的产品。从前这是不可能实现的事情，但现在我们有华为、中兴、统信、金山等一批国内新兴高科技企业，从芯片到操作系统及应用软件国产化已经成为现实。

3．系统后台行为监控的部署

系统后台行为监控模块（或设备）可以部署在欲监控的服务器或终端上，但由于其受本机操作系统的限制，对于外部链接的检测或监控的效果不够理想，不能完全监控所有的系统外部行为，因此可以考虑将"系统后台行为监控"设备部署在被监控的服务器或终端的外部，即流量镜像端口，这样可以很好地监控服务器或终端上的外部网络连接。

　　由此可见，采用内外结合的系统后台行为监控的部署方式，可以很好地监控服务器和终端上的所有行为。

4.4.8　移动终端安全防护技术

　　移动互联网是互联网重要的组成部分，未来是移动终端的时代。由于移动终端的操作系统及应用 App 有可能存在缺陷，如任意文件上传漏洞（可上传 JSP 等文件）、存在信息泄露漏洞等，使移动终端存在安全风险。

1. 移动终端防护

　　移动终端包括手机、平板电脑、笔记本式计算机、手持对讲机、执法仪等。为保证移动终端的安全，在移动终端上需要采取有效的安全防护措施。

　　1）开机防护

　　（1）用多种认证方式登录系统，可保证用户使用的合法性。

　　（2）密码输入次数有限制，可防止暴力破解或被非法使用。

　　为防止暴力破解，重输密码需要设置一定的时间间隔限制。

　　（3）发现非法登录采取的必要措施（保护敏感信息的安全）。

　　如果判定为非法登录或开机，移动终端会彻底删除敏感数据，且机器除必要的敏感资料外一切正常。例如，如果设定用户尝试五次登录系统未成功认定为非法，则当攻击者第六次尝试进入系统时，该系统会自动彻底删除敏感数据，并让攻击者进入系统，给攻击者一个错觉，以为自己已攻破系统防护，这样攻击者会放松警惕，我们就可以对其采取一定的措施。

　　2）数据存储需要相应等级的数据保护

　　有些数据不需要加密，有些数据需要加密，有些数据需要采用不同的加密算法和不同的加密密码来加密。

　　移动终端加密方式主要有嵌入的门卫式和外挂的调用式等。在移动终端上最好采用门卫式硬件加密模块对通信信道进行加密，这样可以有效地增强移动终端的安全性。

　　3）安装移动终端目标追踪系统

　　为防止移动终端丢失，在移动终端上应安装隐藏的"移动终端目标追踪系统"，以便控制中心能实时有效地追踪移动终端。

　　4）关闭不必要的无线连接

　　在移动终端上要慎重使用 Wi-Fi、蓝牙等无线连接方式，因为这些连接方式的安全防护相对较弱。当不必须使用 Wi-Fi、蓝牙等连接方式时，建议最好卸载 Wi-Fi、蓝牙等驱动；必要的情况下要拆除相关的硬件设备；在要求不太严格的情况下，也可以关闭 Wi-Fi、蓝牙等功能。

　　5）移动终端安全监测

　　目前，移动终端或智能设备等技术发展很快，我们的检测技术跟不上其发展变化，对移动终端或智能设备的无损安全检测比较困难。我们可以设立热点，让移动终端或智能设备登录预先设置的热点，然后对该热点进行监控，以达到对移动终端或智能设备无损检测木马病毒的目的。即关闭移动终端或智能设备通过 4G 或 5G 上网的功能，使其通过设立的热点建立与外界连接的唯一通道，然后我们再对这个热点进行监控，最终达到无损检测移动终端或智能设备健康状况的目的。

要加强移动终端的安全防护，为实现防窃听、防丢失、防刷机、防数据泄露、防破解的"五防"安全目标而努力。

2．传输安全防护

防止数据传输中发生数据泄露事件也是我们研究网络安全的重要内容之一，因此采取有效的安全防护措施是非常必要的。

移动终端可以使用专有线路，如 APN、PSDN，进行数据传输；对传输的线路也要采取安全措施，如采用线路屏蔽、防止光纤传输信号被分光等措施。可以采用私有通道，如 VPN，在加密隧道上进行传输。可以采用加密传输协议（如 HTTPS）进行数据传输。

对数据采取不同等级的加密处理，如采用经过认证机构认可的私有/专有加密算法对通信数据进行加密，可以增强数据的安全性。

3．移动网络系统防护

为了保证移动网络系统的安全，移动网络系统应采用集中、统一的安全认证机制，来保证移动网络系统上的移动终端和设备的安全。

在系统登录验证时，要采用"双因子身份认证"技术确保用户能安全登录。如果移动终端上存储有重要商业机密或敏感信息，那么该移动终端应具有非法开机或通电时自毁重要商业机密或敏感信息的功能。比如，非法用户在尝试开机时，当尝试输入密码次数超过限制后，系统会"彻底地"毁掉重要的应用和数据并启动系统，仿佛非法用户正常进入了系统，且移动网络系统启动移动终端目标追踪系统，这样能很好地保护重要信息，有可能还会反制对方，收到意想不到的效果。

为了保护重要商业机密或敏感信息不泄露，建议采用在线处理商业机密的工作模式，即通过加密隧道或加密链路，直接在后台服务器上处理重要商业机密或敏感信息，移动终端应采取重要信息数据不落地（移动终端上不存储重要信息）的工作模式，如在移动终端上可使用"Redis 内存数据库"的模式，存储临时数据。这种模式的优点是数据存取速度快，关机数据即消失。要做好对 Redis 内存数据的防护，移动终端处理完重要数据后，要及时关闭、彻底清除"Redis 内存数据库"的数据信息。

在移动网络系统边界上增加安全防护设备、信息加解密设备，能提高系统的安全防护能力。

4.4.9　缓冲区防数据泄露技术

计算机缓冲器存储着正在运行的程序、数据、用户名和密码等重要信息，如果这些信息被泄露对网络安全会造成很大的损失，因此做好对计算机缓冲器数据的保护很重要。

1．无用的数据要及时彻底擦除

在服务器、计算机终端上，在程序、进程、服务等被释放或退出时，要对缓存区、内存区、虚拟内存区、硬盘数据缓存区、临时暂存区等的数据进行彻底擦除，防止在数据缓冲区留有商业敏感信息，造成敏感信息泄露。

2．防止缓冲区数据被复制

采取缓存数据防复制监控措施，如实时监控是否有复制、获取或截取缓冲区数据的行为，并将其行为记录下来。如果是哪个服务或哪个程序执行了该动作，那么考虑是否要对其进行终止、结束该服务或该进程的处理，同时向网络管理员发出报警信息。经甄别，做出相应的处置，如有必要，日后通过日志审计系统对这种行为进行溯源。

4.4.10　容灾防护

在本地或相隔较远的异地，建立一套或多套功能相同的系统，相互之间可以进行健康状态监视和功能切换，当一处系统因意外（如火灾、地震、宕机等）停止工作时，整个应用系统可以切换到另外一处，使得该系统仍可以继续正常工作，这样的系统称为容灾防护系统。容灾技术是系统的高可用性技术的一个组成部分。容灾防护系统更加强调外界环境对系统的影响，特别是灾难性事件对整个网络系统节点的影响，因此要具备节点级别的系统恢复功能。

容灾分为数据级容灾、应用级容灾、业务级容灾。

1．数据级容灾

数据级容灾是指通过建立一个本地或异地的容灾中心，做数据的本地或异地的备份，在灾难发生之后，要确保原有的数据不会丢失或者遭到破坏，但在数据级容灾这个级别，发生灾难时应用是会中断的。在数据级容灾方式下，所建立的容灾中心可以简单理解为一个本地的或异地的数据备份中心，该数据是本地关键应用数据的一个可用备份。当本地数据级应用出现灾难时，系统至少在本地或异地保存一份可用的关键业务数据，该数据是本地数据的完全实时备份，对于不关键数据，其备份可以比本地数据略微滞后，但一定是可用的。

为了提高网络系统数据的安全性，建议系统中极其重要的数据除在本地进行备份外，还应采取异地备份、数据"多活"、多版本恢复的措施，来保证数据的高可靠性。

给数据服务器配备 UPS 电源是保护数据的简单易行的重要措施之一。

2．应用级容灾

应用级容灾就是在数据级容灾的基础上，在本地或异地的备份站点上建立一套完整的与本地应用系统相当的或相同的应用系统，通过同步或异步复制技术互为备份，这样可以保证关键应用在允许的时间范围内恢复运行，尽可能减少灾难带来的损失，让用户基本感受不到灾难的发生，这样就可使系统所提供的服务是完整的、可靠的、安全的。建立这样的系统不仅需要一个可用的数据备份，还要有网络、主机、应用甚至 IP 地址等资源，以及各资源之间的良好配合。

数据级容灾是应用级容灾的基础，应用级容灾是数据级容灾的目标。在选择应用级容灾系统的构造时，还要建立多层次的广域网络故障切换机制。

本地的高可用性系统的功能：在多个服务器运行一种或多种应用的情况下，可保证任意服务器出现任何故障时，其运行的应用不能中断，应用程序和系统应能迅速切换到其他服务器上运行。

应用级容灾可采取以下措施来实现容灾。

1）一机双系统备份与恢复

安全设备、计算机终端、服务器等网络信息系统中，为保护系统数据的安全性和网络系统的正常运行，应采用双系统备份与恢复技术。

双系统指的是设备上可以同时存在两套独立的硬件或操作系统，相互之间可以备份或恢复，当一个系统运行异常时，能自动切换到另一个系统上，使设备能保持正常运行，从而保证整个网络系统正常运行，提高网络系统的可用性、可靠性。双系统管理功能界面如图 4-51所示。

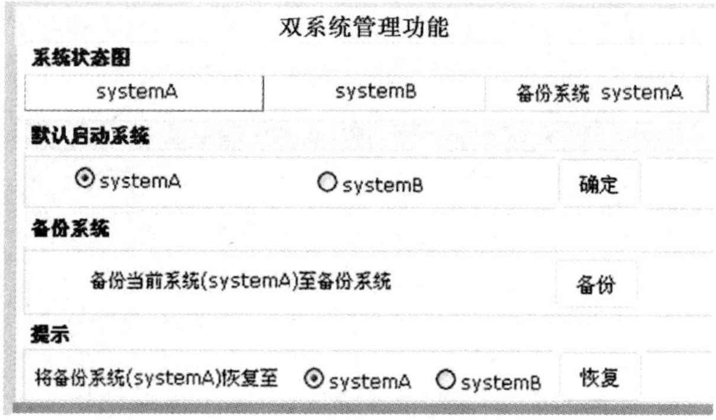

图 4-51　双系统管理功能界面

2）双机备份与恢复

对于系统中重要的设备要采取双机硬备份方式，即系统中同时存在两套独立的硬件（含软件）系统，从而能更好地保证整个网络系统正常运行，提高网络系统的可用性、可靠性。

3）机房采用独立的双路电源供电

安装网络系统的服务器等重要设备的机房除配置 UPS 电源外，还要采用独立的双路电源供电（这两路供电线路最好是完全独立的，即来自不同的、独立的供电系统），且每路电源都能独立供电。在正常情况下，系统由一路电源供电，当意外导致此路供电系统发生故障时，另一路供电系统会立即启动，即能保证本网络系统运行不中断。

3．业务级容灾

业务级容灾是全业务的容灾备份，除了必要的网络相关技术，还要求具备全部的基础设施。当大灾难发生时，原有的工作场所会遭到破坏，除了数据和应用的恢复，更需要一个备用的工作场所能够正常地开展业务。业务级容灾最好采用异地的方式。

4．同城双活和两地三中心

容灾防护的典型模式有"同城双活"和"两地三中心"等。

"多活"的优点：一是多中心之间地位均等，正常模式下协同工作，并行地为业务访问提供服务，实现对资源的充分利用，避免一个或两个备份中心处于闲置状态，造成资源与投资浪费；二是在一个数据中心发生故障或遇到灾难的情况下，其他数据中心可以正常运行并对关键业务或全部业务进行接管，实现用户的"故障无感知"。"多活"为数据库的高可用性和高可靠性提供保障。

"同城双活"数据中心就是在同一个城市部署两个数据中心，一个主数据中心和一个备份数据中心。主数据中心用来承担用户的业务，而备份数据中心是为了备份主数据中心配置的。备份数据中心有三种方式：热备、冷备和双活。热备就是只有主数据中心承担用户的业务，此时备份数据中心对主数据中心进行实时的备份，当主数据中心发生故障以后，备份数据中心可以自动接管主数据中心的业务，用户的业务不会中断，所以也感觉不到数据中心的切换。冷备就是只有主数据中心承担用户的业务，但是备份数据中心不会对主数据中心进行实时的备份，而是周期性地进行备份，如果主数据中心发生故障后，用户的业务就会中断。"双活"就是主、备两个数据中心同时承担用户的业务，此时主、备两个数据中心互为备份，并且进行实时同步备份。

"同城双活"比"两地三中心"少一个异地灾备数据中心。"同城双活"要满足以下要求：①网络双活；②存储双活；③应用双活。"同城双活"距离上有限制，一般不支持在 100km 以上布置，实际建议距离为 50km 以内。一般来说，输入/输出（I/O）延迟应在 20ms 以内，实际上超过 10ms，有些业务就要阻塞了，双活的输入/输出延迟一般要小于 5ms。

"两地三中心"的一种典型示例，如图 4-52 所示。正常情况下，业务运行在主机房的设备上。主存储器与辅存储器存在单向同步关系，即主存储器的所有数据变更都会实时同步复制到辅存储器上，从而保证两个存储器数据完全一致。同时，为防止极端灾害发生，主存储器的数据变更也会异步复制到远程容灾机房的存储设备上。

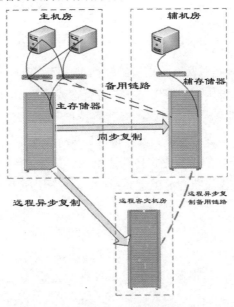

图 4-52　"两地三中心"典型示例

当主机房因为各种原因中断服务时，可以通过手工命令或者软件自动切换的方式让业务切换到辅机房。同时建立辅存储器数据到容灾机房存储器数据的异步复制关系，从而保护数据。

如果极端情况发生，辅机房也不能运行业务，那么远程容灾机房还有一份备份数据，可以用它恢复业务。

"两地三中心"的优点是防范了各种危害磁盘阵列硬件数据的风险，其中不包括软件或者人为误删除数据操作；缺点是成本很高，且设备使用效率低，特别是辅机房设备不能在业务正常运行时使用，浪费很大。为此改进了设计，让辅存储器和容灾存储器变成可读不可写状态，从而让部分业务[如商务智能（Business Intelligence，BI）服务等]在辅机房和容灾机房运行，分担主机房设备的负载。

无论是"同城双活"还是"两地三中心"，最终还是要结合用户业务实际需要，根据实际情况选择合理的设计方案。

容灾防护的方案有很多，在此不再赘述。

4.4.11 网络流量分析

网络流量分析用来监控网络流量、连接和目标对象，找出恶意的行为迹象。有些用户正在寻找基于网络的方法来识别绕过周边安全性防护的攻击，这些用户可以考虑使用网络流量分析来帮助识别、管理和分类这些事件。可以在网络的总出入口，如路由器、防火墙、核心交换机的端口或镜像端口进行网络流量分析。

网络流量分析一般使用端口在线检测系统或抓包分析工具来进行分析。网络流量分析能实现对非法外联和非法接入的监控，可作为防范未知的木马病毒、远程控制等的有效手段之一。

1. 网络链接在线检测

网络链接在线检测系统是对网络主要链路的数据进行实时检测的系统，又称上网端口在线智能检测系统。对网络系统中的网络连接状态进行在线检测，可以即时掌握网络系统的健康状况。对网络系统的链接检测有两种方式：旁路模式和串联模式。

旁路模式：一般利用上网核心设备的端口镜像口进行安全检测，如利用上网端口扫描监控系统。此种方法只能对网络中的链接进行检测，不能对其进行控制。

串联模式：一般将该检测设备串入整个系统中，如检测出可疑连接，该系统可以终止该连接，能起到防御的作用。

该系统实时监控外网的上网端口行为，能劫持上网端口命令，如远程登录命令、端口扫描命令等，对其进行分析、判断、处理，防止网络的上网端口受到扫描和攻击，一旦发现上网端口被探测、攻击，该系统可及时报警，并能发现攻击者的 IP 地址，以便对攻击者进行追踪、溯源。

网络链接在线检测系统能检测许可或信任链接中隐蔽的非法链接。（可以发现：可信网站被黑客入侵，通过可信网站进行中转的行为，以及有夹带的信息被传送的行为——木马病毒用公共网站作为中间级跳板，更具有隐蔽性。）

为了增强网络系统登录的安全性，在情况允许的条件下，对系统用户采取绑定用户的 MAC 码标识、固定的 IP 地址等措施进行登录认证，其他登录全部都被禁止。

要定期地对网络链接在线检测系统进行抗攻击测试、漏洞扫描检测，发现问题及时修补。

如前所述，智能手机及操作系统发展非常迅速，要对其进行无损木马病毒检测非常困难，比较好的方法就是建立一个热点，让智能手机登录到这个热点上，通过网络链接在线检测系统对这个热点线路进行监控，从而判断智能手机是否被植入木马病毒。

2．防网络劫持

网络劫持是指用户访问网站被篡改为必须通过某个代理才能去访问。网络劫持最主要的就是运营商层面的劫持，可以说，我们每个人随时随地都在与它打交道，另外还有攻击者的非法劫持。

网络劫持大致有以下几种方式。

1）DNS 强制解析——DNS 劫持

DNS 劫持通过修改 DNS 记录，引导用户流量到缓存服务器。DNS 劫持会把用户重新定位到其他网站，我们所熟悉的钓鱼网站就是这个原理。

DNS 劫持的工作方式如下。

（1）用户通过域名发起访问请求；

（2）请求通过 DNS 进行解析；

（3）DNS 设置强制解析策略，即所有该域名的请求都解析到事先设置的服务器上；

（4）终端用户先通过这个设置好的服务器中转，再访问想要访问的内容。

如果该用户的访问被别有用心的人非法劫持了，如我们的路由器被非法篡改了，指向的不是公用 DNS，而是某个 IP 地址代理服务，那么该用户的所有通信信息都被这个代理的 IP 服务器获取，那将会造成信息泄露，因此我们要不定期地对访问互联网网站的行为进行监测，判定局域网用户是直接访问还是通过中转代理访问。

2）访问请求的 302 跳转——流量劫持

302 跳转的方式和 DNS 强制解析的方式主要在引流的方式上有所区别。内容缓存是通过监控网络出口的流量，分析判断哪些内容是可以进行劫持处理的，再对劫持的内容发起 302 跳转的回复，引导用户获取内容。

它的工作方式如下。

（1）终端用户发起访问请求；

（2）流量通过网络出口对外发起访问；

（3）访问流量被镜像一份给劫持系统的深度包检测（DPI）设备（DPI 设备是具备业务数据流识别、业务数据控制能力，工作在 OSI 模型传输层到应用层，具有高效数据处理能力，能够对网络所承载的业务进行识别和流量管理，可部署在网络骨干层、城域网和企业内部的网络设备）；

（4）DPI 设备对流量进行分析判断，获取 80 端口等数据；

（5）缓存系统判断是否是热点资源，比如连续请求 5 次的相同内容；

（6）给用户发送响应请求，告诉用户本地的内容就是用户需要访问的内容；

（7）由于本地的缓存系统离用户更近，所以用户更早收到缓存系统的响应；

（8）用户和本地的缓存系统建立网络交互，源站的响应回来得晚，会自动断开；

（9）如果本地有缓存内容，则把缓存内容发送给用户，如果本地没有，会计算访问次数。当达到预设的次数时，将要访问的内容缓存到本地。从这两种缓存的特点来看，二者都通过获取用户的数据流量，引导用户访问内容缓存的服务器。这两种缓存的区别在于引导用户的方式，DNS 强制解析是通过修改域名解析记录，强制将域名下的所有请求引导到劫持服务器上的。这种方式简单粗暴，也容易造成很多问题。比如域名下有动态内容，也会被缓存下来，这样会造成登录的串号问题。若缓存的内容更新不及时，则访问的都是老内容，这也是很多用户所不能接受的地方。一些冷门资源的缓存，会造成存储的浪费。302 跳转的方式需要镜像用户流量，进行分析判断。缓存系统判断访问的内容是否是可以缓存的热点内容。DNS 强制解析的方式主要针对图片，302 跳转的方式主要针对下载的音视频等大文件。

3）HTTP 劫持

如果发生 HTTP 劫持，那么当你发出 HTTP 请求时，访问外网网站都会直接访问一个固定的 IP 代理服务。作为用户，尝试在访问同一个网站时，可以用不同的网络环境，如 Wi-Fi、4G 或切换一下运营商，看看会不会都有这样的现象出现。

局域网用户访问互联网网站时，建议采用加密传输协议 HTTPS。

4.4.12 供电系统防护

1. 防护的必要性

假如开发出一种计算机病毒，该病毒可以放入任何电源插座里，借助于现有的电网将病毒散播到物理网络系统中，这种入侵方式不用突破防火墙。被传入网络系统的病毒，如果在关键时刻被激活，摧毁了电力系统，我们就会回到原始社会；要是摧毁了网络系统，我们也会遭受巨大的损失。

这就启示我们：电力供电系统的攻击与防护技术是需要重视的研究方向。

例如，如果在电力网络上某个电源或供电线路上某个接触点处发布病毒，病毒通过电网传输，且在内部局域网或重要网络中某个设备上有接收或解码系统，那么该病毒就有传播的可能。

通过电网攻击网络系统的病毒不需要突破各种安全防护设备，但是需要突破供电系统的隔离设备和滤波设备。病毒在电网中传输需要特殊的数据载波调制解调技术，也需要突破或穿透交流滤波设备、隔离电源（直流泵电源）设备的传输技术，等等。一般在发送端和接收端可能都需要一定的硬件模块的配合。如果它被做成窃听器，借助于供电网络系统（接收传感器）

将信号传回控制端，可能会导致数据泄露。

2．防护措施

坚持局域网设备国产化和坚持严格执行安全管理制度是解决安全问题的关键，也是最有效的方法，网络设备包括网络中的各种外围设备或挂网设备，如键盘、鼠标、打印机、扫描仪、各种读卡器、照相机、U 盘等外部接入设备。此外，对电源模块、特殊的功能模块的选择、使用也要特别慎重，如果被植入发送或接收模块，这些都可能成为传输病毒的途径。

重要网络要采用单独的电力供电系统，或对供电系统进行特殊的隔离处理——电源净化，从而阻断供电线路载波的有效传输。

要采取有效的监测手段对供电系统网络进行监控，主要是检测供电线路中是否含有微弱的载波信号，检测结果也要纳入网络系统的日志审计系统。

下面我们来探讨一下，有关通过供电系统传输信息的几个问题。

1）供电方式

一般网络系统设备采取的供电种类有一般的动力电源供电、开关电源供电、带高级滤波电源供电、蓄电池+逆变器供电等方式。开关电源供电、带高级滤波电源供电、蓄电池+逆变器供电等供电方式能有效阻止电源线路中载波信号的传播。

因此，建议对重要的网络区域采用在线有源滤波电源供电或由不间断电源（UPS）供电，这样做能有效阻止通过电网传送病毒或恶意程序。

2）数据接收技术

（1）无线检波技术应用。

目前，通过无线辐射的方式给手机或某个用电设备充电已经很普遍了，这也就是说，可以通过无线的方式为数字设备供电。如果在该网络系统中被攻击者安装了解码系统，那么通过无线供电系统就可能传送病毒或恶意程序入网。

（2）有线检波技术应用。

如果网络系统中被攻击者安装了解码系统，那么通过电源供电网络就可能传送隐藏的病毒或恶意程序。

3）借助网络中含有数据接收模块的外围设备

如果网络中的外围设备上有信号解码系统，那么只要电源线路中有对应的载波信号，就可以实现病毒或恶意程序入侵网络，可实现超距内网渗透。

4）反向回传数据信息

在网络设备供电系统的入口处，安装或加装无线信号截获系统及中转器，实现信息或病毒的接收、发送等中转功能，是黑客获取信息、注入病毒和恶意程序的一种可选方案，具体方法是：①通过无线信号截获系统，该系统以电源线作为接收天线，来获取网络系统内辐射泄露的信息和系统的关键信息，再通过电网回传给黑客。这样黑客可以不必入侵系统，即可获取系统的操作信息，如辐射的屏幕信息、手机设备的相关基础信息；②如果网络系统中被安装了接收解码系统，那么可实现病毒中转，达到入侵系统的目的；③理论上讲，系统设备信号的辐射，使供电电网的电线上有局域网设备工作的有用信息，对供电电网的电线进行检测、分析可能会获得这些信息。

分析来看，通过这种方式获取局域网设备的信息，相对比较容易，但要想入侵局域网，相对较难，需要有内应，即内部响应的硬件和软件。

在局域网中的所有端点设备，如果有一个位置被植入信息接收装置，那么它就可将恶意程序植入或转入该系统中，其就成为局域网中的恶意种子，再通过内网渗透，就能感染整个系统，为了网络系统的安全，我们要加强对供电系统网络的安全防护。

4.4.13　防电磁辐射措施

1．必要性

我们知道，所有的电子设备，只要有电流，就会产生电场；有交变的电流就会产生电磁场；有交变的电磁场就会产生电磁辐射。

网络系统中的服务器、计算机主机、监视器、交换机、传输线路等，都存在电磁辐射，如果在适当的距离有接收电磁辐射的装置，并将信息还原，就存在数据泄露隐患，因此防范网络系统的电磁辐射带来的数据泄露风险是非常必要的。

2．采取的措施

为了消除电磁辐射带来的安全隐患，我们有必要采取一些安全防护措施。

（1）对机房、重要场所、终端区域、传输线路等采取必要的屏蔽措施，防止电磁辐射造成数据泄露。

（2）在机房、重要场所、办公网络区域加装电磁信号干扰设备，使微弱的有用电磁辐射信号被强白噪声干扰电磁信号所掩盖，从而起到保护微弱的有用电磁辐射信号的作用。

（3）要定期对机房、办公网络区域、重要场所等进行电磁辐射信号安全检查，对电磁辐射的安全风险进行评估，以发现安全隐患、安全漏洞，并及时采取安全措施。

4.5　安全管理平台

当今是信息化、电子化、智能化的时代，我们应该顺应时代，用信息化、电子化、智能化的手段去管理网络系统。

安全管理平台（管理中心）是一个局域网的综合信息管理系统，它用信息化的手段将网络系统上的所有可采集的信息尽可能地管理起来，它能实时展示网络系统的运行状况、健康状况，它是一个信息化的综合管理平台，它是网络系统安全防护能力的倍增器，对保证网络系统安全具有非常重要的意义。

安全管理平台需要在网络系统的关键点上设置采集器，收集信息，对其进行监控，以此来保证网络系统的安全。采集的信息包括：网络系统中的设备运行信息、智能防御系统处理信息、防病毒系统处理信息、漏洞扫描信息、防离线防篡改监控系统检查到的信息、上网行为管理信息、系统后台监控信息、网络系统通信信息、可疑链接在线检测信息、IP 地址管理（在符合保密要求的情况下）、重要地点的视频监控、门禁、日志审计信息，等等。

对于一个对外提供公共服务的系统来讲，由于要对外开放公共服务和端口，给网络系统配备网络实时健康状况监控系统就显得尤为重要了，因此网络实时健康状况监控系统的状态信息也应纳入安全管理平台进行综合管理。

安全管理平台按照应用层次分为四级，分别是描述、诊断、预测及决策，可分别实现可视化呈现、智能诊断、科学预测、辅助决策。

为保障安全管理平台的安全，要定期对安全管理平台进行安全检查、安全维护，以及安全性风险评估。

4.5.1 采集器部署

考虑到网络系统整体安全，可在总部部署安全管理平台，在各分支机构部署分布式采集器，通过对整网流信息及网络设备日志的采集，对整网安全践行统一管理，实时监测整网安全情况，实时监测安全攻击事件和设备问题，对发现的问题进行实时报警，实现流量可视化、日志智能化分析、安全态势预知等，有效提升安全预警及安全处置能力。另外，也应该对网络系统的资产进行管理。

安全管理平台采集器的部署，如图 4-53 所示。

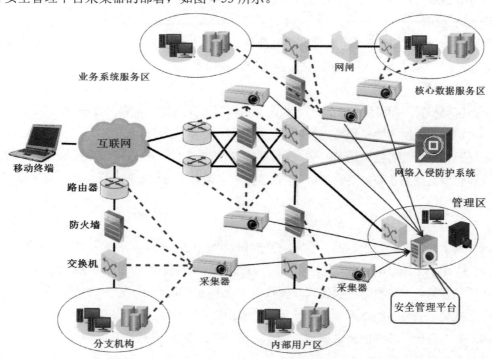

图 4-53　安全管理平台采集器的部署

4.5.2 平台技术应用

1. 简单网络管理协议

简单网络管理协议（Simple Network Management Protocol，SNMP）是专门用于在 IP 网络中管理网络节点的一种标准协议，它是一种应用层协议。该协议使网络管理员能够提高管理网络的效能，发现并解决网络问题；通过该协议接收的随机消息，网络管理系统能获知网络出现的问题；通过该协议，网络管理系统能够监测连接到网络上设备的情况。

2. 网络入侵防护系统

网络入侵防护系统是网络入侵防护同类产品中的精品，该产品具有高度融合、高性能、高安全性、高可靠性和易操作性等特性，产品内置先进的 Web 信誉机制，同时具备深度入侵防护、精细流量控制，以及用户上网行为全面监管等多项功能，能够为用户提供深度攻击防御和应用带宽保护的完美体验。

1）入侵防护

实时、主动拦截蠕虫病毒、后门程序、木马病毒、DoS 攻击等，保护网络信息系统和网络架构免受侵害，防止操作系统和应用程序损坏或宕机。

2）保证 Web 安全

基于互联网 Web 站点的挂马检测结果，结合 URL 信誉评价技术，保护用户在访问被植入木马病毒等恶意代码的网站时不受侵害，及时、有效地拦截 Web 威胁。

3）流量控制

阻断一切非授权用户流量，管理合法网络资源的利用。通过保证关键应用带宽来不断提升用户 IT 产出率和收益率，有效保证关键应用全天候畅通无阻。

4）上网监管

全面监测和管理即时通信、P2P 下载、网络游戏、在线视频，以及在线炒股等网络行为，协助用户辨识和限制非授权网络流量，更好地执行用户的安全策略。

入侵防护系统针对越来越多的病毒、间谍软件、垃圾邮件、DDoS 等混合威胁及黑客攻击，不仅能够有效检测到各种类型的攻击，更重要的是能降低攻击的影响，从而保证业务系统的连续性和可用性。

一款优秀的网络入侵防护系统应该具备以下特征。

（1）满足高性能的要求，提供强大的分析和处理能力，保证正常网络通信的质量。

（2）具有针对各类攻击的实时检测和防御功能，同时具备强大的访问控制能力，可在任何未授权活动开始前发现攻击，避免或减少攻击可能给用户带来的损失。

（3）准确识别各种网络流量，降低漏报率和误报率，避免影响正常的业务通信。

（4）具有全面、精细的流量控制功能，确保用户关键业务持续稳定运行。

（5）具备高可用性（支持两台安全设备以主-备或主-主两种工作模式运行），具有旁路功能（硬件、软件）。

（6）可扩展的多链路 IPS 防护功能，避免不必要的重复投资。

（7）提供灵活的部署方式，支持在线模式部署，可第一时间把攻击阻断在用户网络之外；也支持旁路模式部署，用于攻击检测，以适应不同客户需要。

（8）支持分级部署、集中管理，满足不同规模网络的使用和管理需求。

在安全管理平台中融入网络入侵防护系统的功能，是为了更好地保护网络系统的安全。

3. 信息安全运营中心系统应用

信息安全运营中心系统以业务信息系统为核心，以客户体验为指引，从监控、审计、风险、运维四个维度建立起一套可度量的统一业务支撑平台，使得各种用户能够对业务信息系统进行可用性与其他性能的监控，配置与事件的分析审计预警，风险与态势的度量与评估，安全运维流程的标准化、例行化、常态化，最终实现业务信息系统的持续安全运营。

4.5.3　平台的安全策略

为了保证网络系统的安全稳定运行，应对系统采取运维与安全性保障措施。

1. 综合运行监控维护策略

1）可靠性检测与自恢复功能

可靠性检测和自恢复功能包括：数据采集完整性检测、数据错位检测与恢复、数据校验与恢复、数据缓存与重传、服务器及专用设备节点故障检测、服务器及专用设备发生故障后，自动重启或被接管、软件进程吊死检测及自动恢复、网络拥塞检测及恢复，等等。系统应具备可靠性检测和自恢复功能。

2）系统监控

为了实时了解系统的运行状况，尽早发现可能存在的问题，系统应具备软件模块（监控前后端系统及综合服务平台系统软件）、应用软件、硬件等，支持故障发现、报警和简单故障自动恢复。

一般监控的要素：服务器和终端的 CPU、内存、磁盘存储空间等资源的使用状况；数据库性能；网络连接情况；应用软件执行情况；前台系统的资源监控信息可通过前后台之间的接口发送给后台系统，由后台系统集中展现。

比如在 Windows 系统的控制主机上启用"网络发现"功能，在浏览器中可以较方便地查看到网络中的其他用户。通过"网络和共享中心"查看完整映射，可以较方便地查看局部的网络结构。

3）系统报警

为了方便系统维护人员的日常维护工作，及时发现、迅速解决系统运行过程中可能发生的故障，系统需要具有报警功能。需要报警的内容如下。

严重错误：对系统正常运行有重大影响的事件，如资源不足，网络故障，需要人工干预。

错误：不影响系统正常运行，但对数据的完整性、正确性及系统的可操作性有影响的事件，需要人工干预或修正。

一般报警：不影响系统正常运行，但加以处理后对系统日常维护有较大的帮助和指示意义的事件。

系统需具备报警信息收集及展示功能，集中收集并展示网络系统的报警信息。

2．物理安全策略

当系统正常运行时，不要使用任何外挂软件或可移动的存储设备。当系统出现故障时，厂家维护人员需在建设单位、使用单位的监督下，现场维修故障。对于现场无法维修的设备，按规定进行处理、销毁。

3．应用系统安全策略

应用系统安全策略是指为了确保操作系统、数据库、应用软件等能够正常运行，防止外界通过某种途径人为或非人为地对这些系统进行破坏而采取的安全防范策略，包括操作系统安全策略、数据库安全策略、采集（或导入）数据安全策略、应用软件安全策略等内容。

1）操作系统安全策略

操作系统安全策略用于配置本地计算机的安全设置，包括密码策略、账号锁定策略、审核策略、IP 安全策略、用户权限设置及其他安全选项。

对于各服务器的操作系统的安全防范应采取如下措施。

（1）针对操作系统，采取内核剪裁技术，只保留所需要的、必要的服务；

（2）及时安装操作系统和服务器软件的最新版本和修补程序；

（3）进行必要的安全配置，关闭存在安全隐患的、不需要的服务，仅保留系统必须使用的应用和端口；

（4）加强登录过程的身份认证，设置复杂的强口令，并定期改变口令，限制非法用户登录；

（5）严格限制系统中的关键文件，如 UNIX 系统下的 rhost、etc/host、passwd、shadow、group 等的使用许可权限；

（6）最小权限原则，严格控制登录访问者的操作权限，将其操作权限限制在最小的范围内；

（7）定期检查系统安全日志和系统状态，及时发现系统中可能出现的非法入侵行为，为事后审查提供依据；

（8）利用相应的漏洞扫描软件对操作系统进行安全性扫描评估，检测其存在的安全漏洞，分析系统的安全性，采取补救措施；

（9）及时清除用户的历史痕迹，使入侵者查看不到网络上用户的历史行为，起到保护用户的作用。这不包括网络系统需要保存的日志。

2）数据库安全策略

数据库系统的安全性很大程度上依赖数据库管理系统，为确保数据库有良好的安全性，应选用技术比较成熟的大型数据库管理系统。此外，对数据库管理系统，我们可以通过以下措施来提升其安全性。

（1）访问控制：用来决定用户是否有权访问数据库对象；

（2）验证：保证只有授权的合法用户才能注册和访问；

（3）授权：不同的用户访问数据库，可授予不同的权限；

（4）审计：记录各用户对数据库施加的所有动作。

3）采集数据安全策略

采集数据安全主要是保证数据采集后，将数据可靠地送至数据中心进行存储，并且在处理的过程中不被非法读取。该安全性主要通过以下措施来保障。

（1）多级缓存保护：在数据正确入库前，在各级处理单元设置缓存保护，出错后可以从缓存中恢复数据并重新处理。

（2）数据容灾：在入库的同时，将原始数据保存在容灾库，需要恢复时，可从容灾库中读取。

（3）数据库访问控制：设置用户名与口令规则，并通过权限控制限制未授权用户对数据库的访问。

（4）数据缓存加密技术：对缓存数据加密可有效地保护数据。

（5）传输加密技术：传输加密技术可防止在传输过程中，受网络嗅探器的攻击。

4）应用软件安全策略

系统在运行过程中必须采取相关的措施，确保整个软件系统（包括操作系统、数据库、应用系统等）能够正常运行，并且防止外界通过某种途径人为或非人为地对数据和信息进行破坏或窃取。

（1）权限认证。

当系统处理用户的业务请求时，所有的业务请求都将通过隔离的安全权限认证。权限认证包括以下两部分：

① 用户访问系统权限的认证；

② 用户使用业务权限的认证。

（2）控制对服务器的访问。

采用操作系统、数据库系统和应用系统的安全机制对用户登录进行认证，包括用户名、密码、登录时间、登录地点及用户权限控制内容，便于日后对用户的行为进行追踪、审计。对于连续输入错误密码的用户，应立即锁定该账户，如果想重新启用，必须经过安全审计员认证。

账户密码设置策略如下。

① 密码长度在 10 位以上；

② 密码由数字、大写字母、小写字母、符号组成，且至少包括三种以上类型的字符，包含汉字或其他特殊字符更好；

③ 要求用户对密码进行定期更换。

（3）采用查询记录设备。

查询记录设备自动记录使用部门所有的操作请求及结果，记录经加密后进行存储，并不可被更改。对该记录设备，可设置多个密钥，由不同部门分别掌握密钥，确保系统查询记录设备的安全。

4. 网络安全策略

网络安全是指为了保护网络系统的硬件、软件及其系统中的数据不受偶然的或者恶意的攻击而遭到破坏、更改、泄露，保障系统连续、可靠、正常地运行，网络服务不中断而采取的安全防范策略。

1）前后端系统间的网络安全策略

为了保证后端系统的网络安全，需要在前端系统与后端系统之间分别设置防火墙和隔离网闸（根据需要可选择单向网闸或双向网闸），对后端系统的接入进行身份认证与访问控制，并且严格控制其访问范围，屏蔽和过滤非法访问和攻击。

2）数据传输的网络安全策略

为保证系统核心业务数据安全、使用部门信息的保密性及系统登录口令传输的机密性、完整性等，系统应采取如下措施，以确保数据传输的安全性。

（1）前端系统与后端系统之间的数据传输采用专线，并做好防电磁辐射措施。

（2）对接入的 IP 地址和应用端口，在防火墙上进行严格的限制，有条件的要绑定接入终端的 MAC 地址，对经过的数据包进行检查，过滤非法的数据包。

（3）前端系统和后端系统之间可采用防火墙 SSL VPN 模块或者 SSL VPN 设备。

（4）对后端系统中的交换机，设置多个 VLAN，按需要把设备划分到各个 VLAN 中，控制设备之间的互访，防止网络渗透。

（5）在交换机上设置 802.1X 端口接入认证和端口安全机制，对端口和 MAC 地址进行绑定，用多种认证方式检测数据帧中的 MAC 地址，对相应端口的输入/输出报文进行控制。

（6）采用其他增强的认证手段进行用户身份认证，防止数据被非法窃取。

5. 安全管理策略

安全管理策略是指系统管理员对系统实施安全管理所采取的方法及策略，主要包括网络管理策略和网络安全管理原则。

1）网络管理策略

网络管理策略分为网络安全制度管理策略和网络安全技术实施策略两个方面。

（1）网络安全制度管理策略。

安全系统需要人来操作，即使是最好的、最值得信赖的系统安全措施，也不能完全由计算机系统来实施，因此必须建立完备的安全组织和管理制度，如管理员制度、安全审计员制度、维护人员职责制度，以及资源库提供者职责制度、开发者职责制度、用户职责制度等明确权限责任的制度。

（2）网络安全技术实施策略。

网络安全技术实施策略是指针对网络、操作系统、数据库、信息共享授权提出的具体技术措施，即针对网络系统实施的技术策略要切实有效，要真正能发挥作用，要实实在在地落地。

2）网络安全管理原则

计算机信息系统的网络安全管理主要基于以下三个原则。

（1）多人负责原则。每项与安全有关的活动都必须有两人或更多人在场。这些人应是网络系统主管领导指派的，应忠诚可靠，能胜任此项工作。

（2）任期有限原则。一般来讲，长期担任与安全有关的职务容易造成思想麻痹、安全意识淡薄，而且容易产生这个职务是专有的或永久性的错误认识。

（3）职责分离原则。各司其职，除非主管领导批准，在信息处理系统工作的人员不要打听、了解或参与职责以外、与安全有关的任何事情。

6．建立全天候有人值守制度

为保证网络系统的安全性，要建立 7×24 小时全天候有人值守的工作机制，以确保网络系统在出现异常时，能及时被处理。

4.6　网络系统的安全升级

当前技术发展日新月异，系统的新漏洞、新风险不断出现，为适应业务发展和系统安全的需要，需要对系统的硬件、固化程序、操作系统、应用系统、安全设备等不断进行升级、维护。

对系统进行升级，首先要保证系统的安全性；其次要保证系统能够正常运行，在经过允许的情况下，可以使系统短时间停止使用。

4.6.1　网络系统的硬件升级

在线状态：在保证系统供电的情况下，系统硬件的固化程序、操作系统的安全补丁等，一般能够进行自动或手动升级。

离线状态：在保证系统供电的情况下，先获得系统的相关升级补丁包，再对系统进行手动升级。

在对系统的硬件、固化程序、操作系统等进行升级时，应按照产品说明进行或咨询产品厂商技术服务部门。在安全允许的情况下，为保证系统升级的安全、可靠，可以请产品生产厂家技术人员来对系统的硬件、固化程序、操作系统等进行升级。

在对系统进行升级时，一定要先对系统的安全风险进行评估，对各种可能带来的安全问题、系统运行问题等，事先要做好安全处理预案，不要盲目地进行系统升级，一定要把准备工作做好，在系统升级过程中，尤其要注意保证系统的供电，以免给系统带来不可挽回的损失。

4.6.2　网络系统的软件升级

网络系统的软件升级主要是指对网络系统的应用系统进行升级、维护。

对网络系统的软件进行升级前，要对网络系统的关键数据做好防护，比如设备配置信息、用户登录信息、数据库信息，等等。在对网络系统的数据库进行升级前，要对该升级操作进行安全风险评估，对各种可能带来的安全问题，事先要做好安全处理预案；在对网络系统的数据库进行升级时，要非常慎重，要保护好数据库的数据信息，做好数据库的数据备份。

对数据库的应用服务进行升级时，应先停止该应用服务，并断开该应用服务与数据库服务器的连接，以免对数据库的数据造成破坏，然后对该应用服务进行升级，升级完成后，重新启动该应用服务，建立与数据库的连接，恢复应用系统正常运行。

4.6.3 提高网络的管理水平

随着技术的发展，网络系统也会遇到很多管理中的新问题，这就要求我们不断地完善管理制度，不断地提高管理水平，以满足不断增长的管理需要。

总之，在保证网络系统的数据信息安全的情况下，对网络系统进行全方位的安全升级，从系统的硬件、固化程序、操作系统、应用软件及系统的安全管理等各个方面进行不断的升级、维护和改进，从而保证网络系统始终处于良好的安全防护状态，具有抵御各种安全威胁的能力，保障网络系统安全、稳定的运行。

4.7 信息系统安全风险评估

对信息系统进行安全风险评估是消除信息系统安全隐患的重要举措。

4.7.1 安全风险评估的必要性

1．为什么要对信息系统进行安全风险评估

（1）社会技术在不断地进步，网络攻击技术和网络防护技术在不断地博弈，新的安全风险不断出现，所以需要不断地、持续地对信息系统进行安全风险评估。

（2）信息系统的安全性如何，只有对其进行安全风险评估才能知道，对信息系统进行安全风险评估，是保障信息系统安全的前提。

2．建设信息系统的几个重要阶段

（1）要根据业务需求，对信息系统进行安全等级评定，确定按什么样的安全等级建设该信息系统。

（2）根据信息系统的安全等级，对信息系统进行安全风险评估，针对安全风险评估的结果，进行信息系统的技术方案设计。

（3）组织专家对信息系统的技术方案进行安全论证。

（4）根据审核通过的技术方案，建设信息系统。信息系统的安全保证措施与信息系统要"同步规划，同步建设，同步运行"。

（5）依据审核通过的信息系统技术方案对建设好的信息系统进行测评、验收。

（6）信息系统通过安全测评后，可正式投入使用。

（7）在使用过程中要严格遵守各项相关规定，合规使用信息系统，并定期对其进行安全风险评估（或安全测评）。

由此可见，对信息系统进行安全风险评估是制定信息系统建设方案的需要，是信息系统安全运行的需要。

4.7.2 如何进行安全风险评估

对信息系统进行安全风险评估有以下几种方式。

1. 对信息系统进行专业的风险评估

①向专业测评机构申请；②提交技术文档进行资料审查；③专业测评机构对信息系统进行专业测试；④等待反馈结果；⑤针对存在的重大问题，进行问题整改；⑥再申请专业测评（这个过程可能反复几次）；⑦测评通过后，领取权威部门发放的安全检测合格证或安全风险评估报告。

2. 日常自我评估

利用专业的测试工具，对信息系统定期进行自我安全测试，查漏补缺。

4.8 互联网的管理和使用

信息安全讲究"三分技术、七分管理"，因此加强互联网管理是非常重要的。

4.8.1 培养良好的个人习惯

随着威胁形势的不断发展，网络攻击的范围、规模和频率不断增加，网络卫生正变得越来越重要。与个人卫生相似，网络卫生是旨在帮助维护系统整体健康的实践和习惯，通过养成良好的网络卫生习惯，可以减少整体漏洞，使网络系统不易受到许多常见的网络安全威胁的影响。无论作为个人还是组织的代表，用户最终都要承担一定的责任，以确保他们的计算机和信息安全。

为了更好地保护自己的网络，免受网络攻击，我们可以采取以下简单的日常维护措施。

1. 基本的安全管控措施

（1）要确保防火墙处于活动状态，配置正确，而且最好选用新一代防火墙。

（2）要对物联网（Internet of Things，IoT）设备进行细分，并将它们放在各自的网络上（如VLAN），来增强它们的防护能力，以免它们感染其他的网络设备。

（3）安装防病毒软件，有许多备受推崇的免费软件，包括国产的 360 套件、瑞星、腾讯等（应首选国产的），国外的 Avast、Bitdefender、Malwarebytes 和 Microsoft Windows Defender 等。

（4）保持软件更新以提高计算机上运行应用程序的性能，以及稳定性和安全性。

（5）不要把安全全部寄托在预防技术上，要拥有准确的检测工具，以便快速获知绕过外围防御系统的攻击行为。

（6）在大中型网络系统中推荐使用"欺骗"技术。

（7）要加强信息管控，实行实名制管理，这对违法行为具有威慑力。

2．强化身份验证

由于密码不太可能短时间被取代，因此应该采取一些措施来强化密码。例如，短语密码（最好经过一点特殊处理）已经被证明容易记忆并且更难以破解；使用密码管理器，能确保密码安全；使用"双因子身份验证"，来增强登录验证的安全性，等等。

3．安全使用浏览器

在浏览网站时，请留意地址栏中的"https：//"。https 中的"s"代表"安全"，表示浏览器和网站之间的通信是加密的。当网站得到适当保护时，大多数浏览器会显示锁定图标或绿色地址栏。如果用户访问的是不安全的网站，最好避免输入任何敏感信息。

安全使用浏览器应做到以下几点：经常清除缓存，避免在网站上存储密码，不安装可疑的第三方浏览器控件，定期更新浏览器以修补已知漏洞，尽可能限制对个人信息的访问，等等。

4．加密敏感数据

无论是商业信息还是个人信息或是企业敏感信息，对其进行加密是个好习惯，加密处理可增强文件的安全性。

5．慎重上传信息文件

云端硬盘和其他文件共享服务使用起来非常方便，但它们存在潜在的危险。将数据上传到这些文件共享服务时要慎重，即使数据已经被加密。很多云服务提供商提供了安全措施，但是黑客可能不需要入侵云存储器就能窃取信息。黑客可能会通过弱密码、不完善的访问管理、不安全的移动设备或其他方式访问用户的文件。

6．控制访问权限

了解、确定谁可以访问哪些信息非常重要。例如，不在财务部门工作的员工不应该访问财务信息，非人力资源部门的员工也不应访问人事数据。强烈建议不要使用通用密码进行账户共享，并且系统和服务的访问权限应仅限于需要它们的用户，尤其是管理员级别的访问权限。例如，应该注意不要将计算机借给其他人。如果没有适当的访问控制，信息安全很容易受到威胁。

7．慎重使用无线网络

无线网络，如 Wi-Fi、蓝牙，本身是很脆弱的，要确保网络受密码保护，并使用最佳可用协议进行加密，而且已更改默认密码。用户最好不要使用无线网络来开展重要的业务。用户要格外小心，如果你的笔记本式计算机上有敏感材料，最好不要连接无线网络。在使用公共无线网络时，请使用 VPN 方式连接。当将物联网设备添加到家庭网络或办公环境中时，请注意上述这些风险。建议在自己的网络上做好安全域细分，做好安全防护。

8．慎重使用电子邮件

通过电子邮件传输敏感的或重要的信息要慎重，如信用卡号码、个人社会福利账号及其他敏感信息，要防止电子邮件诈骗。常见的电子邮件诈骗策略包括拼写错误、创建虚假的电子邮件链接、模仿公司高管的电子邮件等，这些电子邮件诈骗通常在仔细检查之后，是能够被发现的。除非能够验证来源的有效性，否则永远不要相信要求你汇款的电子邮件。如果用户被要求购物、汇款或通过电子邮件付款，强烈建议使用电话进行确认。最难防范的是黑客伪造了用户信任的人给用户发的电子邮件（这个防不胜防），只要用户点击就会中招——被植入恶意程序。

9．保管好重要信息

每次在购物时，可能很容易在网站或计算机上存储信用卡信息，要养成查看信用卡对账单的习惯，不要在线存储自己的信用卡信息等重要信息。

10．做好快速应急响应

应事先制订突发事件应急响应计划或方案，当发生紧急突发事件时，应该立即做出事件响应。如果认为自己的信息遭到入侵，并且可能危及公共关系团队的安全，应立即通知相关部门的负责人。如果怀疑自己可能是犯罪案件或骗局的受害者，那么应立即通知相应的执法部门，并采取相应的补救措施。

在发生突发事件时，应该首先向熟悉处理该类问题的部门或人进行咨询，最好事先做好这类工作，以便在突发事件发生时能够快速采取措施。应该学会紧急关闭信用卡或银行卡之类的事情，如多次有意输错银行卡的密码。

即使是世界上最好的网络也会受到来自互联网的安全威胁。了解网络中存在的漏洞并采取必要的预防措施是保护网络免受攻击的重要一步。

总之，遵循这些简单的规则将有助于培养用户良好的网络习惯。安全防护工作在于长期警惕，信息泄露源于瞬间麻痹，数据泄露隐患就在身边。安全防护工作要从我做起，从自身做起，从点点滴滴做起。网络信息安全无小事，我们每个人都要养成良好的习惯。

4.8.2　管理检测与响应

管理检测与响应（Managed Detection and Response，MDR）能为用户建立由管理、技术与运维构成的安全风险管控体系，结合用户的安全需求反馈和防控效果对用户安全防护措施进行持续改进，帮助用户实现对安全风险与安全事件的有效监控，并及时采取有效措施，持续降低安全风险，减少安全事件带来的损失。

管理检测与响应服务内容，如表 4-2 所示。

表 4-2　管理检测与响应服务内容

项目	内容	结果形式
主机安全检查	通过日志分析、漏洞扫描等技术手段对主机进行威胁识别；通过基线检查发现主机操作系统、中间件存在的错误配置、不符合的项和弱口令等风险	提供《主机安全风险评估报告》

项目	内容	结果形式
安全加固	对主机服务器、中间件进行漏洞扫描、基线配置加固；分析操作系统及应用面临的安全威胁，分析操作系统补丁和应用系统组件版本；提出相应的整改建议，并在用户的许可下完成相关漏洞的修复和补丁组件的加固	提供《安全加固报告》
安全配置服务	根据客户业务需求，如主机 IP 地址、主机系统版本、域名、流量、加密、数据库防护等级等信息，给出安全解决方案并制定安全防护体系，包括安全服务规格、数量、策略	提供《安全配置方案》
安全防护服务开通与部署	提供安全服务，如主机安全、WAF、高仿 DDoS、堡垒机、漏洞扫描等的服务部署。如果有云安全设置，提供云安全设置服务，包括安全组、防火墙策略等的设置操作	提供《安全服务报告》
安全监测	远程查找及处置主机系统内的恶意程序，包括木马病毒、蠕虫病毒等；远程查找及处置 Web 系统内的可疑文件，包括 Webshell、黑客工具和隐蔽链接（暗链）等；提出业务快速恢复建议，协助用户快速恢复业务	提供《安全监测报告》
应急响应	在系统出现安全问题的情况下，提供安全应急响应服务，由专业的安全团队协助处理中木马病毒等事宜，分析问题根源，并提出改进建议	提供《应急响应分析报告》
定期策略更新与维护	从主机安全、应用安全、网络安全、数据安全、安全管理等方面定期完成漏洞检测、基线扫描、策略优化、巡检监控等操作，并给出整改建议	提供《安全运维服务报告》
网站安全检查	远程提供安全监测服务，支持对 HTTP/HTTPS 进行实时安全监测；支持在网页木马病毒、恶意篡改、坏链、对外开放服务、可用性、审计、脆弱性七个维度上对网站进行监测；支持对 Web 安全漏洞扫描及域名劫持进行实时安全监测	提供《监控分析报告》
基线检查	根据最佳配置核查经验，对操作系统、数据库、中间件、网络设备、网络安全设备、网络边界进行配置核查	提供《基线检查报告》
安全漏洞预警	根据最新的安全漏洞、病毒、黑客技术和安全动态信息，结合客户实际的操作系统、中间件、应用和网络情况等，定期将相关安全信息如安全漏洞、病毒安全隐患、入侵预警和安全事件动态等内容进行通报，并提出合理建议和解决方案等	提供《安全漏洞预警报告》
主动安全预警	发现主机存在被入侵、被攻击问题，应主动排查；针对发现的影响客户使用的安全问题，应主动进行通报	提供《安全策略优化报告》
安全设备维护	对各类安全设备开展基础维护工作，包括为设备配置定期备份、设备特征库升级、设备版本升级、设备切换、设备配置调整等	提供《安全设备配置和维护报告》
漏洞管理	通过主机安全检查、漏洞扫描等安全服务，实现业务系统的 Web 应用、操作系统、中间件等漏洞的统一管理	提供《漏洞扫描报告》

管理检测与响应具有威胁检测、事件响应和持续监控的功能。管理检测与响应服务体系对用户提高安全管理水平，做好网络系统的安全防护大有益处。

4.8.3 完善管理使用规章制度

除技防之外，建章立制、执行落实、监督检查也是做好安全防护工作的重要内容。

对于网络安全的管理要科学化、制度化、程序化、规范化、法制化，要用科学的工作方法和规范操作来弥补技术的不足；要教育、引导所有人员增强自我安全防护意识；要加强管理，违规使用计算机是造成信息泄露的主要途径。所有人员在使用网络系统进行工作时，要严格遵守互联网和网络系统的使用规定，避免违规使用、乱用，使网络系统受到攻击，给工作带来不必要的损失。所有人员要提高认识，要深刻认识网络不安全的严重后果。

企业要制定严格的网络管理制度，建立上网管理（有线上网或无线上网）的规章制度。对网络信息要有明确的规定，要严格界定好重要信息、敏感信息、普通信息。日常工作中用户要定期查杀网络病毒、修补系统漏洞、进行安全风险评估，必要时重装操作系统（计算机重装操作系统前，最好对计算机的硬盘进行低级格式化，或进行引导扇区重写）。

企业要充分发挥管理制度的作用，通过清晰的制度导向，引导管理者和用户遵守各项规章制度，使他们能严格执行规章制度，并养成一种良好的习惯。

安全防护规定千万条，严格落实最重要。每名工作人员要做好自己该做的事情，细心、耐心、责任心缺一不可，要各尽其责，牢记安全观，苦练防护功，严把质量关。

企业要加强制度执行情况的监督检查，落实各项工作的主体责任，要坚持工作谁主管、谁监督、谁负责的原则，将监督检查工作落到实处。但是，我们也要用必要的技术手段来强化流程的审核，以便更好地监督制度执行情况。图 4-54 所示的合规流程审核系统就是一种不错的选择。

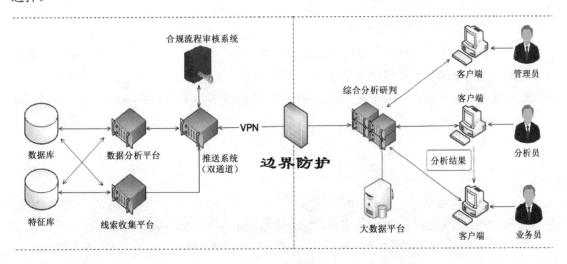

图 4-54　合规流程审核系统

下面简单梳理一下本章内容。

1. 各种安全设备的作用

防火墙：对网络层进行访问控制，防范黑客攻击。

防毒墙：对主链路上的病毒进行检测、阻断，弥补防火墙的不足。

入侵防御系统：对主链路上的木马病毒、蠕虫病毒、恶意行为等进行检测、防护，弥补防火墙和防毒墙的不足。

安全网关：允许授权的计算机通过。

入侵检测系统：对网络、系统的运行状况进行监控，尽可能发现各种攻击企图、攻击行为，从而发现系统中的不足，以便采取合适的补救措施。

APT 检测系统：动态检测未知威胁，不再基于特征库形式，而是基于沙箱形式，弥补入侵检测系统静态检测的不足。

双向网闸：有效物理隔离内外网，杜绝 TCP 协议传输，能有效地保证重点服务器区的安全。

日志审计：对现有设备日志进行统一收集及分析，确保符合日志的留存要求。

数据库审计：对数据库操作进行重点审计，记录对数据库的具体操作行为，并对高危操作进行异常报警。

漏洞扫描：主动探测整体网络的脆弱性，及时发现脆弱性威胁的资产并进行修补，提升网络系统整体的安全性。

Web 防火墙：对 Web 服务器进行安全防护。

以上介绍了较多安全防护措施，具体在网络建设时，要根据网络的需求和安全要求来酌情删减，而且安全设备也不是多多益善，够用就好。在网络建设时，要避免串接的安全设备太多，这样可能会对网络的使用带来瓶颈。

2．制定合理安全方案的一般过程

首先，对一个应用网络系统要明确其应用场景，确定其如何使用；其次，要根据系统的安全需求，制定总体的安全策略和安全方案；再次，要根据采取的安全策略，选用合适的安全设备、安全系统、安全方法来保证该系统的安全性；最后，要明确每个安全设备、安全系统、安全方法分别起什么作用，要将它们整合在一起，统筹考虑，要将它们联动起来，有效衔接，不要孤立地使用，要相互支撑，让它们发挥更大的作用。

3．责任落实

在进行网络信息系统工程建设及管理时，要与网络信息安全保障措施同研究、同部署、同落实、同考核、同奖惩、同检查，这样才能更好地保证网络信息系统安全稳定运行。

在网络信息系统日常维护工作中，企业要落实网络信息系统安全审计工作，要定期对系统进行安全审计，这样才能及时发现安全隐患，把问题扼杀在摇篮之中。

安全防护工作如同对弈，一招疏忽，满盘皆输。用户要时时谨记安全之重，刻刻警惕漏洞之危。黑客无孔不入，安全防护要滴水不漏，要堵住漏洞的缺口，巩固每一个阵地。安全防护无小事，事事系安全。我们针对每一个安全需求，要具体落实采取了什么技术措施、制定了哪些管理制度、由谁具体负责，把安全防护工作做到实处。

4．选择好平衡点

作为网络系统的设计者，要坚持问题导向，强化系统思维，要遵循规律、科学谋划、务实笃行，要根据用户网络安全需求，确认网络系统安全防护标准，通过网络安全风险评估，来权衡网络系统的安全性和系统工程投资预算，在基本满足网络系统安全的前提下，使用用户能够接受的配置方案，最好综合制定合理的网络安全配置方案。

　　企业要完善网络系统管理和使用的规章制度，每名工作人员要管好自己该管的事，做好自己该做的事，要各尽其责，各尽其职。信息是生成战斗力的数据库，安全防护是保护战斗力的防火墙，数据泄露是失败的导火索，事前百分之一的预防，胜过事后百分之九十九的补救。安全防护工作最大的隐患是没有忧患意识。对待安全防护，用户要用"显微镜"查问题，要用"放大镜"看危机。

第5章

组建隔离网络

第 4 章介绍了连接互联网网络的安全防护措施，本章我们研究一下，组建能接收互联网信息，但与互联网隔离的局域网。

组建与互联网隔离的局域网，可以采用内、外网网络架构，如图 5-1 所示，其内、外网之间用单向传输设备连接，使网络信息可进不可出。

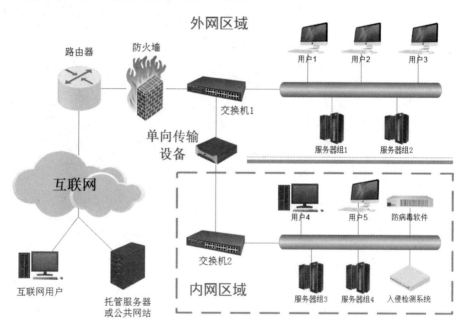

图 5-1　内、外网网络架构示意图

图 5-1 所示的内、外网网络架构具有如下的安全特性。

（1）对外网采取了必要的安全防护措施：避免外网被来自互联网的病毒、恶意程序感染、控制、破坏，防止敏感数据外泄，保证网络正常运行。

（2）保障内网的信息安全：内网绝对不允许任何数据外泄。

（3）对内网数据采取保护措施，避免病毒、恶意程序等对内网数据造成破坏，保证内网正常运行。

（4）保护托管服务器，即互联网上的服务器，免受网络攻击，保证业务的正常运行。

企业可以使用与互联网隔离的方法来建设内部级或分级保护局域网，也可以通过组建完全独立的局域网来建设内部级或分级保护局域网。

5.1　分区域搭建局域网

为保障隔离网络安全，可以采用分区域管理和 VLAN 管理相结合的方式来提高网络系统的安全性。

5.1.1　按硬件种类分区域管理

按硬件种类，区域可分为服务器区、管理设备区、办公区、安全设备区，如图 5-2 所示。

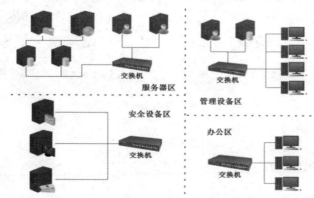

图 5-2　按硬件种类分区域管理

5.1.2　按系统功能分区域管理

按系统功能分区域管理，如图 5-3 所示。

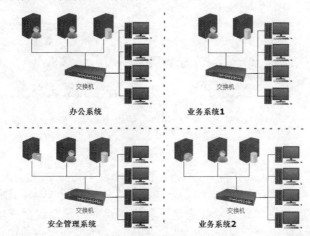

图 5-3　按系统功能分区域管理

5.1.3 按文件数据的重要性分区域管理

为了企业的秘密不被泄露，在办公网络上划分出一个区域作为企业内部文件处理区，即按文件数据的重要性分区域管理，如图5-4所示。

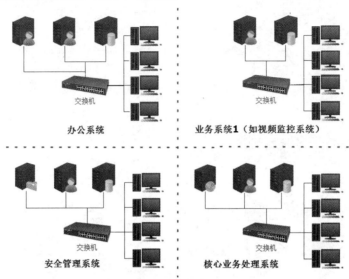

图 5-4　按文件数据的重要性分区域管理

5.2　单向隔离技术

说到单向隔离，就离不开单向网闸隔离设备。单向网闸隔离设备，又称安全隔离与信息交换单向导入系统、单向网闸、单向传输设备等，常用的有单向光闸，其主要用来隔离两个或者多个不同的网络，并在不同的网络之间采用光信号进行单向的数据传输。其特征是，数据仅能由发送端传输至接收端，反向则不存在物理的数据传输通道，从而实现网络间的单向隔离。

单向光闸的结构，如图5-5所示。

图 5-5　单向光闸的结构示意图

5.2.1 产生的原因

由于计算机网络的开放性，故产生了许多安全问题，如网络攻击、信息泄露。而采用以防火墙为核心的网络边界防御体系只能够满足信息化建设的一般性安全需求，却难以解决涉密信息系统等重要网络的数据保护问题。对于涉密网络的保护，我国历来采用物理断开的方法，认为断开了就安全了，事实上并非如此，断开了，信息系统的数据一般不会外泄，但可能被破坏，而且会影响业务系统的某些功能。

目前，很多部委或部门的重要业务系统都属于涉密系统，而业务系统需要的基础数据都来自外部业务网络，甚至是互联网。物理断开造成了应用与数据的脱节，影响了政府执行能力和行政效率。包括国家保密局在内的信息化建设的主管部门都充分地认识到，断开不是目的，保护涉密网络的安全才是目的。现在之所以要断开，是因为还没有一种值得信赖的技术实现互联。看来，如何实现涉密网络与非涉密网络之间的连接，已成为我国信息化建设中一个亟须解决的问题。

如何解决安全与应用之间的矛盾？应用的需要和安全的需要催生了一种新型的技术——物理隔离技术。物理隔离设备是一个三系统的设备，由一个外端机、一个内端机和一个中间交换缓存组成。内、外端机用于终止网络协议，对解析出的应用数据进行安全处理；中间的交换缓存通过非 TCP/IP 协议的方式进行数据交换。

我国的信息安全产业界从 1999 年就采用物理隔离技术，以期实现涉密网络与非涉密网络的联网突破。

"数据二极管"技术具有纯单向性，能够保证数据信息从低密级网络向高密级网络流动，同时保证高密级网络中的信息不可能流到低密级网络中，从而达到数据推移、防止数据泄露的目的。

"数据二极管"单向传输设备就是基于这种纯单向传输技术形成的边界安全防护设备。这种设备的研制动机就是要解决涉密网络与非涉密网络之间的互联问题。有时采用内外网网络架构也能解决一部分网络用户的需求，参见图 5-1。为了保证内部网络区域的安全，在公共办公区域和内部办公区域之间增加一个隔离设备——单向传输设备，该设备需要满足以下要求：①公共办公区域（外网区域）的信息可以传入内部办公区域；②内部办公区域（内网区域）的文件不能传入公共办公区域。

5.2.2　安全功能

为了保证网络系统导入过程的安全性，单向传输设备需具备如下安全功能。

1. 单向传输功能

信息发送端只有发送模块，信息接收端只有接收模块，中间采用发射二极管或光纤（避免有电气特性连接）传输方式将数据或文件从外部导入内部敏感主机，并必须确保无握手信号。

2. 数据容错功能

由于单向传输无信号反馈，内部设备将无法验证传输数据的完整性（除非采取特殊的验证方法，如采用传输验证码），系统需通过采取一定的容错机制，来保证单向传输数据的可靠性。

为了保证数据完整、有序、高效地从外端传输到内端，单向传输设备开发了专业的数据封装及传输模块。数据封装及传输模块有两种形式，一是应用层数据封装及传输；二是芯片级数据封装及传输。

应用层数据封装及传输模块将需要传送的数据在应用层进行分片处理，每次仅传输安全模块允许的数据量，并通过流量监视功能自动调整分片大小。再使用高效压缩算法对分片数据进行压缩，以提高传输吞吐量。

芯片级数据封装及传输是由固化在硬件中的程序来完成的。

5.2.3 类型和应用场景

1．单向传输设备的类型

（1）桌面型单向传输设备是一种便于携带的终端隔离产品，利用它可以将移动存储设备中的数据单向、无反馈地传输到主机中。

（2）网络型单向传输设备是部署在网络之间实现数据的单向传输的设备。根据传输数据的不同，它主要有以下应用场合：文件的单向同步、数据库的单向同步、邮件的单向中继、信息流的单向传输、文件的单向发布。

2．单向传输设备的应用场景

（1）外部网络向内部网络传输文件的单向传输设备的部署，如图5-6所示。

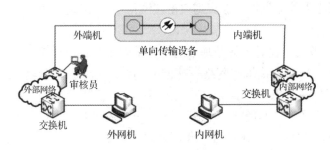

图5-6　外部网络向内部网络传输文件的单向传输设备部署图

（2）静态文件/数据库/邮件单向传输设备部署，如图5-7所示。

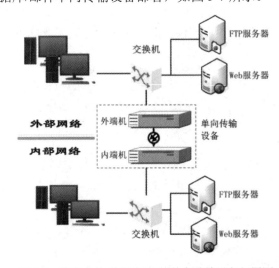

图5-7　静态文件/数据库/邮件单向传输设备部署图

信息流单向传输，如图 5-8 所示。

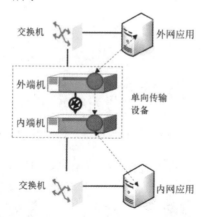

图 5-8 信息流单向传输示意图

如果内网产生的敏感信息需要及时向外界披露、发布，但又不希望因此外网对内网产生攻击，则可以使用单向传输设备的单向文件发布功能来满足上述需求（这种方式的使用要非常慎重，使用前最好经过相关部门的安全认证）。发布的文件要有严格的审查机制和监控机制来保障其安全，避免内部敏感数据外泄。

（3）在网页发布情形下，单向传输设备的典型部署，如图 5-9 所示。

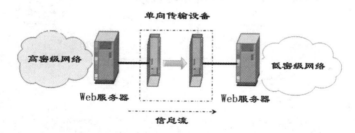

图 5-9 网页发布情形下单向传输设备的典型部署示意图

此时使用的设备的性能要求，参见第 7 章 7.6.1 节，最大的安全隐患是内网敏感信息具有泄露的风险。

3．单向导入数据

单向导入数据就是实现数据的单向传输。

5.2.4 目的和用途

（1）单向传输设备能实现内、外网安全隔离。

（2）单向传输设备能够通过单向光闸对外网进行监控。

单向传输设备能够将外网系统的运维数据、系统日志等单向导入内网；将外网的视频导入内网；将重要或必要的终端屏幕显示内容截屏，制成动画或视频文件，或将屏幕显示内容录制成文件，导入内网，从而实现对外网的监控。

5.2.5 技术思路和硬件结构

单向传输设备的技术实现思路，如图 5-10 所示。

图 5-10　单向传输设备的技术实现思路

桌面型单向传输设备硬件结构（板卡式），如图 5-11 所示。

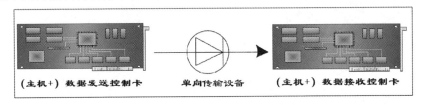

图 5-11　桌面型单向传输设备硬件结构（板卡式）

网络型单向传输设备软硬件结构设计，如图 5-12 所示。

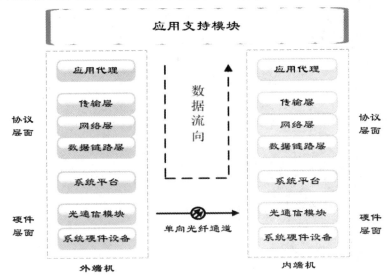

图 5-12　网络型单向传输设备软硬件结构设计

5.2.6 产品形式

1. 单向传输设备由各个独立的部分组成

分立的单向传输设备由上位机、中间传输介质、下位机组成。

上位机包括一个信号发射卡和相应的软件；中间传输介质是光纤或单向器件模块；下位机包括一个信号接收卡和相应的软件。

2．集成模式

集成的单向传输设备将上位机、中间传输介质、下位机三部分集成在一起，封装成一个独立设备。该设备有接入口和输出口，分别用网线与外网和内网相连。

5.2.7　安全部署

对不同的单向传输设备，其部署是不同的。

（1）对由各独立部分组成的单向传输设备，可以直接将其部署在内网和外网中，中间用光纤连接，只要不同的网络区域由不同人负责管理，系统数据就是比较安全的。

（2）对于上位机只有短信发射功能，下位机只有短信接收功能的单向传输设备，可以利用短信来传递信息。将上位机和下位机直接部署在内、外网中，可保证内网的信息安全。只是发送的信息要经过严格的审查、核查、审计。

（3）对集成模式的单向传输设备，我们采用在内、外网各部署一台单向传输设备的方式，两台单向传输设备之间用网线连接，只要不同的网络或工作区域由不同人负责管理，就可以保证内网信息不能传到外网，外网不能直接获取内网的信息。

我们可以通过简单的实验，验证单向传输设备是否能有效地阻止木马病毒，也可以看一下单向传输设备的隔离效果。

首先根据需求调试好单向传输设备，然后打开远程控制软件，观察其能否正常运行。如果远程控制软件能正常运行，说明单向传输设备没有起作用，需要对其进行调整。

5.3　突破物理隔离网络

与国际互联网隔离的网络，并不能保证其不受到攻击，不能保证其不被窃密。内网被突破都是有原因的。

1．违规造成内网被突破

网络工作人员违规操作，是造成恶意程序进入内网系统，从而使内网系统被感染的重要原因。

1）违规使用 U 盘

只要有机会将受感染的 U 盘插入物理隔离主机，攻击者就能成功地入侵。震网病毒就是一个例子，它充分展现了 USB 自动运行攻击程序的巨大破坏力。

2010 年 9 月，伊朗核设施突遭来源不明的震网病毒攻击，致使纳坦兹离心浓缩厂的上千台离心机报废，刚封顶的布什尔核电站不得不取出核燃料并延期启动。

2）监控系统违规外连互联网

系统采取了物理隔离措施，但仍处在远程 IP 摄像头监视之下，这种操作并不少见，本以为是双保险的做法，却为攻击者提供了完美的断网主机信息泄露渠道。

攻击者欲通过监视系统进行攻击，需要先进入监视系统，控制摄像头，而且目标系统还需要被植入恶意软件（违规造成的）。这样攻击者可以利用 LED 状态指示灯或硬盘 LED 指示灯，或调整键盘灯闪烁（人眼察觉不到但 IP 摄像头能捕获到的快速闪烁），来从未联网系统中传输信息给 IP 摄像头，造成信息泄露。

2．利用设备缺陷造成内网被突破

1）CPU 存在泄漏电磁信号

攻击者利用网络设备 CPU 泄漏的电磁信号建立隐秘信道，突破物理隔离。2013 年，有研究者演示了通过 CPU 指令处理所产生的电磁信号来获取物理隔离主机击键信息的方法。

2）显卡发出 FM 无线电信号

你知道自己每次敲击键盘的时候显卡都在往外发出 FM 无线电信号吗？2014 年，某研究人员利用这一系统特点开发出 AirHopper 技术。他利用手机中的 FM 接收器捕获到物理隔离主机上用户每次击键时显卡散发出的 FM 无线电信号。最终，该方法演变成能够盗取隔离系统上录入信息的无线键盘记录器。

总之，网络设备的电磁泄漏是有可能造成物理隔离主机信息泄露的途径之一。

3．管理失误造成内网信息泄露

1）没有管控好网络设备的供应链

在外购网络设备时，要严格管控供应链这个环节，防止在销售、运输的途中，攻击者对网络设备做手脚，即植入恶意程序，从而埋下安全隐患。

2）没有把好网络设备验收关

除了要管控好供应链这个环节，我们还要管控好网络设备验收这个环节。我们在收到网络设备时，要对设备进行严格的检查，以免将设备部署后，造成网络信息泄露。

4．列举可被攻击利用的途径

如果攻击者有机可乘，那么他们有很多种方法，能够从没有联网的计算机中窃取信息，比如：

① BitWhisper 攻击——利用设备发热量窃取未联网 PC 的信息；

② GnuPG 软件——通过无线电波窃取加密密钥；

③ GSMem——通过智能手机入侵气隙网络；

④ Funtenna 攻击——通过声波来远程窃取气隙网络中的数据；

⑤ Fansmitter 软件——通过风扇噪声来窃取加密密钥；

⑥ DiskFiltration——通过硬盘噪声来攻击物理隔离计算机；

⑦ HVACKer 攻击——通过供热通风与空气调节系统执行恶意操作；

⑧ Mosquito——利用超声波创建通信信道，建立双工传输模式。

　　由此可见，要想最大限度地保证计算机网络系统的安全，仅仅将网络通信断开是远远不够的，我们还要部署大量的安全保护设备，采取有效的保护措施，加强各方面监督和管理，避免违规使用网络系统。

　　综上所述，采用国产的设备、国产的操作系统和应用软件，定期对系统进行漏洞扫描，及时修补系统漏洞，对系统做好安全防护，采取实时监测、运维管理、行为分析、智能监管等安全措施，定期对网络系统及周边环境进行健康状况检查，定期对网络系统进行安全风险评估，加强日常的安全巡查管理，遵守安全管理规定，合规使用网络系统，是防止网络系统被非法入侵、攻击的有效举措。

第6章

应用系统安全防护技术

一个现代化的企业为保持其先进性，首先，就要技术领先，就有对其核心技术保密的要求；其次，要与世界接轨，要及时了解世界的先进技术水平，就有与社会互通互联的要求；最后，有将了解、掌握的情况及时反馈给企业内部的有关部门的要求。

根据上述的总体要求，我们设计了两个相对独立的网络，一是企业内部办公网络，简称内网；二是与互联网互联互通的信息交互网络，简称外网。内网是指与互联网隔离的内部级网络或所有的分级保护网络。内网安全防护技术措施对外网应用系统也同样适用。

为了实现内网信息的及时更新，还要保证内网的安全，在内网和外网之间用经过有关部门认证的单向传输设备进行连接，单向光闸就是单向传输设备中的一种。单向光闸具有单向传输数据的特性，即数据只能正方向传送，反方向是不能传送数据的，而且前后端没有电气链路连接，在电气性能上完全隔离，对供电电源、接地线也要采取安全隔离措施。

企业构建内网、外网两个独立网络，内网和外网之间用单向光闸连接，既保证了企业内部办公环境与外界隔离，又能保证国际的先进技术信息及时地导入内部网络。从总体上讲，既保证了企业内网的信息安全，又保证了与国际信息的交互，因此这个用单向光闸连接内、外网的总体架构能够满足现代化企业的基本要求。其网络架构参见图 5-1。

内网建立以后，自身的安全又如何保证呢？用技术手段和用管理制度进行防范是内网安全防范的有效手段和措施。

本章主要介绍内网应用系统的安全防护技术，即内网安全防护。

6.1　应用系统整体设计原则

为保证内网应用系统的总体安全，在设计内网应用系统时，采用"五横两纵"总体技术架构。"五横"，自底向上依次为基础设施层、数据资源层、应用支撑层、业务应用层、界面展现层，各层均通过统一的服务接口为上一层提供服务；"两纵"，分别为信息安全保障体系和运维管理服务体系，主要面向"五横"提供安全保障和综合管理支撑服务。

系统的"五横两纵"架构，不仅实现了对底层数据架构的有效隔离，还为应用系统提供了安全稳定运行的系统架构。通过基础设施、数据资源、应用支撑、业务应用和界面展现五个层面，支撑整个网络系统的运行。

1. 保证底层或基础安全

要保证内网应用系统的底层或基础安全，硬件和操作系统应首选国产的产品。如果必须选用其他产品，要对其进行安全风险评估，在使用前要对其进行安全测评。

2. 做好数据防护

内网应用系统中有两种数据需要保护，一种是需要加密的数据（如传输、交互的数据）和数据库中存储的重要数据、敏感数据，另一种是已解密的数据，如在显示器、打印机上被显示、被打印的数据。

3. 对应用系统软件的要求

对应用系统软件的要求如表 6-1 所示。

表 6-1　对应用系统软件的要求

内容	要点	细化标准
用户管理、权限管理要充分利用操作系统和数据库的安全性	三权分立	三个系统管理员（账号管理员、权限管理员、日志审计员）应有独立的账号、UKey、权限，并相互制约
用户身份鉴别	对重要信息操作要进行身份鉴别	身份鉴别应贯穿用户所有操作，而不只在登录入口处进行鉴别
系统运行时（包括应用软件）必须有完整的日志记录	日志记录的完整性	系统运行时应记录完整的日志，如记录操作员、操作时间、系统状态、操作的详细事项、IP 地址等
不允许用明文方式保存系统使用的各类密码	用户密码或系统使用的各类密码要加密存储	数据库中的用户密码、操作员密码等字段应以加密方式保存
对口令进行限制	①口令不允许以明码的形式显示在输出设备上。②最小口令长度的限制。③强制修改口令时间间隔的限制。④口令的唯一性限制。⑤口令过期失效后允许入网的宽限次数限制	在实际登录系统时，输入的相应口令应以加密形式显示，同时检测最小口令长度、强制修改口令的时间间隔、口令的唯一性、口令过期失效后允许入网的宽限次数
操作失效时间的配置	①支持操作失效时间的配置。②当操作员在所配置的时间内没有对界面进行任何操作时，则该应用自动失效	系统支持操作失效时间的配置，当达到所配置的时间而没有对界面进行任何操作时，则该应用自动失效，用户要想使用，需要重新登录系统
系统应提供完善的审计功能	支持对系统关键数据进行维护的记录	在对系统关键数据进行增加、修改和删除时，系统会记录相应的修改时间、操作人员和修改前的数据记录

内容	要点	细化标准
应用程序源代码的存放和软件版本	①应用程序的源代码不允许放在运行主机上,应另行存放。 ②应具有版本控制信息	①程序源代码应存放在安全的位置。 ②有软件版本控制管理方法,有相应的版本管理规章制度;软件升级、补丁植入流程管理合理。 ③有软件版本记录文件及软件介质与软件操作手册,有详细的软件版本号、软件升级与补丁植入情况记录
软件目录设置及其访问权限应有相应的规范,以保证系统的安全性和可维护性	各应用软件目录设置及其访问权限应有相应的规范	有各应用软件目录设置及其访问权限相应的规范文件
接口程序连接登录必须进行认证	支持接口程序连接登录时的认证	接口程序在连接登录时,需进行用户名、密码、动态码等的认证

4．做好运维管理

要强化运维安全管理制度,做好日常系统的安全管控。尤其要落实好全天 24 小时的值班制度,落实值班的岗位责任制。

5．提供安全保障

为保证网络系统的安全,我们要从硬件、软件和管理的角度对其进行全面的加固。

（1）采用硬件安全网关对网络系统进行安全登录认证。

（2）采用软件对网络系统进行安全加固。

采用比较成熟的安全框架对系统应用进行加固,比如 Apache Shiro、Spring Security 等（仅供参考）。

Apache Shiro 是一个强大且易用的 Java 安全框架,可进行身份认证、授权、密码和会话管理。

Spring Security 是一个灵活、强大的身份认证和访问控制框架,可确保基于 Spring 的 Java Web 易用程序的安全。它是一个轻量级的安全框架,其确保基于 Spring 的易用程序能提供身份认证和授权支持服务。

（3）采用堡垒机对网络系统的所有用户进行安全防护。

前面已经介绍了堡垒机的主要功能是核心系统运维和安全审计管控,使用堡垒机可以有效地避免网络系统内的用户利用应用系统的技术漏洞非法获取信息,所以堡垒机是内网安全防护最重要的技术手段之一。

（4）加强对网络系统的安全管理。

对网络系统要制定完善的安全管理制度,并要落实、执行,定期检查安全管理制度的贯彻情况。

如何保护好内网数据是本章研究的重点,下面我们将分别介绍系统可能存在的安全隐患和技术漏洞。

6.2 系统级安全防护

6.2.1 系统驱动最小化处理

1．普通操作系统存在的安全隐患

一般的操作系统功能都比较全，也比较庞大，用户使用起来比较方便，但是任何事情都有两个方面，用户使用起来方便，什么都有，冗余文件就比较多，出现安全漏洞的可能性就会增加。也就是说，多一个驱动程序或一个功能模块，就有可能多一个或多个安全漏洞，因此操作系统越大，存在安全漏洞的可能性也越大，其危险性也越大，而且系统不易维护。

2．采取的措施

对操作系统采取最小化原则，即在满足用户需求的情况下，保留操作系统最少的功能。

只要不是用户必需的系统软件驱动和功能模块，全部卸载，在有条件的情况下，设备不必要的硬件也应全部拆除。

3．目的

操作系统最小化处理的目的是减少操作系统的安全隐患，使操作系统便于维护，避免不必要的、冗余的功能带来的安全漏洞或安全隐患。

4．解决方案

在硬件上，拆除所有用户不需要的功能模块。

在软件上，卸载操作系统上所有的蓝牙、Wi-Fi、红外等模块或驱动，避免非法用户通过无线连接方式接入或登录系统，非法地复制、窃取网络上的信息，造成数据泄露，给系统带来安全隐患；卸载用户不需要的驱动程序，避免黑客利用这些驱动程序的漏洞入侵网络系统。

6.2.2 及时修补内网操作系统

1．内网操作系统升级的必要性

现在是一个计算机病毒泛滥的时期，而百分之九十的计算机瘫痪、运行缓慢是由计算机病毒引起的。给网络系统内各个设备的操作系统定期打好各种系统漏洞补丁，是避免网络系统被攻击的非常有效的方法。

系统漏洞是程序员在设计程序时不小心或无意间留下的设计缺陷，病毒制造者正是利用这些系统漏洞，在计算机用户疏忽地打开一个被事先设计好的恶意网页时入侵并控制计算机，在计算机中植入病毒。及时地安装系统漏洞补丁，修补这些安全漏洞，可以有效防止计算机病毒入侵用户的计算机。对于内网用户，也要及时给操作系统打补丁，否则后果很严重。当然，并不是所有病毒都可以通过这种方法抵挡。有些病毒是通过 U 盘或捆绑在文件中进行传播的，而且其特征码又不在病毒库中，在这种情况下修补漏洞是没有用的。

我们知道，操作系统存在较多安全漏洞，每一年报告的漏洞数量在成倍增长，而其中很多

漏洞会被黑客利用，成为黑客攻击目标的手段。对于服务器管理员来说，想要及时修补漏洞是很困难的。另外，每年都会发现新类型的漏洞。对新的漏洞类型的代码实例进行分析，常常会发现数以百计的其他不同软件的漏洞，而且黑客往往能够在软件厂商修补这些漏洞之前发现这些漏洞。面对操作系统安全漏洞，用户所能做的往往是以"打补丁"的方式为操作系统不断地升级更新。

比如，2017 年 4 月，"永恒之蓝"被公布。"永恒之蓝"利用 Windows 系统的 SMB 漏洞，可以获取系统最高权限。同年 5 月，有人通过改造"永恒之蓝"制作了 Wannacry 勒索病毒，很多国家的多个高校校内网、大型企业内网和政府机构专网被该病毒攻击。

"永恒之蓝"暴发，有些内网用户损失很大，因此内网也要加强管理，对系统进行及时维护，这样才能保证内网系统的安全。

2．采取的措施

针对操作系统安全漏洞应采取如下有效措施。

（1）及时下载离线系统补丁，对内网中的各个操作系统进行及时升级。

（2）定期对网络系统中的操作系统进行安全检测，发现漏洞应及时修补。

3．操作系统打补丁、升级的作用

为操作系统及时打补丁、升级有如下的作用。

（1）给操作系统打补丁，能够修补大部分的系统漏洞，能有效地阻止黑客的大部分攻击。

（2）对零日漏洞还要采取其他防护措施，如在网络系统中部署主动防御系统等。

但是，对于不能在线的计算机，如何及时升级操作系统是一个非常棘手的问题！

6.2.3　外部接口防护

1．遇到的问题

为保护内网的数据安全，要严格管理内网中各种设备上的各种接口或端口，比如 USB 口、1394 接口、PS2 接口、串行接口、并行接口、网口、SATA、IDE、SCSI，等等。这些接口可以外接存储设备、联网设备，可将企业内网数据复制出去，因此这些计算机的接口存在着重大的安全隐患。

2．采取的措施

为保证内网信息的安全，对网络上的设备接口要进行严格的管理和控制，对多余的、不必要的接口，最好采用物理的方法将其拆除；不能拆除或预留的接口，要采用外部接口防护系统对其进行保护，最好采用经过有关部门认证的接口防护系统对其进行管理。

外部接口防护系统使计算机设备不能使用未经过系统许可的 USB 口、1394 接口、网口等所有外部接口，并管控指定的外部接口，从而保证外设未经许可不能正常接入，外部接口不可被滥用，因此也就避免了数据被非法复制。

BIOS 系统，也应具有对外部接口的管控功能，至少在 BIOS 系统启动以前，所有的外部接口是不可使用的，BIOS 系统启动后所有外部接口都是受管控的，这样能提高计算机系统的安全性、可靠性。

6.2.4　输出信息设备管理

1．要解决的问题

企业内网与外网隔离并不能保证企业的核心技术数据不被窃取，因为企业内网的服务器、计算机终端等网络设备上有许多可以复制数据的设备，比如光盘、U 盘等可写设备，通过这些设备可以将内网的数据复制出去。

2．对外设采取的措施

为保证内网信息的安全，要拆除企业内网上所有的光驱、软驱，严格管控 USB 口的使用。企业内网上只保留一个可写数据的终端设备，如刻录光驱、打印机，即网络上只保留一个输出数据终端，并建立专门的管理审核制度，保证内网的数据能被严格控制，不能随便被复制带出。

3．防显示屏幕信息泄露

1）问题的提出

任何网络系统除做好网络系统架构、网络设备等安全防护外，网络系统的屏幕显示也是安全防护的一个漏洞！

网络系统内的所有数据信息都能在系统的计算机设备或终端的显示屏幕上被还原显示出来。如今电子技术发展迅速，拍照设备非常先进，对屏幕拍照是数据泄露的一个重要途径。如何防止显示屏幕被拍照造成数据泄露也是我们的一个研究课题。

2）采取的措施

窃取屏幕上显示的信息是窃密者的目的之一。为了保证窃密信息的可信度，通常窃密者会采用全屏截取信息的方式，根据这个特点，通过研究，我们认为可以采取如下的信息防扩散方案。

（1）水印技术。

信息媒体的数字化为信息的存取提供了极大的便利，也显著提高了信息表达的效率和准确性。特别是随着计算机网络通信技术的发展，数据的交换和传输变成了一个相对简单的过程，人们借助于计算机、数字扫描仪、打印机等电子设备可以方便、迅速地将数字信息传输到所期望的任何地方。但随之而来的是，这些数字形式的数据文件在流转过程中安全性得不到保障，很容易通过屏幕拍照、截屏、打印等方式造成信息的泄露。

为了保证屏幕显示的安全性，威慑窃密者，可给屏幕自动添加水印。如果想通过拍照窃密，那么会将水印一起拍摄下来，我们给每一台网络设备或终端设置不同的水印，就可以通过水印知道数据泄露源。

① 添加水印的思路。

添加水印是一种很有效的措施，而且添加的水印是很难通过软件去除的。

a. 当终端打开机密文档时，屏幕自动嵌入带有身份信息的水印；

b. 有权限的员工登录文档发布系统后，可以在线浏览、分享、外发带有用户信息的水印文档；

c. 访问业务系统时自动在界面上加载带有身份信息的水印，其不影响业务系统的正常操作、浏览；

d. 从受保护业务系统下载文件均带有可定位到下载人员的水印信息；

e. 通过泄露的图片、文档上的水印内容，可快速定位数据泄露设备和该设备的管理人员。

这种信息防扩散方案在用户无感知的前提下，能很好地解决文档在浏览、编辑、流转、外发过程中可能存在的有意或无意的信息泄露和文档扩散后追查信息源的难题，能帮助用户建立长久有效的信息防泄露机制，保障用户重要文档的安全可控，同时帮助员工增强信息安全意识。

② 几种水印解决方案。

我们可以采用文字水印、条形码或二维码水印、屏幕矢量水印、图片水印、界面装饰水印，等等。所有这些水印都具有屏幕拍照、截屏和打印后可追溯的功能，可做到事先广泛宣传预防，事后能快速定位溯源。

a. 文字水印。

文字水印，是通过文字信息展现水印的一种方式。数字水印的内容既可以配置成自定义的固定内容或专属文字信息（含使用人信息），也可以由系统预定义的宏来设置。

同时，为了在安全性和观赏度之间找到最佳契合点，还可以定义水印所展现的区域，包括水平起始百分比、垂直起始百分比、宽度百分比、高度百分比等。同时，还支持对水印字体、字号、密度、颜色、透明度、位置等进行自定义和修改，可在部署实施的现场，微调文字水印的属性来达到理想的效果。

添加文字水印"严禁复制"的效果，如图 6-1 所示。

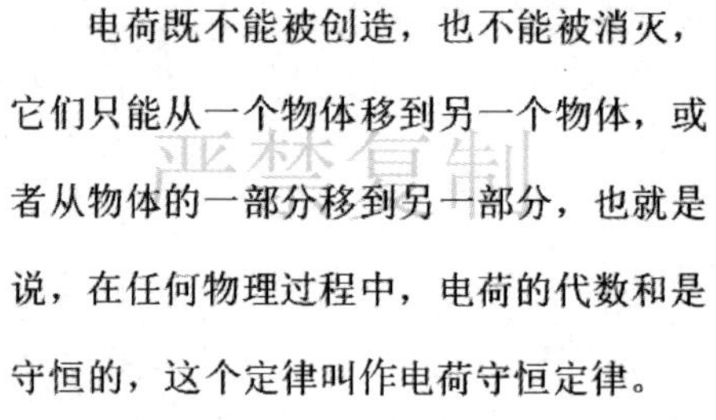

图 6-1　添加文字水印"严禁复制"的效果

b. 条形码或二维码水印。

条形码或二维码水印，顾名思义就是以条形码或二维码的形式展现水印。如默认在页面右下角打印条形码或二维码块，条形码或二维码块可以通过微信扫一扫或者其他条形码或二维码扫描工具进行扫描，扫描后即可弹出所配置的文字水印内容。

条形码或二维码水印属性，支持多种自主配置方式。可以根据用户需求调整条形码或二维码显示位置和二维码的图形。同时，还可以自定义条形码或二维码在屏幕中的水平起始百分比。

条形码和二维码水印，如图 6-2 所示。

条形码和二维码可以含有特定的专属信息。

c. 图片水印。

图片水印主要将水印以图片的方式展现，而且可通过调整图片的大小、颜色与位置，将视觉影响度降到最低。图片水印中的图片都是由用户自己定制的，可自主调整图片的透明度、图片水印拉伸模式和图片水印位置等。

图片水印，如图 6-3 所示。

图 6-2　条形码和二维码水印　　　　　　图 6-3　图片水印

嵌入的图片可以含有特定信息。比如图 6-3，嵌入图片中齿轮的绝对位置、两个齿轮的相对位置、齿轮比例、轮齿的个数、齿轮直径的相对比例等都可以代表特定的编码信息，从而代表不同的含义。

d. 界面装饰水印。

在办公网络的应用系统显示窗口上可增加带有隐藏信息的、有装饰效果的彩色图标、图形、识别条码等。这些彩色图标、图形、识别条码显示在屏幕窗口的适当位置，它们可以起到装饰的作用。它们会成为应用系统的一部分，一旦屏幕被拍照，这些带有隐藏信息的、有装饰效果的彩色图标、图形、识别条码等连同数据一道被拍摄下来。

彩色条纹带水印，如图 6-4 所示。

图 6-4　彩色条纹带水印

如果用不同的颜色代表不同的编码，其就能代表不同的含义。

装饰墙砖水印，如图 6-5 所示。

图 6-5　装饰墙砖水印

如果中间一行墙砖的长短变化代表不同的编码，其就能代表不同的含义。

（2）屏幕显存分区技术。

在办公网络的应用系统显示窗口上采用屏幕显存分区（分块）技术，使每个显存分区的动态刷新频率不同，在拍照时不能同时拍摄完整的屏幕显示内容，从而达到保护屏幕显示内容的目的。

（3）加强安全管理。

禁止员工带手机、拍照设备等进入办公场所，当然，这个很难控制，除非是比较重要的部门。

使用手机区域监控设备可以对重要区域内的手机进行检查、管控。

3）目的和意义

一旦屏幕被拍照后，可以根据照片上的特征识别码反查被拍照的相应网络设备和计算机终端，这样我们就可追溯数据泄露信息的来源，从而威慑数据泄露人，保证系统的安全。

我们不能阻止窃密者拍照屏幕信息，但可以亡羊补牢，通过截取的屏幕信息内容追查到这个泄露信息是从哪个单位、哪个部门、哪台设备，在什么时间被拍照的，再通过信息系统的日志、场所监控系统等找到当时的使用人，从而追查到数据泄露的源头，找到这个隐患，避免更大的损失。

4．打印机水印防护技术

1）问题的提出

局域网还有一个可能的数据泄露设备，那就是打印机。打印的文件一旦传播出去就有数据泄露的风险，对其要严格加以管理。

2）解决方案

局域网中能执行打印任务的计算机要严格加以控制，最好进行统一的管理。

对执行打印任务的计算机，要安装打印控制防护软件，在用户打印信息的时候要进行安全认证，并且打印文件上有自动生成的防伪识别码，如条形码、二维码、文字水印、网屏码、莫尔条纹图像等，其中包含哪个单位、哪个部门、哪台设备、什么时间生成的等信息，将其强制附加在打印内容上，文档被打印时水印内容或水印标记随文档一起被打印，从而可以根据打印内容上的防伪识别码反查相应的计算机信息，便于追溯信息泄露的来源。

条形码水印、二维码水印、文字水印等上面已经叙述，在此不再赘述。

（1）网屏水印。

网屏也称网版、网目版、网线版，是照相制版中用来使感光片形成网点的光学工具。这种技术可用于产品防伪，也可用于信息隐藏，如图 6-6 所示。

如果将网屏编码打印出来，在网屏编码信息图中大的黑点大小约为 0.23mm，四个小的黑点中每个小黑点大小约为 0.11mm（正常的复印机对大黑点可复印，对小黑点不可复印，可用于防复印技术）。在网屏编码信息图中不同的图形代表不同的含义，图形可任意自定义，如两个偏左竖点图形和两个偏右竖点图形是信息单元头信息，可以代表这是第几个信息单元，单个大黑点代表二进制"0"，四个小黑点代表二进制"1"，因此说到底，它就是一个加密的电子文件。

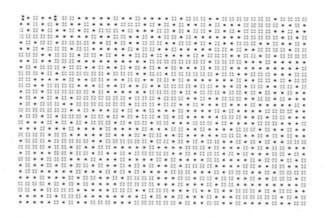

图 6-6 放大的网屏水印

网屏图像中黑点的灰度是可以调节的，通常正常观察（不被放大）时，就是灰色的本底。网屏编码技术可以隐藏大量的信息，也可用于溯源。

网屏编码技术可以是黑白的、单色的或隐藏在彩色图像中，比如使用具有红外光能激发荧光特性的黑色颜料层来隐藏信息。

网屏编码水印技术具有抗折叠、抗冗余备份、抗损伤等特点。

（2）莫尔条纹图像水印。

莫尔条纹是 18 世纪法国研究人员莫尔先生发现的一种光学现象。从技术角度上讲，莫尔条纹是两条线或两个物体之间以恒定的角度和频率发生干涉的视觉结果。当人眼无法分辨这两条线或两个物体时，只能看到干涉的花纹，这种光学现象中的花纹就是莫尔条纹。莫尔条纹可以由遮光效应、衍射效应和干涉效应等多种原理产生。

莫尔条纹技术可用于制作隐藏信息，便于对信息溯源。

图 6-7 所示是用莫尔条纹技术制作的防伪印刷品，其隐藏了"A"字母，该技术可用于图像水印。

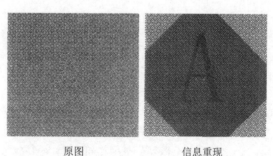

原图　　　　　　　　信息重现

图 6-7 使用莫尔条纹技术隐藏"A"字母的防伪印刷品

由于人工智能技术的发展，使用莫尔条纹技术进行信息隐藏已经无密可保了！因此使用莫尔条纹进行信息隐藏只可用于防伪，应用于其他用途要非常慎重。

此外，在网络系统上还可增加打印机安全管理系统，对打印机进行打印前的安全审计，以此来增强打印文件的安全性。

6.3 应用级安全防护

6.3.1 应用软件防护

1．必要性

计算机系统除操作系统之外，根据用户的应用需求，还要有应用软件。和操作系统一样，应用软件也会存在安全漏洞，从而存在被恶意利用的危险，因此做好应用软件防护是安全防护的重要内容。

那么应用软件有哪些需要注意的事项呢？

要防止应用软件安装程序被非法获取，要保护开发者的权益，要保护知识产权；要对应用软件进行安全漏洞检查，如是否存在目录浏览漏洞、未授权访问漏洞、跨目录浏览漏洞、任意类型文件上传漏洞、敏感信息泄露漏洞、越权访问漏洞、验证码机制失效漏洞——可以使用暴力破解、验证码跳过漏洞，等等；要限制应用软件运行权限，不要使其权限太高；是否存在用户信息泄露问题，如普通用户登录 Linux 系统后系统会自动发送"POST /vdt/users"或者"GET /vdt/userSession"，因其返回信息中包含所有用户的详细信息，其中包括用户名、密码、手机串码、电话号码等敏感信息，等等。

总之，应用软件可能存在很多漏洞，因此对应用软件进行安全检测，并采取防护措施是非常必要的。

2．防护措施

对应用软件可以采取如下的安全防护措施。

1）一般的防护方法

应用软件一般包括安装程序、可执行程序、资源文件、动态库等，它们都需要进行反编译保护；可使用动态加密技术对其进行处理，加密核心算法可存储在硬件或固态存储器中；要运用反调试跟踪技术，防止可执行程序被跟踪调试；主程序中要增加运行环境探测功能，如果运行环境不正常，如不是真正的运行环境、探测到运行环境中已运行了调试跟踪器等，则程序不启动或不运行；在主程序中增加无用的判断、跳转程序，但这些无用的程序应不影响主程序的运行或与主程序无关。

2）软件授权

为保护知识产权，对合法用户，要采取软件授权的方式，使其获得合法的使用权，如使用用户计算机的 MAC 地址、机器码、CPU 或硬盘特征码等来生成数字证书，从而对其进行授权。

在同一个网络中，不允许同时尝试用同一用户名登录该应用软件。

有时对用户可不提供软件产品的程序包，而是通过提供捆绑硬件的产品，或上门或远程安装到指定的硬件上，或连同一部分硬件进行捆绑硬件授权。

3）防破解

对应用软件系统登录尝试要有次数限制。

对登录尝试要有速度限制（只允许低速）；若登录失败，则准许登录尝试的时间间隔加长。

4）Android 混淆技术

（1）Java 代码乱序混淆。

通过对功能代码流程的乱序混淆，使反编译出来的代码流程在静态阅读时与原始流程有很大差异，进而使破解者很难通过静态分析理解代码功能，从而保护 Android 混淆代码不被逆向分析。比如，原始的代码流程是 1→2→3→4→5→6→7→8，经过 Android 乱序混淆后静态反汇编查看到的代码流程变成 2→7→8→5→1→6→4→3，在实际运行时代码流程仍然是 1→2→3→4→5→6→7→8。

（2）Java 类名、方法名混淆。

Dalvik 字节码包含大量的调试信息，如类名、方法名、字段名、参数名、变量名等，使用反编译工具可以还原这些信息。由于类名、方法名等通常都会遵循一定的命名规范，破解者很容易根据这些信息来猜测代码功能。从 Android 2.3 开始，Google 在 SDK 中加入了一款名为 ProGuard 的 Android 混淆工具，ProGuard 会删除这些调试信息，并用无意义的字符序列来替换类名、方法名等，使得反编译出来的代码难以阅读，提升逆向难度。

（3）DEX 加壳保护。

DEX 加壳保护通过将 DEX 文件隐藏并生成一个类似于虚像的壳文件，阻止黑客利用反编译工具获取 App 源码。另外，独有的 SO 库保护，使得 C/C++ 层面的代码得到保护。DEX 加壳保护加上资源文件保护（图片、音频等文件的防查看和防修改）、XML 主配文件保护（对主配文件进行二次签名）、内存保护等措施，保证了 App 的动态和静态的双向安全。

（4）Dalvik 字节码加密。

将 DEX 文件中的部分或全部 Dalvik 字节码加密，由专门的 Native 代码负责动态解密和回填，静态反编译出来的代码已经无法阅读和反编译，动态调试也难以逆向分析。

6.3.2　防病毒检查系统

1. 系统的必要性

当外网数据传入内网时，为防止将外网的木马病毒等恶意程序带入内网，给内网系统造成损失，应在内网系统上安装"防病毒检查系统"，对内网进行防病毒检查。

2. 采取的措施

要坚持首选国产的防病毒软件，要选择经国家相关部门认证的系统软件。

要及时对部署的防病毒软件进行升级，使其能充分发挥作用。

为了提升系统的防病毒效果，还可以考虑使用主动防御、入侵检测和 APT 检测等病毒检测技术。

6.3.3 数据加解密系统

1．要解决的问题

（1）为了保证网络信息系统的数据存储安全，要对网络信息系统的重要数据、敏感数据进行加密存储，不要采用明文存储。如果采用明文存储，数据容易被没有权限的人员看到，造成不必要的信息扩散，增加数据泄露的风险。

（2）网络信息系统的数据在传输过程中，要采取加密传输方式，防止在网络传输过程中在链路上造成信息泄露。

2．采用的措施

为了保证局域网中的信息安全，一般网络所有者会定制一种特殊的、专有的文件存储、传输加解密系统（建议采用经过有关部门认证的加解密系统，根据需要可以同时采用多套加解密系统）。

数据加解密系统能最大限度地保证局域网上的数据文件存储和传输的安全，具体体现在：①该系统上的文件脱离该系统运行环境不能被正常地打开、显示；②即使别有用心的人得到了系统数据，他也不能轻易地还原数据内容，能起到保护数据安全的作用。

数据加解密系统根据用户的需求，可以选用相应等级的加密算法和加密密码（商密、普密、核密）。

一般情况下，密码采用不可逆的加密算法进行加密，通过 Hash 值来验证其真伪。文本或文件采用可逆的加密算法进行加解密。

信息系统应采用加密的通信传输协议，如 HTTPS 协议进行通信。

安全是相对的。传统加密方式依靠数学原理，通过编译复杂的编码来为通信加密，事实证明这种方式并不可靠。据悉，传统加密算法 RSA512 在 1999 年被破解；RSA768 在 2009 年被破解；RSA1024 被破解是迟早的事。2017 年，谷歌破解了文件数字证书中的 SHA-1 算法。而密码一旦破解将毫无秘密可言，在未来的战场中，信息或许能决定战争的结果，因此掌握安全的信息加密方式是至关重要的。

6.3.4 数据防护技术

1．问题的提出

在系统的屏幕上显示的各种数据，如果用户能够复制，生成新的数据文件，如 word 文档，然后将这个文件复制出去，就有信息泄露的风险。

2．解决方案

应采用技术手段禁止一般用户用系统数据私自生成文件（办公系统除外），脱离系统控制；只允许本系统正常打印、导出文件（可以考虑关闭系统复制功能）。

网络信息系统应设置专门的系统浏览终端和系统文件生成终端，进行专业化管理。

要严格控制用户的权限，使一般用户不具备数据或数据库复制的权限。

要加强网络安全控制，加强对用户操作行为的管理，使一般用户不具备将数据或数据库通过网络传输、导出的能力。对高级用户，也要进行严格的管控，比如设置审批、审核制度，采用多人共管制度，等等。

6.3.5　安全管理模块

应用信息系统的安全主要是由安全管理模块来保障的，因此安全管理模块的性能直接影响应用信息系统的安全性。

1．建设内容

应用信息系统安全管理模块的内容包括身份鉴别、访问控制、可靠性与可用性、系统监控、日志审计、管理员行为审计、系统安全评估与加固、数据备份、系统安全应急处置等内容。对于操作系统、数据库系统、网络系统来说，安全管理模块可以酌情增减。

简单地说，安全管理模块应能严格控制使用人的范围；明确使用人的责任，控制好使用人的权限；全面地收集应用信息系统的运行状态信息，保证应用信息系统稳定运行，全面实时地展示应用信息系统的运行状况；维护好安全设备，配置好安全管理策略，保障安全措施的有效实施；具备处理紧急突发事件的方法、手段和能力。

2．具体的技术措施

通常，应用信息系统的安全管理模块具有用户管理、权限管理（包括使用某个指定数据库的权限）、安全审计、系统监控、数据备份、系统安全应急处置等功能，它是应用信息系统的安全保障，因此要花大力气做好安全管理模块的规划设计，制定完整的安全技术方案，抓好落实工作。

应用信息系统的软件架构采用管理员用户三权分立的模式；应用软件的功能采用模块化、插件式设计；每个功能模块都有启用和禁止控制开关，针对不同用户配置不同的功能。

管理员用户按三权分立的原则对设备或系统进行管理和配置，所谓"三权分立"，是指将账户管理、配置管理和日志审计三种不同的操作分派给三个管理员用户，即账户管理员、权限（配置权限和启用用户）管理员和日志审计管理员来进行管理，实现三个管理员用户之间的各司其职。这三个管理员用户是与系统绑定的，是不可删除的。三个管理员用户的权限是相互制约的。三个管理员用户可以修改自己的用户名和密码。

对于分级管理的系统来说，上级管理员用户可创建下一级管理员用户。

应用信息系统在原始开发阶段，可以有"超级管理员"用户，但系统发布后，应删除"超级管理员"用户。系统启用后，需要建立系统管理员用户名档案备用，如果由于某种原因，系统出问题了，需要修复系统，那么系统重建后，只有建立同样的三权管理员用户名及普通用户名（密码可以不一样），才能启用或恢复使用原来的应用信息系统的专有功能，这样做能更好地保护用户资源（数据库）的安全。否则，要重新建立全新的用户，原来的用户资源就不能使用了。

下面我们介绍一下部分安全管理模块。

1）用户分类

用户可分为管理员用户、业务用户、设备维护用户、设备调试用户，等等。

各类用户有权修改本用户密码，用户密码应在设备上密文存储和密文显示。

2）多用户日志

运行日志分为公共日志和用户日志。系统会详细地做好日志的记录、保存，以便日后审计和溯源。

3）多用户安全管理要求

业务用户的信息能够彼此隔离；对用户的相关操作，系统有明确风险提醒；系统支持对用户接入 IP 地址和 MAC 地址进行绑定配置。

为适应用户的需求，系统采用分级的用户组管理用户。用户组与用户、组与组之间存在继承关系，一般会把具有相似属性的用户归于同一用户组，可通过继承关系简化配置。通过分级的管理组和管理员用户将系统的管理权限下放或分配给下一级应用信息系统，可减轻中心系统管理员维护工作量，达到下一级自行管理，中心统筹规划的目的，从而使管理更贴合下一级实际，也便于系统维护人员更加实时地响应各分系统用户要求，充分地满足中心统一管理、分系统自行实施维护的需求。

正常用户在使用系统时需要进行安全认证，根据使用的功能和被授予的权限，其操作过程会被全部记录备案，以便于日后审计溯源。

对用户除单一认证外，系统应支持多因素认证，系统可以将主要认证方式（证书认证和口令认证）与辅助认证方式（动态令牌、短信认证、硬件特征码、绑定主机、绑定 IP 地址、绑定 MAC 地址等）任意组合。认证顺序应为先主要认证，后辅助认证。

系统应支持多用户认证方式，具体有本地认证和第三方认证。

本地认证，顾名思义是在本地完成的认证，即所有认证信息在本地存储。本地认证包括本地口令认证、本地证书认证、本地动态令牌认证、短信认证、硬件特征码认证、绑定主机、绑定 IP 地址、绑定 MAC 地址，等等。

第三方认证是指在第三方处进行认证，或认证信息由第三方提供的认证方式。第三方认证包括 Radius 口令认证、LDAP 口令认证、证书认证、第三方动态令牌认证，等等。

用户登录除采用上述认证方式外，还可以配合使用其他的认证方式，如图形识别后输入文字、图形拖动、生物特征识别等多种组合。

4）应用信息系统监控

应用信息系统监控大体分为出入访问控制和系统健康状况监控。

（1）出入访问控制——五元组规则。

如果用户想精确控制应用信息系统的出入访问，就需要五元组规则。

五元组是通信术语，通常用五元组来描述一个安全组规则。五元组通常是指传输层协议、源 IP 地址、目的 IP 地址、源端口、目的端口。五元组规则是以五元组中几个元素作为匹配条件的规则。

五元组典型应用场景：

① 某平台接入第三方的产品为用户提供网络服务。为了防范该产品对用户弹性可伸缩的

计算服务（ECS）发起非法访问，就需要五元组规则精确控制出、入流量。

② 一个默认组内不同的安全组。如果想精确控制组内若干个 ECS 之间的相互访问，则需要在安全组内设置五元组规则。

安全组用于设置单个或多个 ECS 实例的网络访问控制，它是重要的网络安全隔离手段，用于划分安全域。安全组的五元组规则能精确控制源 IP 地址、源端口、目的 IP 地址、目的端口和传输协议。

（2）系统的健康状况或运行状态监控。

监控应用信息系统的运行状况，能保证应用信息系统安全稳定运行，如果发现系统有异常，要及时报警，及时处置。

6.3.6　文件安全检查预警系统

文件安全检查预警系统是对网络系统中传输的或指定的文件进行纯粹性检查，发现问题及时预警的系统。

1．必要性

用户在合规的情况下，是可以将信息系统中的文件导入、导出的。由于电子文件结构的复杂性，运用现代信息隐藏技术，是可以将秘密信息隐藏在正常文件中的，因此为了保证导入、导出的文件的安全性，我们要对导入、导出的文件进行安全性检查。

2．解决方案

在导入、导出网络数据时，需要对相关数据进行安全检测。为达到这个目的，我们可以在局域网的出入口处部署文件安全检查预警系统，其作用是对每个要存储、传输、复制的文件进行是否有夹密或隐藏信息的检查；其具有关键词搜索、预警，能保证"合法"复制的数据只有明文，不含有敏感词汇，不夹带隐藏的信息，是经过审核的内容。

通常，文件安全检查预警系统具备如下的检测功能。

（1）对图像文件可进行 OCR 内容搜索。

（2）可检查文件是否被加密（如 Office 文档、PDF、压缩包），如果发现有加密的文件，则预警提示并报告加密的文件名。

（3）采用关键词过滤和文本分类技术来检查文本文档，如 Office 文档、PDF、TXT 等。

（4）对压缩包文件，可进行层层分析，直到已遍历其中所有的文件，按照对图像、Office 文档或文本文档等文件类型的处理规则进行检查。

（5）对所有的文件进行检查，看是否夹带多余的数据，分析文件结构中是否存在隐藏的数据。

（6）可自动识别文件类型，对文件类型和文件扩展名不符的进行预警。

（7）对.app、.exe、.dll 等可执行文件进行病毒分析。

（8）与现有的邮件分析系统整合，能够解析 HTTPS（通过对比加解密数据）。

总之，该系统能检查文件中是否存在多余的数据，能分析文件结构中是否存在隐藏的数据，能控制文件输出的质量，能降低数据泄露风险。

我们相信，随着文件检查技术的发展，文件安全检查预警系统会越来越成熟。

6.3.7 系统监控

对网络系统进行监控，是网络系统健康运行的重要保障。

1．必要性

网络系统监控的内容包括系统基线监控、网络诊断、Debug 信息追踪和自定义抓包。基线监控是指监控系统某一资源，当其指标达到指定基线后，进行报警；网络诊断的功能是对目标地址是否可达进行检测，诊断方式分为 3 种：Ping、Traceroute 和 TCP 诊断；Debug 信息追踪的功能整合了一些基本功能和常用模块的 Debug 信息输出功能，能对用户指定的会话进行监控，让用户对问题所在一目了然；自定义抓包功能是通过监控网络流量，将符合用户配置条件的报文保存成指定格式文件，方便用户分析。

为保证网络系统的安全，还需要对网络系统的运行状况进行监控，对用户的行为进行监测，对系统日志进行安全审计。

特别强调一点，要保证网络系统上的设备不被非法启动、操作、更换和改动。有计算机知识的人都知道，通过网口、USB 口、1394 接口等可以连接启动设备，将系统设备启动，浏览该设备，这可能使该设备中的数据被复制出去，因此，要加装"系统运行维护、行为监测、日志审计系统"，用它对网络内部的所有设备进行实时行为监控，比如设备何时启动的，网络端口线是否被拔出，断网多长时间，等等。如果有网线被拔出的行为，就存在该设备被异常启动的可能性，有时该设备的系统日志可能记录这种行为，通过查看、对比设备维修日志、设备启动日志和网口的状态日志（由网口状态监控系统记录的信息），就可以发现系统是否被擅自违规操作，因此部署"系统运行维护、行为监测、日志审计系统"是非常必要的。

2．解决方案

要实现对网络系统的运行维护、行为监测、日志审计，可采取如下措施。

1）应用网络探测技术

网络探测是指对计算机网络或 DNS 服务器进行扫描，获取有效的 IP 地址、活动端口号、主机操作系统类型和安全弱点的攻击方式。

网络环境信息包括网络拓扑结构、主机、主机开放的网络服务及存在的漏洞等，对网络环境信息的获取工具可以按照其是否对目标发起主动的探测分为两大类：主动探测与被动探测。

主动探测是传统的扫描方式，它是通过给目标主机发送特定的包并收集回应包来获得相关信息的，从而确定其操作系统、开启的端口及存在的漏洞等信息（无响应本身也是信息，表明可能存在过滤设备将探测包或探测回应包过滤了）。属于此类的开源工具有 Nmap 和 Nessus。主动扫描的优点在于通常能较快地获取信息，准确性也比较高。其缺点在于一方面易被发现，很难掩盖扫描痕迹；另一方面要成功实施主动扫描，通常需要突破防火墙，但突破防火墙是很困难的。

被动探测是通过监听网络数据包来获得信息的。根据数据包中的指纹提取对应的网络环境信息，属于此类的开源工具有 p0f（被动操作系统辨识工具）和 pads（被动网络服务发现工具）。被动探测一般只需要监听网络流量，而不需要主动发送网络数据包，也不易受防火墙影响。该探测技术的主要优点是对它的探测几乎是不可能的；而其主要缺点在于速度较慢而且准确性较差，当目标不产生网络流量时，就无法得知目标的任何信息。

网络探测对统计网络行为、保障网络安全、建立网络仿真环境等有着重要的意义。

2）应用堡垒机

堡垒机能够对网络系统的核心系统运维和安全审计进行有效的管控，因此使用堡垒机是一个不错的选择。

3）在网络系统中建立完善的日志审计系统

有条件的用户，最好修改、升级主机的 BIOS 固化程序，使 BIOS 系统具备生成启动日志的功能，即在 BIOS 系统中能记录计算机终端、工作站、服务器等每次启动的过程，记录用户的所有操作；当设备正常启动时，将其记录的日志完整地传送给网络系统的日志审计系统。这样能从根本上解决系统中的设备被 U 盘、光盘等非法启动、非法操作不留痕迹的问题，解决普通行为监控盲点的问题。它对于非法断网操作，能起到较好的提醒作用。

4）网口实时监测

系统监控若发现某一网络中的设备"网口"状态、设备运行状况等有异常（如断网），能及时向系统管理员报警，从而起到安全监测的作用。例如，通过监测网口，发现设备在某时启动过，但在系统的日志里没有启动记录、操作记录等，那么该设备可能被非法启动过，需要向系统管理员报警；通过监控网口，发现该设备在某段时间内断开过网络连接，该设备有可能被脱机操作过，此时需要向系统管理员报警。

5）严格控制内部网络的出入口

在重要信息处理终端上安装终端监管系统，实现对终端的硬件接口控制、程序使用控制、打印审批、非法外联控制、终端离线控制等，确保终端操作的合法性、信息出入的可控性。

6）采取防止内网渗透的措施

使用网络微分段或虚拟局域网（VLAN）等技术可以有效阻止一般用户的跃段访问。

7）防止屏幕或网站的数据被获取

要采取措施，防止在网络终端上通过外挂或爬虫等获取屏幕上或网站的数据信息。

8）应具有临时阻断查看的能力

当管理员发现有可疑流量时，可以通过"临时阻断查看"功能精确阻断该流量。

9）对服务器运行状态进行监控

系统能实时查看访问量、响应时间、关注的页面、访问服务器的用户信息和流量等信息。

10）系统状态监控

（1）监控系统内服务器、计算机的 CPU、硬盘等的异常情况，如 CPU 升温、硬盘转数提高等。

（2）监控系统内是否有异常程序运行。

（3）监控电源是否正常，如是否存在电源载波。

（4）监控系统的资源利用率。

随着网络技术的发展，应用系统安全防护需要不断地增强，让我们共同为维护应用系统网络安全而努力。

6.4 内网使用管理制度

做好网络系统安全保密工作，关键在人，建立完善的管理制度是防范安全风险的重要措施。

安全管理工作应当坚持信息安全与信息化发展并重，要遵循积极利用、科学发展、合规管理、确保安全的原则，以维护系统安全为核心，以防护技术为依托，以组织运行为保障，建立统一领导、分级管理、技管并重、动态防护、综合防范的管理体系和多层次、全方位的防御体系，不断提升网络系统防攻击、防窃密能力，实现网络系统安全稳定、风险可控。

6.4.1 必要性

信息安全防护不仅要做好人员的安全防护、技术的安全防护，还要做好管理制度的安全防护。仅有好的防护技术是不够的，再好的技术也需要人去控制，所以要做好人的工作，提高人的素质，要管理好人。要想管理好人，单靠人的自身素质是不够的，需要有好的管理制度，并落实好、执行好，要加强制度的监管。因此，为了更好地保护企业的商业机密，制定严格的局域网管理制度，并很好地执行是非常必要的。

6.4.2 完善安全管理制度

内网安全管理制度是保证内网安全的重要措施和手段。

1. 建立内部级网络安全管理制度

网络安全管理制度的内容包括：重要场所管理、重要设备管理、系统日常运维管理、系统日常使用管理，等等。

2. 建立符合行业等级保护或分级保护要求的网络安全管理制度

具体参照相应的保护要求管理规定，制定详细的管理规章制度。

制定了管理制度，就要执行该制度，并对执行情况进行检查，给出检查结果，根据检查结果进行奖惩。

要言必信、行必果，扎实工作、步步为营。要严格执行制度，及时进行奖惩，有功就奖，有过就罚，这样才能更好地将制度执行下去。

要加强网络系统的运行使用管理，要指定专人或者专门机构负责网络系统运行维护管理、网络系统安全管理和网络系统安全审计，要定期对网络系统开展安全检查和安全风险评估，这样才能更好地保证网络系统的安全。

第 7 章

特殊需求的网络设计

前面的章节介绍了外网和内网的组网模式，在现实当中，业务需求是各式各样、千变万化的，举不胜举。这里我们再针对几种应用场景给出网络系统设计的示例。

7.1　独立专线方案

若某行业或企业的分支机构与总部之间有相当的数据安全性要求，可采用虚拟专用拨号网（Virtual Private Dial-up Network，VPDN）或分组交换数据网（Packet Switched Data Network，PSDN）形式组成行业性或企业专用网络，如图 7-1 所示。

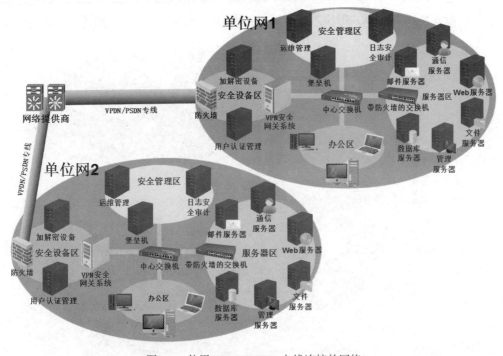

图 7-1　使用 VPDN/PSDN 专线连接的网络

7.2 无线加专线的通信方案

目前，有用户需要用手机、智能终端、笔记本式计算机等设备通过公共无线网络与后台进行通信，为了构建比较安全的传输通道，可向本地网络运营商申请 VPDN 或 PSDN，用物联网专用手机卡，通过公共无线网（如 4G 网或 5G 网）和 VPDN 通道与后台服务器进行通信。

网络系统可在 VPDN 基础上，采用多层加密的纵深防御方案，如对终端可进行各种安全加固，还可采用 TF 卡或嵌入式加密模块来增强其安全性；系统侧可根据安全层级配置相应的安全设备，同时配置对应的管理服务器；如果有必要，可采用商密或普密的加密方式，来满足用户的需求。

下面给出一种具有加密功能的无线网络通信方案，如图 7-2 所示。

注意：①移动终端本身带有加解密模块；②也可使用普通的互联网进行连接。

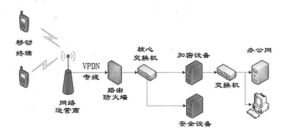

图 7-2 具有加密功能的无线网络通信方案

7.3 混合网络方案

当有些前端数据保密性要求不太高时，为降低建设成本，前端可采用互联网回传链路，到达本地后，通过单向传输设备将前、后端系统分离，并将前端系统数据导入后台业务应用系统中，后台系统再使用 VPDN/PSDN 方式与其他同级别子网络连接组网，如图 7-3 所示。

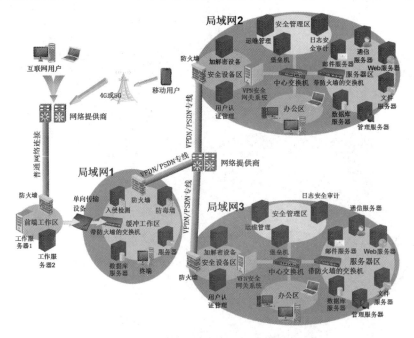

图 7-3 由互联网和独立专网组成的混合网络

7.4 移动终端防护处理技术

某移动终端存储有私密性较高的信息，如果该移动终端丢失了，希望该移动终端具有安全性较高的登录认证功能，如没有通过认证（开机在规定时间内没有通过认证或输入密码次数超过一定的限制），系统具备将私密文件、不想公开的技术或信息等毁掉的功能，即自毁功能。

在该移动终端设备上不应有可移动的存储卡，且私密文件需要加密存储。

如果有必要，可在该移动终端设备固有的存储芯片上，安装芯片环境检测模块，芯片应具有上电自检功能，如果发现脱离原芯片环境被非正常上电，将自动销毁私密文件，并通过接入大电流来烧毁本芯片，从而起到保护存储芯片上信息的作用。

7.5 无信息互通的网络接口

若没有互通需求，只有"一方"向"另一方"传输需求，即单方向传输数据要求，我们可以使用单向传输设备将两个局域网连接起来。

采用两个有安全认证的单向传输设备来实现数据的单向传输，通常能够保证系统具有较好的安全性。这两个单向传输设备需分别部署在两个不同的安全区域，由不同的安全负责人分别管理，这样能更好地保证系统的安全性，如图 7-4 所示。

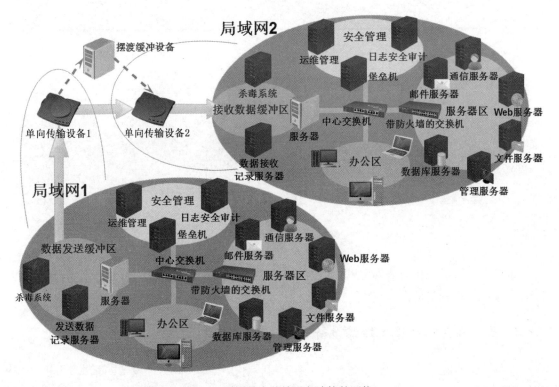

图 7-4 采用单向传输设备连接的网络

7.6　有信息互通的网络接口

通常单向传输设备能很好地解决"进"的问题，这里我们重点要解决"出"的问题，即有条件的"出"，严管的"出"。

理论上讲，使用经过权威部门认证的单向传输设备，将信息从一个网络（网络A）传到另一个网络（网络B），网络B是安全的；但当再使用同样的单向传输设备将网络B中信息传输到网络C中时，网络B就存在数据泄露的风险。

网络B有传给网络C信息的需求，为了将网络B中的信息传送给网络C，且不给网络B带来安全风险，通常比较安全的方式是用人工的方法将网络B中的信息整理好后，人工导入网络C。

下面我们给出上述局域网部署方案，如图7-5所示。

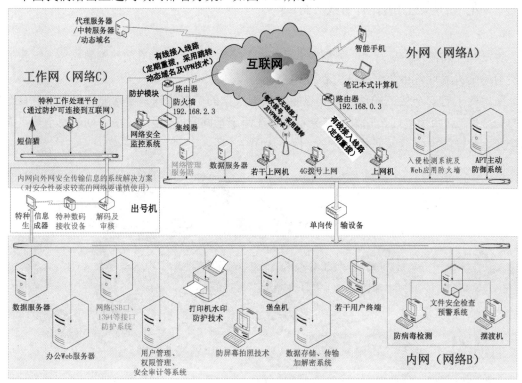

图 7-5　局域网部署方案

如图 7-5 所示，我们认为可以使用出号机来实现既不降低网络 B 安全级别，又能将信息自动导入网络 C 的目的。

7.6.1　基于单片机的单向传输设备

本节介绍的这个单向传输设备是基于单片机设计的一款单向传输设备，简称出号机。该出号机适合低速、每次传送少量信息的应用场景。该出号机设计的目的是能严格控制传输的内容并控制每次传输信息的量，还能实时监控传输的内容并可远程关停该单向传输设备，该设备一旦被关停以后，不能远程开启，只能到现场开启，从而保证了高密级网络的安全性。

1．系统的设计要求

为保证高密级网络系统的安全性，设计时应遵循以下原则。

（1）系统有 2 个独立供电的单片机系统；

（2）前、后端系统在电性能上完全隔离；

（3）两个系统之间的数据传输采用单向传输途径来实现；

（4）传输的内容严格被限制，一般用纯文本格式文件或直接传输字符的方式进行传送，而且信息量较小，在传输时添加内容校验位，以验证其正确性；

（5）具有完整的日志记录功能，尤其对传输的信息要详细记录；

（6）系统独立工作，无须人为干预；

（7）管理员或运维人员可远程控制该单向传输设备；

（8）系统被完整地封闭在独立的箱体内；

（9）外部连接采用通用的网线接口；

（10）系统可以级联。

2．系统的工作原理

按系统的设计要求，我们设计了如图 7-6 所示的基于单片机的出号机。

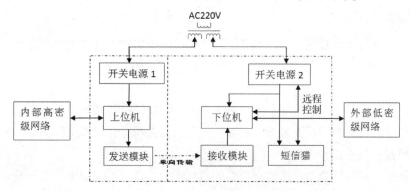

图 7-6　基于单片机的出号机原理示意图

由图 7-6 可知：该出号机由前、后端两个系统组成，这两个系统由隔离的单独开关电源供电，能实现电源的有效电隔离；前端处理器（上位机）接收内网中需要发送的数据信息，经格式化传给发送模块，同时记录发送信息（用于日志审计）；通过发送模块（可以采用光信号传输，也可以使用屏幕条形码或二维码等方式），单向传输给后端接收模块；接收模块接收到信息，并传输给后端处理器（下位机）；后端处理器将信息解析，通过短信猫发送给工作人员，提示工作人员有信息传输，同时将信息传输给外部网络，并记录发送信息；管理员或运维人员、信息监控人员要随时查看发送的信息是否有异常，若发现系统异常，如短时间内接收到大量短信消息，则管理员或运维人员可以给该设备发送特殊的短信或命令，来远程停止后端系统的工作，从而阻止该系统的异常行为。

3．系统设备外形设计

系统设备按标准 1U 或 2U 机箱尺寸设计，将上位机、下位机及相关组件均安装在 1U 或 2U 机箱内，并进行安全加固。在外面板上有上位机开关键、下位机开关键、故障消音键和系统复位键，当发生故障时，可以使用故障消音键消音，可以使用系统复位键使系统复位、重启，或找专业的工程师进行维修。

4．系统安全性问题

使用 U 盘进行系统初始化，能给使用者带来便利，但也带来了巨大的安全隐患。比如，违规者如果更改了 U 盘的数据（如更改了接收的手机号码），就有可能发生短时间对系统失去控制的情况。

解决的方法：

（1）不用 U 盘进行系统初始化，而是在设备启用时，由系统管理员和安全设备管理员共同登录系统后设置。

（2）系统管理员和安全设备管理员不应是同一人，而且启用设备时要两人及两人以上同时在场。

（3）为保障数据传输的正确性，在传输的内容上，增加校验码，以此来验证传输是否正确。如果不正确，工作人员应及时通知后台管理员进行处置。

此外，为提高系统的稳定性，在前、后端系统中均加装硬件看门狗。

5．系统的市场适用性

如果内网系统有少量数据需自动导出，而且对导出速度没有太高的时间要求，即每次内网（高密级网络）需要向外网（低密级网络）安全传输少量信息，可以在内网上接入出号机来实现内网系统数据的自动导出。

如果通过出号机能够保证只导出用户指定的数据，而没有降低内网系统的安全级别，则使用出号机自动导出指定的数据是完全可行的。但是很多情况下，根据工作需要，是需要把这些指定的数据用人工的方式导出的。

出号机就是一种特种设备，其具有严格的数据审计功能，因为导出的数据量小，对导出的数据能实时校验、监控，如突遇非授权的数据传输，因采取了速度限制和实时内容监控措施，很容易被管理员和工作人员发现，因此可以在保证安全的情况下用出号机实现不同安全级别网络的互通互联。在近距离传输时采用有线（光纤）连接方式、在远距离传输时采用无线（短信猫）传输方式来实现信息的传送。注意：对安全级别要求很高的环境，应谨慎使用，建议在使用前要经过有关权威部门的认证。

6．系统功能小结

基于单片机的出号机功能如图 7-7 所示。

说明：

（1）寻找可行的单向传输方法，使系统数据传输更可靠、更安全。

采用光单向传输模块就是一种比较可行的技术方案，如光发射、光接收，能使系统数据传输更快速、更安全、更可靠。

（2）采用单片机系统架构，可以起到防攻击、防篡改的作用。

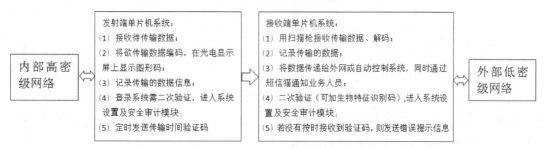

图 7-7　基于单片机的出号机功能

7．单向传输设备与出号机的区别

单向传输设备是通用设备；基于单片机的出号机是定制的特种单向传输设备，它只允许传输受严格限制的、特殊格式的固定短信息，它可以用于高密级网络向低密级网络自动传输必要的数据信息。

基于单片机的出号机的特点是传输信息速度慢，传输的内容数据量小，传的内容严格被格式化（这样有利于安全传输验证）；在传输时传输内容同时通过短信被发送到监控管理人的手机上，以便实时对系统进行监控。

基于单片机的出号机的日志也要被纳入日志审计系统。在进行日志审计时，日志审计系统将获取欲发送的信息和通过短信发送的信息，并将这两个信息进行比对，如果不同，就发出报警信号。

该出号机是一个定制产品，在不降低系统安全性的情况下，能提高系统的自动化程度，减轻工作人员的劳动强度，提高工作效率，解放生产力。

需要注意，输出的数据要进行预处理（脱密）、打标签（标注安全级别）、审核，有时出于安全方面的考虑，也可加入人工干预的环节，如人工审核后，集中发送。

特别提示：本设备在高密级网络中使用要慎重，如果要使用，还需要相关部门的批准。

7.6.2　双向网闸方式

双向网闸可以实现两个网络或子网之间数据的安全传输，但对于安全级别要求较高的网络，使用要慎重（安全级别要求高的网络，要经过相关部门的批准方可使用）。

在选择双向网闸产品时，要注意其适用条件。

7.6.3　传输链路加密

为了提高网络传输链路的安全性，在链路上可以采用加密隧道或专用线路；在两个网络或两个子网的边界上可以加装边界防护设备和加解密设备，对其通信的数据进行防护和加密传输；在传输协议上可以采用加密协议，等等。

依照《中华人民共和国密码法》，要使用商用密码来保护网络和信息安全。对于安全级别要求更高的网络，可以依法使用普通密码和核心密码。

7.7　联系紧密的网络连接

对于联系紧密的网络，为了保证网络的安全，需要做到：两个网络之间采用专线组网；使用专用设备认证、组网；专用设备由专人负责操作、启动服务等；终端登录采用专业方式绑定，如使用专用电话验证码、设备 IP 地址、MAC 地址等进行认证。

采用专线组网的网络，如图 7-8 所示。

图 7-8　采用专线组网的网络

两个网络的边界要采取边界安全防护措施。

使用的无线模块，应经过相关部门的安全方案审核。

7.8　与总部网络连接

分公司网络与总部网络对接采用专线的方式进行组网，根据安全要求，采用适当的安全措施，参见本章 7.1 节和 7.3 节。

在与总部网络连接时，要采取通道及边界安全防护措施，如连接通路采用 VPDN 专线，在边界处增加相应的加解密设备、安全防护设备等，终端登录采用集中统一认证方式，等等。

7.9　与高保密性网络连接

与高保密性网络对接，不允许回传数据，导入数据只能采用单向传输设备，并且采用多个单向传输设备级联的方式，能够增加网络连接的安全性。在网络连接时，可使用光纤、网线等连接方式。

为了保证网络的安全，单向传输设备如何部署？部署在哪？是部署在高保密机房，还是部署在普通机房？这是非常关键的问题！合理地部署单向传输设备的目的就是保证在一个局域网中无法访问、控制、使用另一个局域网的设备或资源。

为解决这个问题，我们提出如下的解决方案。

（1）两个网络（机房）之间用单向光纤连接，如图 7-9 所示。

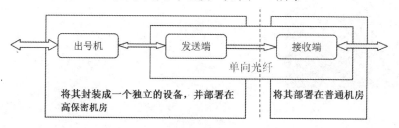

图 7-9　用单向光纤进行安全连接

特点：增加一级用光纤连接的单向传输设备。

此方案解决了低密级网络接收高密级网络回传数据的问题。

（2）两个网络（机房）之间无连接线，通过短信猫传输信息，如图 7-10 所示。

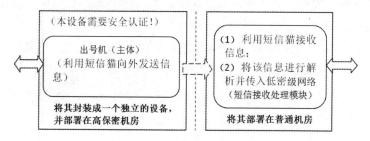

图 7-10　通过短信猫传输信息

特点：

① 高密级网络与低密级网络之间没有连接线。

② 系统部署不受区域限制，即高密级系统不必部署在现场，也可以有效地保证系统的安全。

③ 本系统包括出号机（主体）和短信接收处理模块。

④ 短信接收处理模块部署在低密级网络处。

（3）用双单向传输设备，网线连接在两个单向传输设备之间，如图 7-11 所示。

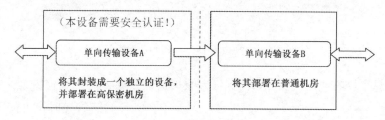

图 7-11　用双"单向传输设备"进行安全连接

如图 7-11 所示，通过两个机房的连接线，正常情况下是无法访问、控制、使用另一个机房的设备或资源的（两个单向传输设备之间需安全绑定），除非两个机房的责任人串通、违规使用该连接线，进行数据交换。

第 8 章

云数据安全

当前数字经济蓬勃发展，网络治理体系逐步完善。为降低成本、提高效率，企业的发展不仅局限于应用自建的局域网，而是转向云计算市场。

2021 年 7 月，在第二十届中国互联网大会上由中国互联网协会组织编撰的《中国互联网发展报告（2021）》正式发布。该报告展示了 2020 年中国互联网行业发展状况，如图 8-1 所示。

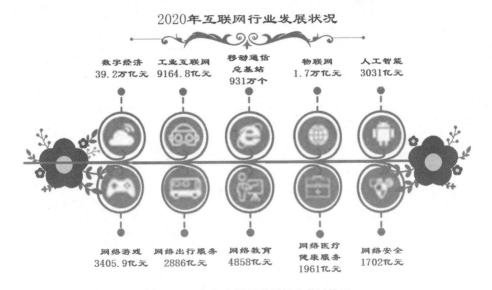

图 8-1　2020 年中国互联网行业发展状况

随着云计算市场的不断发展，如何保证云数据安全呢？

8.1　关于云

云是网络、互联网的一种比喻说法，是对互联网和底层网络基础设施的抽象概括。要想对其进行深入了解，首先要了解什么是云？为什么上云？怎么上云？

8.1.1　云的本质

云基于云计算技术,可实现各种终端设备之间的互连互通,云上的所有用户享受的所有资源、所有应用程序全部是由一个存储和运算能力超强的云端后台提供的。云是通过互联网访问服务器并在这些服务器上运行软件和数据库的。云服务器位于遍布全球的数据中心中。通过使用云计算,用户和企业不必自己管理服务器,也不必在自己的计算机上运行软件。

最早为解决解密的难题,人们聚集了互联网上的资源,采用分布式运算来破解解密的难题;黑客利用"肉鸡"对目标发起拒绝服务攻击,这可以理解为云应用服务的雏形。

随着越来越多的计算进程迁移到互联网中的服务器和基础设施中,人们开始将"迁移到云"作为一种表达计算进程发生的方式。如今云已成为云计算方式的代名词,即云指的就是云计算,其以互联网为平台,将硬件、软件、网络等一系列资源统一起来,实现数据的计算、储存、处理和共享。

云使用户可以利用几乎所有设备通过互联网访问相同的文件和应用程序。用户可以通过浏览器或应用程序访问云服务,无论他们使用什么设备,都可以通过互联网,即通过许多互联的网络,连接到云,如图 8-2 所示。

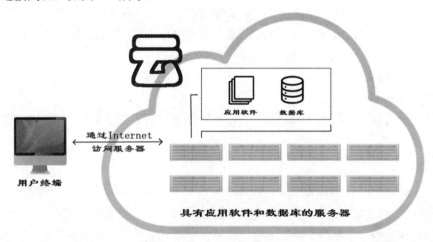

图 8-2　用户终端访问云服务

云是通过网络按需分配计算资源的。云具有大规模、虚拟化、高可靠性及弹性配置等属性。

云有五个基本特征:第一,云是由云单元组成的,云单元里面可以做的事情很多;第二,云单元之间是需要用宽带网络连接起来的,所以宽带网络是云的基础;第三,云是分布式系统;第四,云使用的是虚拟化技术;第五,云是要保证安全的。

云有两种基本类型:公有云和私有云。

下面我们来介绍一下几种云应用服务。

1. 云计算

云计算是一种新兴的计算资源利用方式。云计算服务提供商通过对硬件资源的虚拟化,将基础信息技术资源变成可以自由调度的资源池，从而实现信息资源的按需分配，向客户提供按使用付费的云计算服务。

云计算是一种网络应用模式。狭义云计算是指信息资源基础设施的交付和使用模式，是指通过网络以按需、易扩展的方式获得所需的资源；广义云计算是指服务的交付和使用模式，是指通过网络以按需、易扩展的方式获得所需的服务。这种服务可以是与互联网相关的信息技术和软件服务，也可以是任意其他的服务。

云计算时代可以抛弃 U 盘等移动存储设备，只需要进入云页面，就可以进行新建文档、编辑内容等操作。然后，直接将文档的 URL 链接分享给你的用户或者企业员工，他们就可以直接打开浏览器访问 URL 链接。我们再也不用担心因 PC 硬盘的损坏而丢失资料了。

云计算是可以自我维护和管理的虚拟计算资源，通常任何云计算服务都需要强大的基础设施支撑，这些基础设施就是由众多的硬件设备（如一些大型服务器集群，包括计算服务器、存储服务器、宽带资源、防火墙等）组成的，成千上万台硬件设备所组成的基础设施平台能够给云计算服务带来非常强大的计算和处理数据的能力。云计算将所有计算资源集中起来，并由软件实现自动管理，无须人为参与，这使得应用者无须为烦琐的细节而烦恼，能够更加专注于自己的业务，有利于创新和降低成本。

云计算是并行计算、分布式计算和网格计算的发展，或者说是这些计算机科学概念的商业实现。云计算是虚拟化、应用计算、基础设施即服务（IaaS）、平台即服务（PaaS）、软件即服务（SaaS）等概念混合演进并跃升的结果。

1）云计算的特点

（1）超大规模。

云计算管理系统具有相当大的规模，一般云拥有成百上千台服务器，云能赋予用户前所未有的计算能力。

（2）虚拟化。

云计算支持用户在任意位置、使用各种终端获取应用服务。所请求的资源来自云，而不是固定的有形的实体。用户和企业的应用在云中某处运行，但实际上用户无须了解、也不用担心应用运行的具体位置。只需要一台笔记本式计算机或者一部手机，就可以通过网络服务来完成任务，甚至包括超级计算这样的任务。

（3）高可靠性。

云使用数据多副本容错、计算节点同构可互换等措施来保障服务的高可靠性。使用云计算服务比使用本地计算机应用服务更可靠。

（4）通用性。

云计算不针对特定的应用，在云的支撑下可以构造出千变万化的应用。同一个云可以同时支持不同的应用运行。

（5）高可扩展性。

云的规模可以动态伸缩，满足应用和用户规模不断增长的需要。

（6）按需服务。

云是一个庞大的资源池，可按需购买。

（7）极其廉价。

由于云的特殊容错措施，可以采用极其廉价的节点来构成云。云的自动化集中式管理使大量企业无须负担日益增长的数据中心管理成本。云的通用性使资源的利用率较传统系统大幅提升。

2）云计算的主要服务形式

（1）软件即服务（Software as a Service，SaaS）。

在 SaaS 服务模型中，应用程序托管在云服务器上，用户可以通过互联网访问它们，因此不需要用户在自己的设备上安装应用程序。

SaaS 是一种商业模式，而不是一种技术。以往软件交付都会有具体的安装包、代码，但在云计算时代，本地计算机不需要安装软件，也能享受到相应的服务。SaaS 倡导将软件当成一种服务提供给用户。

（2）平台即服务（Platform as a Service，PaaS）。

在 PaaS 服务模型中，用户或企业不需要为托管应用程序付费，而是需要为构建自己的应用程序所需的事务付费。PaaS 供应商提供通过互联网构建应用程序所需的一切，包括开发工具、基础设施和操作系统。

（3）基础设施即服务（Infrastructure as a Service，IaaS）。

在 IaaS 服务模型中，用户或企业从云服务提供商那里租用所需的服务器和存储空间。然后，使用该云基础设施构建自己的应用程序。

（4）功能即服务（Function as a Service，FaaS）。

FaaS 也称为无服务器应用，它将云应用程序分解为更小的组件，这些组件仅在需要时运行。想象一下，可以一次只租一小部分，例如，租户只在晚餐时支付餐厅费用，睡觉时支付卧室费用，看电视时支付客厅费用，而在有更多的人时，还可以按需扩展，当他们不再使用这些服务时，就不必支付费用。

2．云服务

云服务即基于云计算技术，实现各种终端设备之间的互连互通，为用户提供需要的资源、信息和应用服务。简单地说，未来手机、电视机、音响等，都只是一个单纯的显示和操作终端，它们不再需要具备强大的处理能力，用户享受的所有资源、所有应用程序全部都由一个存储和运算能力超强的云端后台来提供。

和普通智能手机、电视机相比，近期推出的云手机、云电视最明显的特点是，它们通过连接到云端后台，就可以随时从后台调取自己需要的资源或信息，或者将自己的资料存储到后台。

3．云存储

云存储是一种新型数据访问服务，它是以数据管理和数据存储为核心，在云计算的基础上发展起来的。随着云存储的快速发展，已经有越来越多的用户和企业受益于云存储所带来的综合成本下降、便捷和高效。

4．云应用

云应用是云计算概念的子集，是云计算在应用层的体现。云应用跟云计算最大的不同在于，云计算作为一种宏观计算发展概念而存在，而云应用则用于直接面向客户解决实际问题。

云应用与云产品不同，云产品是指在硬件厂商提供的硬件运行环境基础上，由系统软件开发商开发部署相应功能的软件而构成的基础运作框架，而云应用是指由云计算运营商提供的云服务。云计算运营商需要采用云产品搭建的云计算中心，部署云应用，然后才能对外提供云计算服务。在云计算产业链上，云产品是云应用的上游产品，云服务是云应用的终端实现，即用户体验。

云计算的目的是云应用，离开云应用，搭建云计算中心没有任何意义。

云应用种类非常多，但是在构成上都遵循相同的"云""管""端"的结构，在"端"上尽量单一且要标准化，典型的云终端就是用户手持设备上的一个 App。

其实，云应用就是把传统软件"本地安装、本地运算"的使用方式变为"即取即用"的服务方式，通过互联网或局域网连接并操控远程服务器集群，完成业务逻辑或运算任务的一种新型应用。云应用的主要载体为互联网技术，以瘦客户端（Thin Client）或智能客户端（Smart Client）的形式展现。云应用不但可以帮助用户降低信息技术成本，更能大大提高工作效率，因此传统软件向云应用转型的发展浪潮已经势不可挡。

1）云应用与传统软件的区别

（1）跨平台性。

大部分的传统软件只能运行在单一的系统环境中，云应用的跨平台特性可以帮助用户大大降低使用成本，提高工作效率。

（2）易用性。

复杂的设置是传统软件的特色，越是强大的软件其设置越复杂。而云应用不但具有不输传统软件的强大功能，更把复杂的设置变得极其简单。云应用不需要用户进行像传统软件一样的下载、安装、调试、注册等复杂的部署流程，更可借助远程服务器集群时刻同步的云特性，免去用户的软件更新之苦。

（3）轻量性。

安装众多的传统本地软件不但会拖慢计算机运行速度，而且会带来如隐私泄露、感染木马病毒等诸多安全问题。云应用的界面实质上是 HTML5、JavaScript 或 Flash 等技术的集成，其轻量性的特点保证了应用的流畅运行，让计算机"健步如飞"。

（4）安全性。

优秀的云应用能提供银行级的安全防护，将传统由本地木马病毒等所导致的隐私泄露、系统崩溃等风险降到最低。

（5）云应用的优势。

可以将云应用看作 SaaS 的升级。与 SaaS 相比，云应用的发展拥有"天时"，从宏观行业发展趋势看，国家"十四五"规划进一步明确发展云计算等七大重点产业。同时，云应用的发展也拥有"地利"，随着科学技术的进步，优秀的云应用可以与传统软件媲美。此外，云应用的发展还拥有"人和"，云应用不仅局限在公有云上，针对一些数据较为敏感的企业，私有云应用可以更好地迎合及满足客户需求。

2）云好比传统的租用服务器

云在本质上和传统的租用服务器很类似。我们先来看看租用服务器业务。

（1）租用主机，也可称为租用服务器。可以直接从服务器提供商处购买服务，实时开通获得服务。

（2）租用物理服务器。用户独享高性能物理服务器。

（3）租用虚拟主机。即在同一台服务器上，采用同一个操作系统，为多个用户打开不一样的服务器程序，互不干扰。

（4）租用虚拟专用服务器（Virtual Private Server，VPS）。即在一台实体服务器上建立多台虚拟专享小服务器，对每台虚拟专用服务器都可分配独立外网 IP 地址、独立操作系统、独立空间、独立内存、独立 CPU 资源、独立执行程序并进行独立系统配置等。这样一台服务器就变成了多台服务器，而一个数据中心也变成了多个数据中心，可同时为许多企业提供服务。因此，相比于采用其他方式，服务器提供商能够以非常低的成本，同时向比原来更多的客户提供其服务器的使用权，而服务器的安全问题，完全由服务器提供商来负责。

如上所述，云和租用服务器很相似，只不过云的功能更强大、问题更复杂而已。

因此，可以认为云就好似一个巨大的局域网，是一个共享容器，它由具有专业能力的企业，即云服务提供商，为用户和企业提供共享网络应用平台、共享服务、共享资源。云可提供全方位有偿服务，如图 8-3 所示。

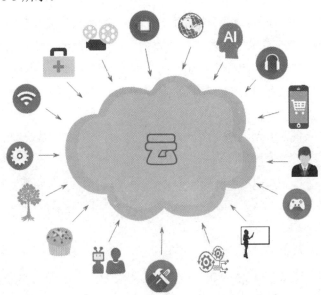

图 8-3　云可提供全方位有偿服务

8.1.2　为什么上云

传统情况下，一个企业为实现现代化办公、经营、管理，通常要耗费巨资，搭建传统的企业局域网，在其运行时还要对其进行维护管理，而且随着需求的不断变化，还要不断地投入人力、物力和资金，对其进行升级改造，企业还要承担网络安全的巨大风险和网络安全防护的巨额费用。

1．上云是社会进步的必然结果

上云就是利用计算机、手机、电视机等电子应用产品通过互联网使用包括云服务、云空间/云存储、云搜索、云浏览、云社区、云应用等一系列资源分享应用。企业可通过网络便捷地按需使用资源，包括计算资源、存储资源、网络资源、应用软件、服务等。

当前，由于云技术的发展比较成熟，能够满足企业上云的各项要求，所以说技术发展为企业上云提供了坚强的技术保障。

企业上云是时代发展的结果，是企业发展的需要。

2．上云的好处

企业上云，在硬件方面，其不用建机房，也不需要购置服务器等硬件设备和雇用网管人员对网络进行维护，企业员工使用的计算机也不需要多高配置，只需要一台普通配置的笔记本式计算机、台式机或者一体机就能解决问题。在软件方面，企业所用的所有应用软件都不需要自己搭建，这些系统现在云上都有，只需要根据企业需求购买相应的服务即可，也不会出现资源浪费的情况。而且云中的资源可以无限地扩展，可以随时获取，按需使用，按使用付费。在安全方面，云端安全完全不用用户和企业担心，云服务提供商会请专业的安全维护人员 7×24 小时专门负责。因此，企业上云有很多好处，具体如下。

（1）低成本。用户不用再为硬件和运维付费，不用担心系统安全性问题。

（2）可扩展性。当企业需求扩展时，只需要购买更多的服务，不需要全盘重新部署。

（3）高弹性。比如，很多用户和企业想参与"双十一"活动，但本身的资源又不足以支撑流量的暴涨，现在用户和企业可以快速购买更多服务来解决当天的流量激增问题，用完后又可以把服务退掉。

（4）高可靠性。当前，数据是最主要的资产之一，对它的保护是重中之重，企业上云，使数据的备份、恢复和安全得到保障。

总之，企业上云，可以大大提高资源配置效率、降低信息化建设成本、提高企业工作效率、提升企业管理水平、保障企业数据安全。企业上云是未来的大趋势！

8.1.3　怎么上云

前面我们已经讲了，企业需要云和企业为什么要上云，那么现在我们来谈一下企业如何上云。

1．云服务提供商为企业上云已准备好云产品体系

因为企业应用需求是全方位的，为方便用户，云服务提供商已经从基础上云、管理上云、行业上云三个方面，打造了全方位的云产品体系，来推动企业认识新趋势、应用新技术，实现在研发、生产、营销、管理上的创新和升级。

1）基础上云

基础云产品体系已面向客户推出新型云计算平台，可提供可靠的基础资源服务，以弹性计算、云存储、云网络、云安全、数据库、管理与监控、视频服务、云桌面等产品系列助力企业轻松上云。

2）管理上云

软件即服务（SaaS）云市场致力于提供多维一体的平台，全力打造一个开放的 SaaS 应用市场，全面提升办公自动化、研发管理、生产管理、营销管理、物流管理等方面的工作效能。

管理云产品种类丰富，涵盖企业应用、软件工具、网站建设等优质应用，如舆情监控、企业网站建设等，可向中小企业提供一站式信息化服务，助力中小企业信息化快速实现。

3）行业上云

行业云产品体系可提供全流程云服务，自底层向上分别在五个层面进行强有力的支持：企业级的基础设施、开放的运营及运维云操作系统、丰富的基础设施即服务（IaaS）及平台即服务（PaaS）等基础云服务、场景化的服务解决方案、集成的行业解决方案。

相信在不远的将来，政府、企业会纷纷上云，实现数字化、智能化发展。

2．用户和企业为上云应做的准备

用户和企业上云，要做好如下的准备。

（1）要评估不同的用户、合作伙伴和客户的访问信息，然后制定好共享的内容。

（2）不要一次实现全部功能，以免顾此失彼。要先实现主要功能，再逐步扩展。

（3）不要急于求成，要把握好上云的实施进度，做到稳扎稳打。

（4）要制定好工作流程，来测试和部署新的上云产品，且不要轻易更新云产品的系统，以免造成损失。

（5）上云是一种新的管理方式，要与云服务提供商协商、沟通好，要为变更管理模式做好准备，做好工作职责的转变，要各尽其责。

3．选择合适的云部署方式

通常云部署方式有如下几种。

1）私有云

私有云是完全由用户或企业专用的服务器、数据中心或分布式网络组成的，由企业自己来使用、管理、运维。

2）公有云

公有云是由云服务提供商提供的服务。与私有云不同，多个用户和企业可共享公有云，通过使用虚拟机，不同的用户和企业可以共享单台服务器，这种情况称为"多租户"，因为有多个租户在租用同一台服务器内的服务器空间。也可能用户和企业在使用一个或多个数据中心中的服务器。

3）混合云

混合云部署是将公有云和私有云组合在一起，甚至可能包括本地旧版服务器。企业可以将其私有云用于某些服务，将其公有云用于其他服务，或者可以将公有云用作私有云的备份，总之使用可以很灵活。

4）多云

多云是一种涉及多个公有云的云部署。换句话说，拥有多云部署的企业从多个云服务提供商那里租用虚拟服务器和服务。多云部署也可以是混合云。

了解了云部署方式，用户和企业可以根据自己的情况，选择合适的云部署方式。

4．云应用测试

云部署完成后，要对云应用进行性能测试，来验证云部署是否符合设计要求。

通常采用的云应用测试方法如下。

1）内部测试

内部测试意味着把整个云基础设施当作一个系统或局域网来进行测试。云系统可以是单个的，也可以是内部的，还可以是外部的，或者是多系统的，即既有内部的（私有的）也有外部的（公有的）。测试的一项重要考虑指标是识别云系统的结构以及受测试应用在系统内是如何运作的。测试者需要知道所有的连接点，包括数据连接和传输的细节，或者用来传递信息给应用的消息服务（这属于白盒测试）。

云应用测试技术是类似于 Web 应用测试的渗透和数据测试技术，不同的是系统结构和基础设施由云服务提供商提供，测试的主要目的是验证数据和应用在内部是安全的，应测试所有的连接点，因为每一个连接点都有可能是未经许可的入口或访问点。

2）跨系统测试

跨系统测试类似于从"外部"测试，但也有不同。跨系统测试意味着测试公有云、私有云、混合云或多云应用。测试前，了解云系统的总体结构、云应用与该系统的交互方式，以及共享信息或数据的方式，对云系统测试是非常有利的。

最后强调一点，用户和云服务提供商都要严格规范自己的行为，要共同努力，为创建和谐、健康、有序、合规、安全的网络环境而贡献自己的一份力量。

8.2　云与分布式的区别

随着互联网的蓬勃发展，大数据、人工智能、物联网、云计算与云存储等这些专业词汇在大众视野内出现的频率越来越高，再加上近几年分布式技术异军突起，更使得分布式存储、分布式计算等成为热词，那么云存储与分布式存储、云计算与分布式计算到底有什么区别和联系呢？

云存储（Cloud Storage）是一种网上在线存储模式，也就是把数据存放在第三方托管的虚拟服务器上。云存储这项服务一般通过 Web 服务应用程序编程接口（API）或 Web 用户界面来访问。

云计算就是将计算任务分布在云端的大量的分布式计算机上，将数据也存储在云端，使企业将有限的资源切换到需要的应用上，从而降低企业运行的成本。这样带来的好处是中小企业不需要购置专门的计算机系统去满足某一应用需求，只需要向云计算中心支付服务费即可获得相应服务，而云计算中心则用大规模的云来向用户提供服务。

总的来说，云计算具有超大规模云计算集群、虚拟化、高可靠性、通用性、按需服务、极其廉价的特点。

分布式存储（Distributed Storage）是数据存储技术，它通过网络使用企业中每台计算机的磁盘空间，这些分散的存储资源构成了虚拟存储设备，而数据就分布在这些存储设备上。

分布式存储系统可以在多个独立的设备上存储数据，它采用可扩展的系统结构，利用多个存储服务器共享存储负载，利用位置服务器定位存储信息，不仅提高了系统的可靠性、可用性和访问效率，而且易于扩展。

传统的存储系统采用集中式存储服务器来存储所有数据。集中式存储服务器已成为制约系统性能提高的瓶颈，已不能满足大规模存储应用的需要。

分布式计算（Distributed Computing）主要研究分布式系统如何进行计算。分布式计算系统是通过计算机网络相互连接与整合后形成的系统，它需要把计算任务分割成小块，分配给多台计算机分别计算，再将计算结果上传，最后把计算结果统一合并得出数据结论。

目前，分布式计算已经在使用世界各地数以千万计的计算机闲置的算力，这些计算机之间通过互联网进行通信和数据传输。相比于利用超级计算机处理这些任务，采用分布式计算，相关科研机构能够以相对更低的成本来达成目标。

下面通过表 8-1 和表 8-2 来介绍它们的相同点和不同点。

表 8-1　云存储和分布式存储的相同点和不同点

项目		云存储	分布式存储
相同点		都用于对大数据的存储	
不同点	用户操作体验	提供图形化操作界面	操作界面，用户一般不可见
	常见应用	虚拟桌面，小机房数据中心	虚拟机，业务轻便上线
	对外接口	支持 iSCSI、Fiber Channel、FCoE、RDMA 等	支持 iSCSI、RDMA 等
	存储资源	利用率低	利用率很低
	计算资源	利用率高	利用率低
	系统实现	通过双控、远程复制、同城/异地灾备实现存储	通过将多副本打散到不同工作域实现存储
	系统适用场景	对可靠性、稳定性和性能要求较高的应用	对成本较为敏感或者要求业务快速上线的场景

表 8-2　云计算与分布式计算的相同点和不同点

项目		云计算	分布式计算
相同点		①都属于高性能计算的范畴；②都用于对大数据的分析与处理；③都与并行计算有关	
不同点	计算机用户	没有用户参与，而是交给网络另一端的服务器完成	由多个用户合作完成

项目		云计算	分布式计算
不同点	计算资源	借助云上计算资源进行计算，所用资源可以是一个分布式计算系统，也可以是一个集中式的计算中心	将不同物理区域的计算资源整合起来进行计算
	应用分发	通过类似网络的东西，由系统自动进行资源组合	通过应用设计，将任务进行分解
	应用层面	面向用户的应用层	面向计算任务的操作层

在概念层次上，云计算与分布式计算之间，既相互独立又交叉联系。云计算是分布式计算面向应用的延伸，分布式计算是云计算的实现基础，没有分布式计算技术，云计算只能是纸上谈兵。云存储与分布式存储也是如此。

通过以上的叙述可知：云计算和云存储是分布式计算和分布式存储的发展和延续，它们之间不是替代关系。

2020 年 9 月，华为的 ARM 芯片的"云手机"正式公测。这款手机被命名为"鲲鹏"，华为鲲鹏云的最大特点就是把绝大部分应用放在了云服务器上面，这样就大大降低了对手机本身的硬件需求。

2020 年 9 月，阿里云公司在 2020 云栖大会上发布阿里云第一台计算机"无影"，这是一台长在云上的超级计算机，在本地没有主机。这台计算机可以无限扩张算力，目前单应用资源可弹性扩展至 104 核 CPU、1.5TB 内存。云计算机是一种整体服务方案，未来每个人都可以在"云"上拥有一台超级计算机。

以阿里云、华为云和腾讯云为代表的云技术已经很成熟，成本也很低，一个月几十元钱可以租到的云空间远远大于现在的手机和计算机存储空间，这样看来，基于家庭环境的高端智能手机、智能电视和高端平板电脑可能马上就要退出历史舞台了，应运而生的"云手机""云电视""云计算机"将得到广泛应用。

8.3　云面临的安全风险

在云计算的架构下，云计算开放网络和业务共享场景更加复杂多变，安全性方面的挑战更加严峻，一些新型的安全问题变得比较突出，比如多个虚拟机租户间并行业务的安全运行、公有云中海量数据的安全存储，等等，由此产生了云安全问题。云安全（Cloud Security）是指基于云计算商业模式应用的安全软件、硬件、用户、机构、安全云平台的总称。

云安全是继云计算、云存储之后出现的云技术的重要应用，是云计算技术的重要分支，是传统信息技术领域安全概念在云计算时代的延伸。云安全融合了并行处理、网格计算、未知病毒行为判断等新兴技术和概念，它通过网状的大量客户端对网络中软件行为异常进行监测，获取互联网中恶意程序的最新信息，然后将其推送到云服务端进行自动分析和处理，再把应对恶意程序的解决方案分发到每一个客户端，整个云变成了一个超级大的杀毒软件系统。云安全的策略构想是，使用者越多，每个使用者就越安全，因为如此庞大的用户群，足以覆盖互联网的每个角落，只要某个网站被挂马或某个新木马病毒出现，就会立刻被截获，而且云马上就有了免疫力，从而保障了云中客户端和云服务器的安全。

有信息存储、传输、应用的地方就存在安全问题，云安全就是云计算环境下面临的安全问题。由于云安全问题涉及面广，下面仅就几个主要方面进行介绍。

1. 传统的安全风险在云环境下仍然存在

既然云可以被看作一个局域网，被用户租用的云可以被看作局域网中的安全域，那么局域网的安全防护要点，在云环境中都可以被借鉴。

实际上，由于云本质上就是由服务器、客户端组成的，所以传统的安全风险在云环境下仍然存在，比如 SQL 注入、XSS、文件上传、内部越权、数据泄露、数据篡改、网页篡改、漏洞攻击，等等。

2. 从安全管理角度来看，云面临的安全问题

1）安全部署困难

云计算打破了传统信息技术环境的网络边界，用户的业务部署在云上。传统的硬件安全设备已经无法部署到用户的虚拟网络中，云安全部署更复杂、更困难。

2）安全资源按需自助服务

云上每个用户的业务千差万别，安全需求也各不相同，传统环境下预先规划好安全设备对特定业务系统做防护的模式已经不适用于云计算环境，而按需自助申请安全资源，实现安全服务的即开即用的模式成为云上用户的云安全基本服务模式。

3）安全资源按需计量计费

云环境下，用户使用信息技术资源像使用水一样即开即用，按需付费。而传统环境下，安全设备型号、性能和使用期限都是固定的，显然不满足云上用户对安全资源的需求，云上安全资源需要按需计量计费。

4）安全资源弹性伸缩

用户云上的业务规模会随着业务的发展弹性伸缩，因此安全资源也需要随着业务的伸缩而伸缩，即云上安全需要具备安全资源池弹性伸缩的特点。

5）安全服务统一运维管理

云上用户采用的安全服务可能有很多种，如果每一种安全服务都单独运维管理会对用户日常的安全运维工作带来极大的挑战，因此安全服务统一运维管理是云安全解决方案需要解决的一大痛点。

6）要加强内部安全防范

云计算服务提供商应加大对工作人员的背景调查力度，强化对云安全的管理；企业也需要对提供商进行评估，从而选择信誉好的提供商。

3．从业务安全角度来看，云面临的安全问题

1）虚拟机逃逸

云计算实现了主机资源的共享，理想情况下运行在一台虚拟机中的程序是无法影响其他虚拟机的，然而在某些情况下，在虚拟机中运行的程序会绕过底层而控制宿主机，一旦宿主机被控制，其他用户的业务就会面临巨大的安全威胁。

2）东西向安全防护

云上用户的业务可能会被部署在多台虚拟机中，一旦某一台虚拟机被控制或感染病毒，对整个业务系统的影响也是灾难性的（要防止跨界渗透），因此东西向防护成为云安全的主要需求之一。

3）用户数据安全

数据的安全性是用户最为关注的问题，广义的数据不仅包括客户的业务数据，还包括用户的应用程序和用户的整个业务系统数据。云环境依托海量数据，而若海量数据发生泄露，造成的损失也将远远大于传统数据泄露造成的损失。

在传统的信息技术架构中，数据是离用户很"近"的，数据离用户越"近"则越安全。而在云环境下，多用户的数据共享云上存储空间，数据常常存储在离用户很"远"的数据中心中，若一个用户的应用存在漏洞，可能会导致其他用户数据被泄露，而黑客可能会使用病毒或者直接攻击的方法篡改或永久删除云端数据来危害云安全，因此需要对数据采取有效的保护措施，如进行数据备份、数据存储加密。云环境中对数据的安全控制力度并不是十分理想，API 访问权限控制及密钥生成、存储和管理方面的不足都可能造成数据安全问题，包括数据丢失或被泄露、篡改、删除等，而且我们可能缺乏对数据备份、数据留存、数据销毁的有效的管理制度。

4）共享业务安全

云计算的底层架构（IaaS 和 PaaS 层）是通过虚拟化技术实现资源共享的，优点是资源利用率高，但是共享会引入新的安全问题，一方面需要保证用户资源间的隔离，另一方面需要面向虚拟机、虚拟交换机、虚拟存储设备等虚拟对象的安全保护策略，这与传统的硬件上的安全策略完全不同。在云计算中，简单的错误配置都可能造成严重后果，因为云计算环境中的很多虚拟服务器共享相同的配置，因此必须为网络和服务器配置服务水平协议（Service Level Agreement，SLA），以确保及时安装修复程序以及实施最佳安全保护策略。

5）用户身份安全

云计算通过网络提供弹性可变的信息技术服务，用户和企业需要登录到云端来使用应用与服务，系统需要确保使用者身份的合法性，才能为其提供服务。很多数据、应用程序和资源都集中在云计算环境中，而云计算的身份验证机制如果很薄弱，攻击者就可以轻松获取用户账号并登录用户的虚拟机，危及合法用户的数据和业务，因此建议主动监控这种威胁，并采用双因素身份验证机制，强化用户登录审核。

6）应用程序接口安全

在开发应用程序方面，用户必须将云计算看作新的平台，而不是外包。在应用程序的生命周期中，必须部署严格的审核过程。开发者应运用某些准则来处理身份验证、访问权限控制和

加密处置，以此来保证应用接口的安全。

7）运用技术安全

在运用技术方面，黑客可能比技术人员进步更快，黑客通常能够迅速部署新的攻击技术而在云计算中自由穿行，所以我们要不断地在技术上进行创新，来阻止黑客的入侵。

8）云平台安全审计

用户的业务依托在云上，数据也存储在云上，针对云平台本身的合规性和安全审计也是云上用户面临的重大困扰，不能把云平台的安全全部甩给云服务提供商，用户要积极参与其中，以确保云端数据的安全。

9）未知的风险

透明度问题一直困扰着用户，用户仅使用前端界面，他们不知道云服务提供商使用的是哪种平台以及云安全防护技术水平如何，也不知道使用的云存在的安全风险有多大，因此应通过各种途径，深入了解云服务提供商的情况。

企业上云是社会发展的需要，对企业也有很多好处，但是企业上云也存在很多安全风险，需要我们去积极应对。

8.4　云安全防范措施

专业的人做专业的事！在云环境下，用户提需求，租用服务，按需付费；网络运营商提供网络服务，保证网络安全运行；云服务提供商提供满足需求的服务，按需分配资源，合理定价，确保用户数据安全可靠，数据不外泄。由此可见，在云环境下，云安全主要是由云服务提供商来保障的。

在传统的模式下，网络边界是指组织管理的内部网络与外部供应商（通常是互联网服务提供商）提供的网络之间的交接处。换句话说，网络边界是组织控制的边缘，传统的防火墙最初被设计用于控制这种类型的网络边界，其目的是不让任何恶意软件通过。

在云环境中，网络边界实际上消失了。用户通过不受控制的互联网进行访问服务。用户的实际位置，以及他们使用的设备在哪，都不再重要，所以很难在用户资源周围设置一层安全保护，因为几乎不可能确定安全保护层应该设置在哪里。

因此，针对云安全要改变传统的安全防护观念，采取行之有效的防范措施。

8.4.1　云安全的内涵

云安全究竟指的是什么呢？

1. 可靠的云

可靠的云是指云能够提供持续可靠的服务，不会因故障而中断，从而给用户和企业带来损失。

可靠的云所包含的主要内容有云容错、云备份、云容灾等，可通俗理解为云计算基础设施的安全。

2．安全的云

安全的云是指保护云及云用户不受外来攻击和损坏，不发生恶意程序感染、中间人攻击、会话劫持等安全事件。

安全的云所包含的主要内容有虚拟运行环境安全、云身份认证与访问控制、云漏洞扫描、云安全风险评估等，可通俗理解为云计算本身的安全。

3．可信的云

可信的云是指云本身是可以被信任的，可信的云重点指云用户的数据或程序不被窃取、篡改或破坏。

可信的云所包含的主要内容有可信的云基础设施、数据安全与隐私保护、云审计、云信誉管理等，可通俗理解为云用户的数据和应用的安全。

4．可控的云

可控的云是指确保云用户行为与云内容是合法的，防止利用云发动网络攻击、散布恶意言论等。

可控的云所包含的主要内容有云用户行为监控、云内容安全监控等，可通俗理解为保证云不被用来做违法违纪、违反社会公德的事。

5．云安全服务

前四个方面是在应用云计算过程中的安全防护内容，除这四个方面的云安全防护内容外，另外一个大的方面就是可以通过强大的云计算技术来提供云安全服务（Cloud for Security Service）。

现在很多的云安全服务都基于云计算技术，比如云病毒查杀、云安全扫描、云 Web 应用程序防火墙、云分布式拒绝服务防护等，这方面可通俗地理解为安全即服务（SECaaS）。

8.4.2　云安全服务的方式

云安全服务的方式可以有多种，具体如下。

1．提供单一的安全软件

由于硬件无法部署到云上，安全厂商通常采用安全产品的软件部署方式，即将安全产品软件部署在用户的虚拟机上，为用户提供安全防护。

这种方式有以下几个弊端。

（1）部署复杂。首先需要用户提供虚拟机，然后安全厂商手动将安全软件部署到用户的虚拟机上。

（2）安全组件管理复杂。在部署时需要逐一登录到不同的安全组件来做安全管理。

（3）用户购买流程复杂，而且这种软件部署的方式无法做到安全性能的弹性扩展。

2．提供 SECaaS 服务

安全厂商采用 SECaaS 服务的方式来提供云安全服务，常见的有扫描服务、Web 应用防护服务，SECaaS 服务可以为用户的云上业务系统提供安全保障。

3．安全产品入驻云平台的安全市场

每个公有云都有安全市场，安全厂商将安全产品入驻云平台的安全市场，用户可以通过市场自助选购。

4．云服务提供商提供安全服务

随着云平台的发展，目前大部分的云服务提供商逐渐具备安全防护能力，用户可直接通过云管理平台申请、开通云服务提供商的安全服务。

这种方式有一个很大的弊端，那就是缺乏第三方的安全监管和安全审计。

8.4.3　安全资源池解决方案

为了满足云场景下的安全需求，目前比较常见的云安全解决方案是采用"安全资源池"的方式来帮助用户构建一个能够统一管理、弹性扩容、按需分配、安全能力完善的云安全资源池，为用户和企业提供一站式的云安全综合解决方案。

1．云安全资源池的架构

云安全资源池的架构，如表 8-3 所示。

表 8-3　云安全资源池的架构

云安全管理平台			
资源管理	服务编排	服务开通	报表分析
策略下发	流量调度	安全配置	安全报警
云安全可视化	云监测、云防御、云审计		云上 合规
	云服务		
	大数据分析		
存储管理、网络管理			
基于内核的虚拟化			
物理服务器			

云安全资源池由云安全管理平台和云安全资源两部分组成。

1）云安全管理平台

云安全管理平台可实现云安全的统一运维管理和统一运营管理，实现安全组件的自动编排和安全策略的统一管理，实现用户自助按需申请安全服务、按需分配、自动化部署等。

2）云安全资源

云安全资源通过虚拟化技术实现计算资源、存储资源、网络资源的共享，为云安全管理平台和各个安全模块提供资源，为用户提供包含云监测、云防御、云审计等覆盖全生命周期的云安全服务，满足用户多样化的云安全需求。

2．云安全资源池解决方案的优点

（1）软件定义安全：通过软件定义的方式自动定义安全，从而实现灵活的安全防护体系。

（2）安全自动化部署：安全产品以镜像、SaaS 服务或软件的方式存储在安全资源池中，当用户开通安全产品时，管理平台会调用底层安全资源池的接口实现安全产品的自动部署安装、应用。

（3）安全数据隔离：安全产品能实现基于用户级别的云安全产品和安全数据隔离。

（4）安全弹性扩展：安全产品能通过增加资源池节点的方式扩展安全资源池的容量，安全服务也能实现动态弹性伸缩。

（5）安全可靠：数据存储是多备份的；如果节点出现故障，虚拟安全产品可自动漂移，即安全资源池单个物理节点宕机不会影响安全业务，单个安全组件宕机也不会影响安全业务，最大限度地减少硬件、软件故障造成的安全服务中断时间；系统无须使用昂贵、复杂的传统安全硬件设备集群解决方案，采用安全即服务方式即可，这样既安全又可靠。

8.4.4　云安全防护技术

下面我们来介绍云安全防护技术和设备。

1．云防火墙

防火墙是一种可过滤掉恶意流量的安全产品。从传统上来讲，防火墙在受信任的内部网络和不受信任的网络之间运行，防火墙是根据一组内部规则来阻止或允许网络流量的。

云防火墙是云中重要的安全防护设备。顾名思义，云防火墙是托管在云中的防火墙。云防火墙能阻止针对这些云资产的网络攻击。

基于云的防火墙能形成围绕云平台、基础设施和应用程序的虚拟屏障，就像传统防火墙能形成围绕内部网络的屏障一样。

由于云中授权用户几乎可以在任何位置、通过任何网络连接到云，所以在云中运行的应用程序可以在任何位置运行，同样云平台和基础设施也没有固定的位置。

云防火墙是以防火墙即服务（FWaaS）的方式服务于云安全的。就像软件即服务或平台即服务之类的其他"即服务"类别的产品一样，FWaaS 在云中运行并可以通过互联网进行访问，第三方供应商将其作为服务提供给用户，并负责相关的更新和维护工作。

1）云防火墙和下一代防火墙（Next Generation Firewall，NGFW）的区别

下一代防火墙包含了早期防火墙产品所未能提供的新技术，比如，

（1）入侵防护系统：入侵防护系统能检测并阻止网络攻击。

（2）深度包检测（DPI）：NGFW 不只检查数据包包头，还检查有效负载，这有助于检测恶意软件和其他种类的恶意数据。

（3）应用程序控制：NGFW 能控制单个应用程序的访问权限或完全阻止应用程序。

"下一代防火墙"是一个广泛应用的术语，但是 NGFW 不一定在云中运行。基于云的防火墙可能具有 NGFW 的功能，本地防火墙也可以是 NGFW。

2）安全访问服务边缘（Security Access Service Edge，SASE）框架

安全访问服务边缘是基于云的网络体系结构，将网络功能（如软件定义广域网 SD-WAN）与一组安全服务（包括 FWaaS）结合在一起的。传统的网络模型必须使用内部防火墙来保护内部数据中心的外围区域，而 SASE 在网络边缘提供了全面的安全防护和访问控制。

在 SASE 网络模型中，基于云的防火墙与其他安全产品协同工作，以保护网络外围免受攻击和其他网络威胁。企业可以雇用单个供应商，通过软件定义广域网功能将 FWaaS、云访问安全代理（CASB）、安全 Web 网关（SWG）和零信任网络访问（ZTNA）捆绑在一起，而不使用多个第三方供应商来部署和维护每个服务。

3）云 Web 应用程序防火墙

云 Web 应用程序防火墙（CWAF）能保护云免遭漏洞攻击，帮助阻止分布式拒绝服务攻击，并允许信息技术管理员编写自己的自定义防火墙规则。用户和企业可以在任何类型的云部署前，部署云 Web 应用程序防火墙。

2. 云杀毒

传统的杀毒软件无法有效地处理日益增多的恶意程序，来自互联网的主要威胁正在由计算机病毒转向恶意程序，在这样的情况下，采用特征库判别法显然已经过时。云安全技术应用后，识别和查杀病毒不再仅仅依靠本地硬盘中的病毒库，而是依靠庞大的网络服务，实时进行采集、分析及处理。

3. 软件即服务应用

用户通常将业务部署在多个平台上，多云和混合云的场景在实际应用中经常出现，因此多云安全和混合云安全将成为云安全解决方案需要解决的安全问题。

另外，云通过虚拟机的方式为每个用户提供独立的安全产品，这种方式会造成巨大的资源浪费，也大大增加了安全运维的成本。

应用软件即服务（SaaS）能很好地解决上面两个问题。

4. 混合云技术应用

对于用户和企业来说，云安全存在网络方面的安全隐患。因为大部分的反病毒软件在断网之后，性能会大大下降。由于病毒破坏、网络环境等因素，一旦出现断网的情况，云反而成了累赘，帮了倒忙。

运用"混合云"技术，把公有云与私有云结合起来使用，既发挥了公有云用户量大、响应及时、安全防护能力强的优势，又保留了本地的安全防护能力，这种技术应用方式吸取了传统技术与云技术的优势，解决了很多云应用的难题。

5. 云审计

用户的业务和数据都依托在云服务提供商的云上，因此云安全至关重要，对云安全服务提供商提供的安全措施的监管就显得尤为重要。采用第三方云安全审计，来监督云安全服务提供商的安全行为是一个不错的选择，第三方的云安全审计也将成为用户和企业安全的最后保障。

6. 云安全防护的核心技术

我们知道，病毒增长得再快，只是量的变化，而现实当中造成巨大损失的，往往是极少数新病毒。而以云方式构建的大规模特征库并不足以应对这种安全威胁，这就需要我们在核心杀毒技术上下足功夫，例如虚拟机、启发式判断（行为关联分析技术）、沙箱/沙盒、智能主动防御等未知病毒防范技术需要加强和发展，而杀毒软件本身的自我保护能力也需要进一步加强。

云安全一定要建立在内核级自我保护、启发式判断、沙箱、虚拟机、智能主动防御等核心技术的基础上才能显示出威力，没有这些核心技术，杀毒软件在病毒面前就可能会出现"有心无力"的尴尬，现实中许多杀毒软件发现了病毒，却无力清除，甚至反被病毒关闭的现象比比皆是。这就是我们强调优先发展这些核心技术，而把云安全防毒系统排在后面的原因。杀毒和其他行业一样，首先基础要足够强大，基础不扎实，楼建得再高也不牢靠。

沙箱是一种更深层的系统内核级技术，与虚拟机无论在技术原理还是在表现形式上都不尽相同，当发现病毒调用接口或函数时，沙箱可实现回滚，让系统复原；而虚拟机并不具备回滚复原机制，在激发病毒后，虚拟机会根据病毒的行为特征判断其是某一类病毒，并调用引擎对该病毒进行清除，两者之间有着本质的区别。事实上，在对付新病毒入侵时，应用沙箱能发挥更强大的效力。

目前反病毒面临的最主要问题是驱动型病毒对杀毒软件的技术挑战，因此反病毒的首要任务是进一步提升反病毒核心技术，在确保反病毒技术的前提下，充分借助云安全防毒系统的快速响应机制，打造"云安全+沙箱"的双重安全保障体系。

8.4.5 云安全解决方案示例

在现实中，由于用户和企业的需求是多种多样的，具体的情况，比如使用目的、网络环境、云服务提供商的情况，等等，也是千差万别的，技术也在推陈出新，所以实施的云安全解决方案也是大不相同的。下面我们举几个云安全解决方案的示例，仅做参考。

1. "探针+云"安全方案

将用户（探针）和技术平台通过互联网紧密相连，组成一个庞大的木马病毒/恶意软件监测查杀网络，每个用户都为云安全贡献一份力量，同时分享其他所有用户的安全成果。

由大量的服务器和数以千万的用户组成的虚拟网络，即云。病毒针对云的攻击，都会被服务器截获、记录并反击，而在云上被病毒感染的节点可以在最短时间内，获得服务器的解决措施，经查杀病毒恢复正常。这样的云，理论上的安全程度是可以无限改善的。云最强大的地方，就是抛开了单纯"客户端"防护的概念。传统客户端被感染，病毒查杀完毕之后就结束了，没有进一步的信息跟踪和分享，而云的所有节点，是与云服务器共享信息的。某个用户中毒了，服务器就会记录，在帮助该用户处理的同时，也把信息分享给其他用户，他们就不会被重复感染，于是这个云笼罩下的用户越多，云记录和分享的安全信息也就越多，整体的用户防护能力也就越强大，这就是网络的真谛，也是所谓云安全的精华之所在。

（1）要想建立这样的云安全系统，并使之正常运行，需要解决如下问题。

① 需要海量的客户端，即云安全探针。只有拥有海量的客户端，才能对互联网上出现的

病毒、挂马网站等有灵敏的感知能力。

② 需要专业的反病毒技术和经验。大量反病毒专业技术、虚拟机、沙箱、启发式判断、智能主动防御、大规模并行运算等技术的综合运用，使得云安全系统能够及时处理海量的上报信息，并将处理结果共享给云安全系统的每个成员。

③ 需要大量的资金和技术投入。云安全系统单单在服务器、带宽等硬件上的投入是不够的，还需要有相应的顶尖技术团队以及未来持续的研究经费投入。

④ 云安全必须是开放的系统，而且需要大量合作伙伴的加入，即其"探针"与所有其他杀毒软件完全兼容，这样才能大大加强云安全系统的覆盖能力，享受云安全系统带来的成果。

（2）作为云安全解决方案，还应具有如下的功能。

① 木马病毒下载拦截：它基于领先的反木马病毒技术，拦截通过网络下载的木马病毒，截断木马病毒进入用户计算机的通道，有效遏制木马病毒的泛滥。

② 木马病毒判断拦截：它是基于强大的智能主动防御技术，当木马病毒和可疑程序启动、加载时，立刻对其行为进行拦截，阻断其窃取信息、盗号等违法行为，在木马病毒运行时发现并清除，从而保护用户信息安全。

③ 自动在线诊断：自动检测并提取计算机中的可疑程序样本，并上传到云安全"恶意软件自动分析系统"，随后该系统会把分析结果反馈给用户，进行病毒查杀，并通过安全资料库分享给其他的用户。

④ 监控功能：系统还应具有 U 盘病毒免疫、自动修复系统漏洞、不良网站防护、IE 防漏墙等监控体系，来全面保护用户计算机安全。

⑤ 漏洞扫描：应用全新开发的漏洞扫描引擎扫描智能检测系统漏洞、第三方应用软件漏洞和相关安全设置，并帮助用户修复漏洞。漏洞扫描引擎还可以根据设置，实现上述漏洞的自动修复，简化用户的操作，同时及时地帮助用户消除安全隐患。

⑥ 强力修复：对于被病毒破坏的系统设置，如浏览器主页被改、经常跳转到广告网站等现象，该功能会修复注册表、系统设置和 Host 文件，使计算机快速恢复正常。

⑦ 加强管理：帮助用户有效管理计算机中的驱动、开机自启动项、浏览器插件等，可有效提高用户计算机的运行效率。

⑧ 高级工具集：针对熟练操作计算机的用户，可提供全面的实用工具集，如垃圾文件清理、系统启动项管理、服务管理、联网程序管理、LSP 修复、文件粉碎和恶意程序专杀工具等。

2．虚拟化技术安全方案

用虚拟化技术来有效解决云信息的存储、传输和使用过程中的安全风险，要点如下。

（1）通过桌面虚拟镜像数据加密，解决云端数据集中存储带来的管理员优先访问权问题，消除虚拟机逃逸带来的隐患，防止桌面云使用者的私有数据泄露。

（2）结合 PKI 技术的双因子云终端身份认证技术，规避云终端身份冒认使用风险，提升远程使用云终端的安全性。

（3）以云终端为识别依据的安全域划分，取消了传统 PC 端依赖物理端口划分的机制，采用划分虚拟安全域的机制，符合云终端跨区域使用的特性，能加强云终端之间数据传输的安全管控。

（4）使用数据动态边界自动加密功能，实现云中用户终端间数据可控交互，防止云终端数据通过邮件、网页或即时通信工具等造成的数据泄露。

（5）通过加密手段将统一存储的风险进行分摊。对用户虚拟磁盘空间或者后台真实数据存储空间进行加密，实现对非授权用户访问磁盘空间和管理员非法访问虚拟机存储空间的管控。

（6）针对桌面终端的数据安全，完全杜绝外发途径能够有效地管控终端用户使用邮件、即时聊天工具等，避免数据泄露。同时还能审计终端用户的外发数据，做到事后可溯源审计。

（7）做好对网络层的传输控制，针对网卡封装的数据包进行加密，使得同组内具有相同秘钥的云桌面可以进行透明解密。通过该方式可以实现桌面云环境下的虚拟终端隔离，通过软件方式实现虚拟安全域的划分。

（8）通过对多用户采取主机隔离、网络隔离、数据隔离、应用隔离措施来保证多用户的虚拟主机安全、网络安全、数据安全和应用安全。

（9）在统一的平台上支持对普通 PC 端、云桌面及虚拟化终端、移动智能终端和物联网终端等多种终端的协同管理，这样可以有效应对企业信息技术架构的快速变革与延伸，构建全信息技术架构协同联动的数据安全体系。

3．云预警系统安全方案

用户计算机作为云中的一个节点，通过云预警系统了解、掌握用户安装和使用软件的情况。当杀毒引擎发现某个软件非常可疑，但又不足以认定它是病毒时，云预警系统就会收集软件的相关信息，并与中心服务器交换资料，中心服务器通过所有收集到的资料便能够迅速准确地做出响应，从而保证云中的安全。

4．全网防御安全方案

全网防御云安全体系，是为了应对木马病毒商业化之后，互联网面临的严峻的安全形势而生的，它包括智能化客户端、集群式服务端和开放的平台三个层次。它是对现有反病毒技术的强化与补充，最终目的是让互联网时代的用户都能得到更好、更全面的安全保护。

1）稳定高效的智能客户端

"智能客户端"可以是独立的安全产品，也可以作为与其他产品集成的安全组件，它为整个云安全体系提供样本收集与威胁处理的基础服务。

2）集群式服务端

集群式服务端包括分布式的海量（样本）数据存储及计算中心、专业的安全分析服务以及对安全趋势的智能分析挖掘技术，同时它和智能客户端协作，为用户提供互联网可信认证服务及云安全服务。

3）开放的平台

全网防御云安全体系，以一个开放性的安全服务平台作为基础，它为第三方安全合作伙伴提供了与病毒对抗的平台支持,它既为第三方安全合作伙伴用户提供安全服务,又靠和第三方安全合作伙伴合作来建立全网防御体系,从而使得每个用户和第三方合作伙伴都参与到全网防御体系中来。

5. 依托于信誉服务的安全方案

信誉服务安全方案具有如下的特性。

1)Web 信誉服务

借助域信誉数据库,Web 信誉服务按照恶意软件行为分析所发现的网站页面、历史位置变化和可疑活动迹象等因素来指定信誉分数,从而追踪网页的可信度。然后通过该技术继续扫描网站并防止用户访问被感染的网站。为了提高准确性、降低误报率,Web 信誉服务为网站的特定网页或链接指定了信誉分值,而不是对整个网站进行分类或拦截,因为通常合法网站只有一部分受到攻击,而信誉可以随时间而不断变化。

通过信誉分值的比对,就可以知道某个网站潜在的风险级别。当用户访问具有潜在风险的网站时,就可以及时获得系统提醒或被系统阻止,从而帮助用户快速地确认目标网站的安全性。通过 Web 信誉服务,可以防范恶意程序源头。由于对零日攻击的防范基于网站的可信程度而不是真正的内容,因此 Web 信誉服务能有效预防恶意软件的初始下载,用户进入网络前就能够获得防护能力。

2)电子邮件信誉服务

电子邮件信誉服务按照已知垃圾邮件来源的信誉数据库检查 IP 地址,同时利用可以实时评估电子邮件发送者信誉的动态服务,对 IP 地址进行验证。信誉评分通过对 IP 地址的"行为""活动范围"及以前的历史进行不断的分析而加以细化。按照发送者的 IP 地址,恶意电子邮件在云中即被拦截,从而防止僵尸或僵尸网络等 Web 威胁到达网站或用户的计算机。

3)文件信誉服务

文件信誉服务技术可以检查位于端点、服务器或网关处的每个文件的信誉。检查的依据包括已知的良性文件清单和已知的恶性文件清单,即所谓的防病毒特征码。高性能的内容分发网络和本地缓冲服务器确保在检查过程中使延迟时间降到最低。由于恶意信息被保存在云中,因此可以立即到达云中的所有用户,而且和占用端点空间的传统防病毒特征码文件下载相比,这种方法降低了端点内存和系统消耗。

4)行为关联分析技术

利用行为分析的相关性技术把威胁活动综合联系起来,确定其是否属于恶意行为。Web 威胁的单一活动似乎没有什么害处,但是如果同时进行多项活动,就可能会导致恶意结果,因此需要按照启发式观点来判断是否实际存在威胁,可以检查潜在威胁不同组件之间的相互关系。通过把威胁的不同部分关联起来并不断更新威胁数据库,就能够实时做出响应,针对电子邮件和 Web 威胁提供及时、自动的保护。

5)自动反馈机制

自动反馈机制,以双向更新流方式在全天候威胁研究中心和用户之间实现不间断通信,通过检查单个用户的路由信誉来确定各种新型威胁,这有助于确立全面的最新威胁指数。单个用户常规信誉检查发现的每种新威胁都会自动更新到云各地的威胁数据库，防止以后的用户遇到已经发现的威胁却不知如何处置的情况发生。

6）威胁信息汇总

"云"中的研究人员将不断地补充、提交威胁信息的内容。研究人员会综合应用各种技术和数据收集方式，包括"蜜罐"、网络爬虫、客户和合作伙伴内容提交、反馈回路及各种威胁研究，获得关于最新威胁的数据库，服务和支持中心对威胁数据库进行分析，得到权威的恶意程序特征数据库，并自动更新到云中的所有用户终端。

防病毒研究技术支持中心的技术人员能提供实时响应，即 7×24 小时的全天候威胁监控和攻击防御，以探测、预防并清除攻击。

6．全功能安全防御方案

全功能安全防御旨在为互联网信息搭建一个无缝透明的安全体系。

（1）针对互联网环境中类型多样的信息安全威胁，全功能安全防御以防恶意程序引擎为核心，以技术集成为基础，实现信息安全软件的功能平台化。系统安全、在线安全、内容过滤和反恶意程序等核心功能互相结合，体现在全功能安全防御平台上，实现统一、有序和立体的安全防御。

（2）在强大的后台技术分析能力和在线透明交互模式的支持下，全功能安全防御可以在用户知情并同意的情况下在线收集、分析用户计算机中可疑的木马病毒等恶意程序，并且通过及时更新的防病毒数据库分发给用户，从而实现木马病毒等恶意程序的在线收集、即时分析及解决方案在线分发的云安全技术。全功能安全防御通过将云安全技术透明地应用于各个计算机用户，使得全体用户组成了一个具有超高智能的安全防御网，能够在第一时间对新的威胁产生免疫力，杜绝安全威胁的侵害。

（3）通过扁平化的服务体系实现用户与技术后台的零距离对接。全功能安全防御系统拥有权威的恶意程序样本中心、恶意程序分析平台和及时更新的防病毒数据库，能够保障用户计算机的安全防御能力以及与技术后台的零距离对接。在全功能安全防御体系中，所有用户都是云安全的主动参与者和安全技术革新的即时受益者。

7．基于漏洞扫描的安全方案

云安全漏洞扫描探测系统是基于 APT 入侵检测模式的深度安全评估系统，其致力于 Web 2.0 下的应用安全测试和网站安全漏洞的综合扫描分析。其高效准确的安全扫描策略，能让使用者轻松发现漏洞威胁，为安全管理人员提供详细专业的漏洞扫描报表。其中 Web 服务器综合漏洞检测服务覆盖国内外安全社区等国际权威安全组织定义的几乎所有应用程序漏洞。

云安全漏洞扫描探测系统具有如下特性。

（1）能发现 Web 应用服务器安全漏洞。

（2）能够准确扫描网站存在的漏洞，能发现网站安全风险。

（3）支持 VPN 入侵检测服务，能够解决屏蔽网站无法扫描的问题。

（4）支持常规的检测漏洞模型和智能渗透检测模型，具有超强的漏洞分析能力。智能渗透检测模型，包括零日更新检测、漏洞组合、Google hacking 等漏洞检测。

（5）支持简单模式（单个域名）、批量模式（多个域名）、快速扫描模式、深度扫描模式等模式。

（6）具有专业、清晰、准确的可视化报表。

（7）具有针对常见邮件系统、论坛、博客、Web 编辑器的专业检测模型。

（8）具有 Cookies 登录状态深入检测功能。

（9）集成了 JavaScript 智能解析引擎，能够对恶意代码、DOM 类型的跨站脚本漏洞和任意页面的跳转漏洞进行检测。

（10）系统操作简单，能够轻松地完成高质量的入侵安全检测。

8．基于云计算的安全方案

基于云计算的安全系统能够保护计算机免受病毒或其他安全威胁的侵害。

（1）由于采用"云结构"，该系统能够缩短收集、检测恶意软件的时间，以及配置整个解决方案的时间。

（2）系统只管理一个窗口，用户和企业的所有活动都在该窗口中进行，而该窗口将会持续分析有无恶意软件并快速地做出响应。

（3）传统安全系统使用威胁签名数据库来管理恶意软件信息，而作为一款云计算服务，该系统可以在签名文件尚未发布之前就对威胁做出响应。

（4）如果用户计算机装有该系统，那么一旦计算机被检测到存在可疑文件，会立刻与云服务器联系，以确定可疑文件是否是恶意的。通过这一方式，云平台还能利用所收集的数据为用户和企业提供定制的安全解决方案。

（5）该系统能够提供实时的安全保护。而在传统的基于签名的安全系统中，发现安全威胁和采取保护措施之间往往存在时间延迟。

（6）今后要加强对恶意软件检测技术的研究，以适应用户行为的改变以及安全威胁的变化。

9．基于程序自动分析的安全方案

在理想状态下，一个恶意程序（如木马病毒）从攻击某台计算机，到整个云安全网络对其拥有免疫、查杀能力，仅需几秒的时间。由于整个过程全部通过互联网并经程序自动控制，所以用户可以在最大程度上提高对恶意程序的防范能力。

这个云安全方案的核心是使用恶意程序自动分析系统，该系统能够对大量木马病毒样本进行动态分类与共性特征分析。具体来说，该系统能够根据木马病毒的变种群自动进行分类，并利用变种病毒家族特征提取技术分别对每个变种群的特征进行提取。这样，对数以万计的新木马病毒进行自动分析处理后，真正需要人工分析的新木马病毒样本就很少了，从而实现对木马病毒的快速响应，保证了云安全。

10．云存储安全方案

云存储安全是云安全中最重要的内容。

云存储系统是一个复杂的系统，由客户端程序、接入网、公用访问接口、应用软件、服务器、存储设备、网络设备等组成。云存储系统在逻辑上分为数据存储层、数据管理层和数据服务层，其可以为用户提供高效、可靠、安全的多种网络在线存储服务和业务访问服务。

云存储系统中最基础的是数据存储层，其是由不同类型的网络设备和存储设备组成的。数据存储层可以实现对海量数据的状态监控、对存储设备的统一管理等。云存储系统中最复杂、最核心的是数据管理层。数据管理层采用分布式存储技术和集群技术来进行计费、数据容灾、备份、加密存储，还提供高可扩展性、高可用性的服务，协调多种存储设备工作。

云存储系统中的数据服务层是利用云存储资源进行应用开发的关键部分，云存储提供商通过数据服务层为用户提供统一的协议和编程接口，以便用户使用应用程序。

1）云存储安全需求

云存储的安全防护可以采用数据毒化的保护方法，即对用户的合法性主要通过签名和时间戳来进行判断，一旦发现访问用户为非法用户，就迅速对该非法用户的操作进行屏蔽，同时以不可用链接来对它的请求进行回应。

云存储的安全需求主要有数据备份的安全性、安全分级的安全性、存储的安全性、访问的安全性。

（1）数据备份的安全性。

数据备份的重要性是不言而喻的。数据备份通常根据用户的不同需要来灵活选择备份的位置。若想提高数据备份的可靠性，可以将其放在独立于云外的存储系统中；若想提高数据备份的恢复效率，可以将其放在云中。

（2）安全分级的安全性。

存储于云端的数据对于用户和企业而言，都需要采取一定的分级保护措施。例如个人信息、银行卡信息、客户信息等数据往往需要高级别的安全防护，而一些音乐文件、公开的视频、企业的广告信息等则不需要安全防护，或者只需要一些低级别的安全防护，所以在云存储过程中，应该根据数据不同的安全保护需要来采取相应的安全分级保护措施。

（3）存储的安全性。

云存储是指在云端集中存储大量的数据，若云存储系统不具有良好的自我保护、自我防御、自我预警功能，很容易在非法入侵或者黑客攻击的情况下，使用户重要数据被恶意窃取、篡改，甚至有可能会丢失用户数据，还有可能会使整个云存储服务崩溃。应该从构建云存储入手，采取软硬件结合、单独使用软件或者独立使用硬件的方式来保护存储数据的安全。此外，还可以采取提高数据存储安全性的技术，如区块链技术、分布式文件系统安全技术、自加密磁盘技术等。

（4）访问的安全性。

云存储服务具有较大的灵活性，无论采用何种终端设备，都能够通过互联网利用同一账户访问该账户所存储的数据，所以必须认真考虑用户账户的安全问题。我们可以采用数字签名、数字认证、动态密码、动态认证信息等方式来保证用户账户的安全。

2）实行有效的云存储安全措施

（1）加强信息加密算法的应用。

众所周知，各种密码算法构成了云存储数据信息加解密的方法，没有安全的密码算法，就不会存在云存储数据信息的安全，密码算法是云存储数据信息安全的重要基础之一。传统的加密系统采用同一个密钥来进行加密和解密，这是一种对称加密方法。随着加密系统的发展，又出现了一种非对称加密方法，其中加密者和解密者各自拥有一套不同的密钥。

在云存储中，目前应用最为频繁的算法是混合加密算法、公开密钥算法等。

（2）部署云防火墙。

云防火墙为各种规模的网站提供先进的安全保护和网站性能提升服务。

云防火墙的特点如下。

① 其具有强大的抗攻击架构。

② 把被攻击的网站或者服务器地址接到云端网络，可实现抗攻击。

③ 各云端节点采用同构互换等架构措施，节点仅服务对应的区域，原服务器隐藏在云端后面，云防火墙具备过滤及清洗功能。

④ 云防火墙的规模可以动态伸缩，满足应用和用户规模增长的需要。

⑤ 云防火墙比传统的硬件防火墙节省成本。

（3）同态加密。

同态加密是一种特殊的加密体系，它使得对密文进行代数运算得到的结果与对明文进行等价运算后再加密所得到的结果一致，而且整个过程中无须对数据进行解密。

该技术能很好地解决把数据及其操作委托给云服务时的数据机密性问题。

3）开展云存储安全专题培训

通过云存储安全专题培训，能够进一步地让广大用户了解云存储安全的重要性，掌握云存储安全防范的基本方法，培训对促进用户和企业云存储安全管理和提升云存储运行环境的安全性具有积极的意义。

云存储提高了系统的扩充性、可靠性、高效性、方便性、共享性，但是也使得遭受黑客攻击的可能性增加了。云存储安全问题关系到互联网未来的发展，值得深入探讨。

8.4.6 提升云安全的有效措施

1. 私有云奠定了云安全基础

为了提升云安全，我们需要对现有的内部私有云环境，以及此云环境所构建的安全系统和程序进行深刻的理解，并从中汲取经验。其实在过去，大中型企业都有设置私有云环境的经历，只是他们将其称为"共享服务"而不是"云"。这些"共享服务"包括验证服务、配置服务、数据库服务、企业数据中心等，这些服务一般都以相对标准化的硬件和操作系统平台为基础。这些经验是我们的宝贵财富，要深入地了解企业自身的私有云，这样才能更好地提升企业的云安全。

2. 风险评估是云安全的重要保障

为了提升云安全，应对各种需要信息技术支持的业务流程进行风险性和重要性的评估。

用户和企业的云安全完全取决于业务流程所在的运营环境，云服务提供商无法为用户和企业完成风险分析。为保障云安全，应该对投入成本、收益、安全风险进行评估，明确其面临的安全风险因素。作为风险评估的一部分，还应考虑到潜在的监管影响，因为监管机构禁止某些数据和服务出现在失去控制的范围内。

3. 不同云模型能精准支持不同业务

为了提升云安全，应了解不同的云部署方式（公有云、私有云、多云与混合云）及不同的云服务（SaaS、PaaS、IaaS）。因为不同的云部署方式和不同的云服务将对安全控制和安全责任产生直接影响，用户和企业应根据自身组织及业务风险状况，选择合适的云部署方式和云服务。

4. 珍惜"面向服务的架构"体系的宝贵经验

为了提升云安全，应将面向服务的架构（SOA）设计和安全原则应用于云环境。

其实，多数企业已经将 SOA 原则应用于应用开发流程，而 SOA 的下一个发展阶段就是云环境。企业可将 SOA 高度分散的安全执行原则与集中式安全管理和决策制度相结合，并直接运用于云环境。在将重心由 SOA 转向云环境时，企业无须重新制定这些安全策略，只需要将原有策略转移到云环境即可。

5. 做好双重角色转换

为了提升云安全，应从云服务提供商的角度考虑问题。

刚开始，我们都会把自己当作云服务用户，但是不要忘记，我们也是云计算生态价值链的组成部分，我们也需要向用户和合作伙伴提供服务。如果我们能够实现风险与收益的平衡，从而实现云服务的利益最大化，那么我们也可以适应这个生态系统中的云服务提供商的角色。

6. 制定并启用网络安全标准

为了提升云安全，应熟悉企业自身，并启用网络安全标准。

长期以来，网络安全产业一直致力于实现跨域系统的安全和高效管理，已经制定了多项行之有效的安全标准，并已将其用于或即将用于保障云服务的安全。为了在云环境里高效工作，企业必须采用这些标准，即安全断言置标语言（SAML），服务配置标记语言（SPML），可扩展访问控制标记语言（XACML）和网络服务安全（WS-Security）。

　　本章我们讨论了关于云数据安全的有关问题。归纳起来，传统的局域网安全是由用户或企业自己建设、自己运维的，简单地说，它是企业的单打独斗，安全问题完全由自己负责，所遇到的安全威胁和安全风险，属于局部的、微观的安全问题。

　　云安全是云用户、云企业、云服务提供商共同面对的安全问题，所遇到的安全威胁和安全风险，以及安全解决方案都是由大家共同来承担的，需要大家团结协作，由大家共同来解决。云安全属于全局的、宏观的安全问题。对云中的个体来讲，可能会发生不安全的事件，但对整个云来讲是安全的。

第 9 章

系统加固与应急处置

网络系统的安全包括很多方面，比如系统的空间安全、系统的网络架构安全、系统的硬件安全、系统的主机安全、系统的数据安全、系统的应用软件安全、用户使用不当带来的安全问题，等等。前面我们介绍了局域网可以采用的各种安全防护措施，本章将重点对系统选型基本原则、空间防护、主机安全加固、数据库安全加固等进行介绍，其他方面的安全问题，在本书的其他章节已有介绍。

9.1　系统选型的基本原则

历史经验告诉我们，没有自主研发的产品，就要受制于人，系统安全性就无法得到保障，因此要坚持自主创新。系统选型的基本原则如下。

（1）网络系统的硬件要尽量选用国产的产品。

（2）硬件的操作系统要选用安全的操作系统，最好是国产的操作系统。

（3）应用系统也要选用国产的应用软件。

（4）对网络系统的硬件、操作系统、应用系统要定期进行安全风险评估，做好安全防范。

（5）安全防护类设备和系统要坚持使用国产的产品。安全漏洞检测工具，在检测时可以使用国外的产品，但不要部署。

（6）如果必须使用国外的硬件、操作系统、应用系统，那么要对其进行安全检测和安全风险评估，并做好安全监测和防护。

9.2　系统工作区域空间防护

既然网络信息系统是一个电磁信号系统，那么它的信息就有可能通过电磁信号辐射出去，造成信息泄露。它也有可能因为受到强电磁场干扰或破坏，而不能正常工作。因此，我们要加强对网络信息系统工作的区域空间及附近的区域空间的管理，要对该区域空间的电磁信号进行监测，要定期对该区域空间进行安全检测和安全风险评估。要避免电磁信号泄漏，造成数据泄露；要设置电磁信号干扰器；要避免该区域空间被电磁信号攻击，如激活隐藏的病毒、远程强电磁场辐射等，造成对信息系统的破坏；要对该区域空间及附近的区域空间进行电磁信号屏蔽。总之，要做好对电磁信号的防护。

9.3　主机安全加固

9.3.1　服务器安全加固

随着计算机网络技术的迅速发展和应用，信息和计算机网络系统已经成为社会发展的重要保障。由信息和计算机网络系统构成的信息系统中，最薄弱、最易受攻击的就是服务器。服务器是信息系统中敏感信息的直接载体，也是各类应用运行的平台，因此对服务器的保护是保障整个信息系统安全的基础，而服务器操作系统的安全是服务器安全的核心所在。

1．服务器面临的安全威胁

（1）面对操作系统安全漏洞，用户所能做的往往是以"打补丁"的方式使操作系统不断地升级更新。

（2）目前的病毒查杀类产品都采用病毒库的方式，因此只能防范已知的病毒。

（3）程序不按照最小权限原则执行，使得非法操作者和恶意代码能够拥有至高无上的权限，从而给破坏服务器操作系统完整性的行为预留了空间。

（4）来自网络内部的非授权访问使数据完整性面临威胁，这主要是指服务器中的重要数据在存储期间被篡改，使得重要数据失去了原有的真实性。

（5）单一的用户名和口令认证方式容易受到缓冲区溢出攻击、字典攻击等攻击，使得黑客获取口令，执行恶意操作。

（6）没有可执行程序控制带来的安全威胁。服务器的操作系统自身有很多的可执行程序，当这些可执行程序执行或修改的时候，如果操作系统对其执行或修改行为没有严格的控制手段，就无法验证其是否是安全的操作行为，是否会给服务器的安全带来威胁；另外，服务器上还会安装支撑服务的软件，这些软件本身存在诸多漏洞，会增加服务器的风险，如果没有可执行程序控制手段，对于这些软件的执行或修改的操作行为也就无法进行安全验证。

① 恶意程序攻击：向服务器植入未知的病毒等恶意程序躲避杀毒软件的查杀，它们将破坏服务器的操作系统及应用系统，盗取用户机密信息，感染操作系统的可执行程序，使操作系统无法正常使用，向访问该服务器的终端传播病毒造成更严重的后果。

② 安装不安全软件。

（7）接入移动存储设备的安全威胁。

服务器对于接入的移动存储设备，如 U 盘等，如果没有进行安全认证，就会给服务器带来安全威胁。

（8）缺乏统一的服务器管理。

目前大多数服务器仍采用单机管理模式，即服务器管理员对每一台服务器单独进行管理维护，这样的管理模式会存在一定的安全滞后性。服务器要实现真正有效的安全管理，必须实现对所有服务器的统一集中管理、统一安全策略下发，以及安全事件的统一监控和协同处理，这样才有可能构建健康的服务器安全管理体系。

2．服务器安全加固解决方案

1）服务器安全加固总体思路

在对当前网络安全建设情况和面临的安全威胁充分调研分析的基础上，应以先进的可信计算技术为基础，以有效的访问控制为核心，以操作系统安全支持应用系统安全，以应用系统安全来支撑系统总体网络安全，从而构造完整可信的信息安全立体防护体系。在安全管理中心的统一管控下，通过基于白名单的主动防御机制，从操作系统层出发，对全部执行程序进行"预期式"控制，并且全部技术均应具有自主知识产权。服务器加固解决方案应在提升服务器的防攻击能力、达到安全防御手段自主可控、形成操作系统底层对应用及数据安全的基础支撑、体现技术与管理相结合的特点等众多基础上，全面地保护服务器上数据的机密性和完整性及系统的可用性，构建服务器安全防护的坚固堡垒。

服务器加固的核心内容可以总结为主动防御机制、操作系统层保护机制和三权分立的管理机制。

2）主动防御机制

通过对可执行程序的有效控制，使系统具备主动防御能力，达到防御未知病毒、未知威胁的目的。所谓主动防御，其实是针对传统的特征码扫描技术而言的。如果说传统的特征码扫描技术通过建立黑名单实现对病毒等的过滤和查杀，那么，主动防御机制就是建立可信程序的白名单，只有白名单中的程序才能够运行。这样，任何新型恶意程序都会因为不在白名单之列而无法运行，从而能够实现对未知病毒等的有效防御。

主动防御技术比较好地弥补了传统杀毒软件采用"特征码查杀"和"监控"相对滞后的技术的不足，同时弥补了补丁内容不可预知的缺陷，可以在病毒发作之前进行主动而有效的全面防范，从技术层面上有效地遏制了未知病毒的暴发与扩散。

3）操作系统层保护机制

从服务器操作系统层面的保护出发，利用文件过滤驱动技术，进行执行程序可信度量和访问行为的控制，构筑系统底层的加固机制，同时形成对上层应用和数据的安全支撑。

执行程序可信度量可以确保系统中的执行程序免受非授权修改，从而保护其完整性，保证系统所启动的进程都是可信的。服务器上的执行程序通过安全管理员的安全性检查后，其正常启动所依赖的相关模块摘要值被记录在系统策略文件中，由安全管理中心统一管理与分发。执行程序启动前，系统会度量该程序相关模块的完整性，只有在度量结果和预存值一致的前提下，该程序才被认为是可信的，从而允许启动，否则拒绝其执行，因此如果系统中的某一执行程序被恶意修改，那么由于其不再可信，系统将禁止其执行，从而阻止了恶意行为继续传播和破坏，降低了系统完整性被破坏的风险。访问行为的控制机制通过安全策略限制执行程序的权限，使其只拥有完成任务的最小权限，防止非法访问行为的发生，即使系统被恶意程序入侵，其破坏范围也是有限的，无法波及整个系统，保证了数据的机密性、应用的完整性，也形成了对应用安全的有力支撑。

4）三权分立的管理机制

通过建立安全管理中心，制定并强制服务器执行统一的系统安全策略，确保服务器的运行状态始终可控、可管，从而建立基于可信计算技术的安全应用环境。

管理中心采用三权分立的原则，设立账号管理员、权限管理员和日志审计员。三个管理员分工明确、相互合作、相互制约，有效避免了权限过于集中以及形成安全管理漏洞。

通过上述三权分立的机制，使得系统中的不同用户相互监督、相互制约，每个用户各司其职，共同保障信息系统的安全。

3．服务器其他安全加固措施

1）系统账号安全

系统账号安全主要是指保障服务器账号安全，防止密码被盗，其主要措施有以下几个方面。

（1）要保证服务器的密码有较强的复杂度；

（2）要禁止超级管理员用户直接登录；

（3）要防止跳板机机制；

（4）要设置密码最大错误次数，一旦超过则禁止当前 IP 地址用户访问服务器；

（5）要设置密码有效期管理，定期由系统强制要求用户更新密码；

（6）要用密钥登录，增加动态认证机制。

2）目录及文件使用权限

很多木马病毒之所以能被上传和执行，文件权限过大是很重要的因素。我们要严格控制目录及文件使用权限，最大程度限制文件类相关操作，这主要是指针对不同目录和文件的读（R）、写（W）和执行（X）权限。

3）防火墙规则

设置防火墙规则可以控制开放哪些端口的访问权限，还可以控制哪些 IP 地址可以访问服务器，等等。

4）系统和程序漏洞

不管是 Windows 系统还是 Linux 系统或是其他的操作系统，或多或少都存在漏洞，对于危害较大的漏洞要及时修复。

只要是程序就有可能存在漏洞，因此要定期进行安全检测，发现漏洞及时修补。

5）关闭不必要的系统服务

要关闭不必要的系统服务，一方面可节省服务器资源，另一方面可减少可能的漏洞利用风险或者提权风险。

6）日志记录

系统应记录用户的所有操作，以便发现问题时溯源。

7）备份还原机制

对数据库要进行及时备份，以防万一，这非常有必要。

8）修改服务器系统的版本号

修改服务器系统的版本号，这样当黑客使用工具扫描时会返回错误的版本信息。如本来是 Windows Server 2008，改为 Linux-xxx。

4．Linux 服务器安全加固常用方法

（1）强制用户不重复使用最近使用的密码，降低密码猜测攻击风险。

加固方法：

在 /etc/pam.d/password-auth 和 /etc/pam.d/system-auth 配置文件中将 password sufficient pam_unix.so 行的末尾 remember 参数设置为 5～24，原来的内容不用更改，只在末尾加 remember=5。

（2）确保 rsyslog 服务已启用，记录日志用于审计。

加固方法：

运行以下命令启用 rsyslog：

```
service rsyslog start
```

（3）检查密码长度和密码是否使用多种字符类型。

加固方法：

在 /etc/pam.d/password-auth 和 /etc/pam.d/system-auth 配置文件中编辑 password requisite pam_cracklib.so 行，增加 minlen（密码最小长度）参数并将其设置为 9～32 位，将 minclass 参数设置为 3 或 4。例如：

```
password requisite pam_cracklib.so try_first_pass retry=3 minlen=11 minclass=3
```

（4）确保 ssh LogLevel 设置为 INFO，记录登录和注销活动。

加固方法：

编辑 /etc/ssh/sshd_config 文件，可以按如下方式设置参数（取消注释）：LogLevel INFO。

（5）设置较低的 Max AuthTrimes 参数可降低 SSH 服务器被暴力攻击的风险。

加固方法：

在 /etc/ssh/sshd_config 文件中取消 MaxAuthTries 注释符号#，设置最大密码尝试失败次数为 3～6，建议设置为 4：

```
MaxAuthTries 4
```

（6）设置 SSH 空闲超时退出时间，可降低未授权用户访问其他用户 SSH 会话的风险。

加固方法：

编辑 /etc/ssh/sshd_config 文件，将 ClientAliveInterval 参数设置为 300～900，即 5～15 分钟，将 ClientAliveCountMax 参数设置为 0～3，如 ClientAliveCountMax 2。

（7）设置密码失效时间，强制定期修改密码，降低密码泄露和猜测风险，使用非密码登录方式，如密钥对。

加固方法：

在 /etc/login.defs 中将 PASS_MAX_DAYS 参数设置为 60～180，如 PASS_MAX_DAYS 90。

需同时执行命令设置 root 密码失效时间：chage --maxdays 90 root。

（8）设置密码修改最小间隔时间，避免密码更改过于频繁。

加固方法：

在/etc/login.defs 中将 PASS_MIN_DAYS 参数设置为 7～14，建议为 7，即 PASS_MIN_DAYS 7。需同时执行命令来设置最小间隔时间：chage --mindays 7 root。

（9）SSHD 强制使用 V2 安全协议。

加固方法：

编辑/etc/ssh/sshd_config 文件，设置参数：Protocol 2。

9.3.2　系统终端安全加固

系统终端是系统用户操作的前端工具。系统用户在进行互联网浏览、搜索、网上办公等工作时，由于疏忽很容易使系统终端感染上病毒，所以加强对它的安全防护是非常重要的。

1．对系统终端采取的加固措施

（1）当系统终端与网络系统连接时，使用 VPN 连接通道连接，这样可以增强其安全性。

（2）给系统终端做好安全设置，给终端操作系统及时打补丁，给终端增加安全防护软件。

（3）用最新版的漏洞扫描工具对终端进行漏洞扫描，针对漏洞对终端进行修补。

（4）对于安全要求较高的终端，要谨慎选择、使用。

（5）要删除操作系统中多余的用户。

（6）要关闭远程访问功能，如果必要的话，可临时开启。

（7）对系统启动项进行优化处理。

2．终端 Windows 操作系统安全加固

我们知道，作为终端操作系统来讲，Windows 操作系统应用非常普遍，所以在此以 Windows 操作系统为例，介绍终端 Windows 操作系统安全加固措施。

1）账户管理

（1）Administrator 账户管理，见表 9-1。

表 9-1　Administrator 账户管理

加固检测判定	如果存在 Administrator 账号，并且隶属于 Administrators 组，表明不符合安全要求
安全配置参考	重命名账户：输入新的账户名称

（2）Guest 账户管理，见表 9-2。

表 9-2　Guest 账户管理

加固检测判定	在用户管理界面里，禁用 Guest 账户

（3）无关账户管理，见表 9-3。

表 9-3　无关账户管理

加固检测判定	如果不存在无关账户，或无关账户处于禁用状态，表明符合安全要求

2）密码管理

（1）密码复杂度，见表 9-4。

表 9-4　密码复杂度

安全加固要求	密码复杂度要求通常至少包含以下字符类别中的三种： 英文大写字母（A～Z）；英文小写字母（a～z）；阿拉伯数字（0～9）；非字母字符（如!、$、#、%）；Unicode 码（如汉字）
加固检测判定	在账户密码策略中，选择"密码必须符合复杂性要求"，如已启用，表明符合安全要求

（2）密码长度最小值，见表 9-5。

表 9-5　密码长度最小值

安全加固要求	对于采用静态口令认证技术的设备，根据用户的要求，设置密码长度最小值
加固检测判定	在账户密码策略中，选择"密码长度最小值"，查看其密码长度最小值

（3）密码最长使用期限，见表 9-6。

表 9-6　密码最长使用期限

安全加固要求	对于采用静态口令认证技术的设备，根据用户的要求，设置口令生存期
加固检测判定	在账户密码策略中，查看密码最长使用期限

（4）强制密码历史，见表 9-7。

表 9-7　强制密码历史

安全加固要求	对于采用静态口令认证技术的设备，根据用户的要求，应设置使用户不能重复使用最近多少次内已使用的口令
加固操作参考	在账户密码策略的强制密码历史中，根据用户的要求查看属性
加固检测判定	在账户密码策略中，选择强制密码历史，查看其"安全设置"

（5）账户锁定阈值，见表 9-8。

表 9-8　账户锁定阈值

安全加固要求	对于采用静态口令认证技术的设备，根据用户的要求，设置用户连续认证失败次数，然后锁定该用户使用的账户
加固操作参考	在账户锁定策略中设置账户锁定阈值
加固检测判定	在账户锁定策略中，选择"账户锁定阈值"，查看其"安全设置"

3）认证授权

（1）远程强制关机授权，见表 9-9。

表 9-9　远程强制关机授权

安全加固要求	"从远程系统强制关机"的权限只指派给 Administrators 组
加固操作参考	将"本地策略\用户权限分配\从远程系统强制关机"属性设置为只指派给 Administrators 组

续表

加固检测判定	进入"本地策略\用户权限分配"中，查看对话框中仅显示"Administrators"组，表明符合安全要求

（2）文件所有权授权，见表 9-10。

表 9-10　文件所有权授权

安全加固要求	将"取得文件或其他对象的所有权"只指派给 Administrators 组
加固操作参考	将"本地策略\用户权限分配取得文件或其他对象的所有权"，设置为只指派给 Administrators 组
加固检测判定	进入"本地策略\用户权限分配"中，查看对话框中仅显示"Administrators"组，表明符合安全要求

此外，要严格控制用户权限，如目录浏览权限、文件访问权限、任意文件类型上传等。

4）日志审计

（1）审核策略更改，见表 9-11。

表 9-11　审核策略更改

安全加固要求	启用对 Windows 系统的审核策略更改，成功与失败都要审核
加固操作参考	进入"本地策略\审核策略\审核策略更改"，"成功"与"失败"都勾选
加固检测判定	进入"本地策略\审核策略"，查看其"安全设置"，如果显示为"成功，失败"，表明符合安全要求

（2）审核登录事件，见表 9-12。

表 9-12　审核登录事件

安全加固要求	配置日志功能，对用户登录进行记录，记录内容包括用户登录使用的账户、登录是否成功、登录时间，以及远程登录时使用的 IP 地址等
加固操作参考	进入"本地策略\审核策略\审核登录事件"，勾选"成功"和"失败"
加固检测判定	进入"本地策略\审核策略"，选择"审核登录事件"，查看其"安全设置"，如果显示为"成功，失败"，表明符合安全要求

（3）审核对象访问，见表 9-13。

表 9-13　审核对象访问

安全加固要求	启用对 Windows 系统的审核对象访问，成功与失败都要审核
加固操作参考	进入"本地策略\审核策略\审核对象访问"，"成功"和"失败"都勾选
加固检测判定	进入"本地策略\审核策略"，选择"审核对象访问"，查看其"安全设置"，如果显示为"成功，失败"，表明符合安全要求

（4）审核进程跟踪，见表 9-14。

表 9-14　审核进程跟踪

安全加固要求	启用对 Windows 系统的审核特权使用，成功与失败都要审核
加固操作参考	进入"本地策略\审核策略\审核特权使用"，勾选"成功"与"失败"
加固检测判定	在"本地策略\审核策略"中，选择"审核特权使用"，查看其"安全设置"，如果显示为"成功，失败"，表明符合安全要求

对审核策略中的所有项均进行以上配置操作。

（5）日志文件大小，见表9-15。

表9-15 日志文件大小

安全加固要求	设置日志容量和覆盖规则，保证日志存储
加固操作参考	进入"事件查看器（本地）\Windows 日志" ①在"应用程序"中，设置"日志最大大小"。"达到事件日志最大大小时"选择"按需要覆盖事件（旧事件优先）" ②在"安全"中，设置"日志最大大小"，"达到事件日志最大大小时"选择"按需要覆盖事件（旧事件优先）" ③在"系统"中，设置"日志最大大小"，"达到事件日志最大大小时"选择"按需要覆盖事件（旧事件优先）"
加固检测判定	进入"事件查看器（本地）\Windows 日志"，查看"应用程序""安全""系统"的"属性"即可

对 Windows 日志中的"应用程序""安全""系统"三项均需要进行配置。

5）系统服务

（1）启用 Windows 防火墙，见表9-16。

表9-16 启用 Windows 防火墙

安全加固要求	启用 Windows 防火墙
加固操作参考	根据用户的要求，打开或关闭 Windows 防火墙，查看"家庭或工作（专用）网络位置设置"与"公用网络位置设置"中防火墙的配置情况
加固检测判定	进入"控制面板\Windows 防火墙\打开或关闭 Windows 防火墙"，查看"家庭或工作（专用）网络位置设置"与"公用网络位置设置"，如果均选择"启用 Windows 防火墙"，并勾选"Windows 防火墙阻止新程序时通知我"，表明符合安全要求

（2）关闭自动播放功能，见表9-17。

表9-17 关闭自动播放功能

安全加固要求	关闭 Windows 自动播放功能，防止从移动设备或光盘感染恶意程序
加固操作参考	运行 gpedit.msc，打开本地组策略编辑器，在自动播放策略中，选择"关闭自动播放"
加固检测判定	打开本地组策略编辑器，查看其状态，默认为"未配置"，如果为"已启用"，表明符合安全要求

6）补丁和防护软件

（1）系统安全补丁管理，见表9-18。

表9-18 系统安全补丁管理

安全加固要求	修复系统漏洞，应及时安装最新的补丁集
加固操作参考	运行 cmd.exe，输入 systeminfo
加固检测判定	运行 cmd.exe，输入 systeminfo，查看系统补丁的安装情况

（2）防病毒管理，见表9-19。

表 9-19　防病毒管理

安全加固要求	安装防病毒软件，并及时更新，提高系统防病毒能力
加固操作参考	查看是否安装杀毒软件；打开防病毒软件控制面板，查看病毒码更新日期
加固检测判定	查看是否安装杀毒软件；打开防病毒软件控制面板，查看病毒码更新时间

7）共享文件夹及访问权限

（1）关闭默认共享，见表 9-20。

表 9-20　关闭默认共享

安全加固要求	关闭 Windows 硬盘默认共享功能
加固操作参考	运行 regedit.exe，进入注册表编辑器，更改注册表键值：在 HKEY_LOCAL_MACHINE\SYSTEM\CurrentControlSet\Services\LanmanServer\Parameters\下，增加 REG_DWORD 类型的 AutoShareServer 键，值为 0
加固检测判定	运行 regedit.exe，进入注册表编辑器，查看注册表键值：在 HKEY_LOCAL_MACHINE\SYSTEM\CurrentControlSet\Services\LanmanServer\Parameters\下，如果有 AutoShareServer 项，并且值为 0，表明符合安全要求

（2）设置共享文件夹访问权限，见表 9-21。

表 9-21　设置共享文件夹访问权限

安全加固要求	设置共享文件夹访问权限，只允许授权的账户拥有权限共享此文件夹
加固操作参考	进入"系统工具\共享文件夹"，查看每个共享文件夹的共享权限，只将权限授权于指定账户
加固检测判定	进入"系统工具\共享文件夹"，查看每个共享文件夹的共享权限

8）远程维护

（1）远程协助安全管理，见表 9-22。

表 9-22　远程协助安全管理

安全加固要求	若无特别需要，关闭远程协助功能
加固操作参考	进入"远程设置"，查看"远程协助"的状态
加固检测判定	进入"远程设置"，如果未勾选"远程协助"中"允许远程协助连接这台计算机"，表明关闭了远程协助功能，符合安全要求

（2）远程桌面安全管理，见表 9-23。

表 9-23　远程桌面安全管理

安全加固要求	终端计算机若无特别需要，可关闭远程桌面
加固操作参考	进入"远程设置"，查看"远程桌面"的状态
加固检测判定	进入"远程设置"，如果勾选"不允许连接到这台计算机"，表明关闭了远程桌面，符合安全要求

9）其他

（1）数据执行保护，见表 9-24。

表 9-24　数据执行保护

安全加固要求	配置系统核心的数据执行保护，提高系统抵抗非法修改文件的能力
加固操作参考	进入"控制面板\系统\高级系统设置\性能"，选择"仅为基本 Windows 程序和服务启用 DEP"
加固检测判定	进入"控制面板\系统\高级系统设置\性能"，查看"数据执行保护"选项卡，如果设置为"仅为基本 Windows 程序和服务启用 DEP"，表明符合安全要求

（2）关闭 Windows 任务栏最近打开的文件选项，见表 9-25。

表 9-25　关闭 Windows 任务栏最近打开的文件选项

安全加固要求	关闭最近打开文档的历史
加固操作参考	运行 gpedit.msc；进入"开始"菜单和任务栏，勾选"不保留最近打开文档的历史"，并在"编辑策略设置"中选择"已启用"
加固检测判定	运行 gpedit.msc，进入"开始"菜单和任务栏，若勾选"不保留最近打开文档的历史"，表明符合安全要求

9.4　数据库安全加固

9.4.1　加固的必要性

数据库作为业务系统数据的重要载体，若其安全防御不完善、防护强度不够，将可能成为攻击者的重要突破口，所以数据库安全加固是数据安全保障中最基础的一环。数据静态存储在数据库中，但在使用时，要进入业务系统，流转到第三方，要被共享、挖掘和分析。数据的安全更多的是使用中或者流转中的安全问题。数据库安全设计，应以实际业务应用安全需求为基础，以防范重要数据和信息泄露为重点进行建设。除了针对数据库进行安全加固，还需要通过一系列由内向外的技术防范措施来实现核心资产数据加固。要依托社会上数据安全公司的多年技术积累，制定从数据资产梳理、数据库安全检测到数据库安全加固的整体解决方案，助力用户保质保量地做好数据资产清理和数据库安全加固工作。

9.4.2　面临的安全风险

数据库作为承载关键数据的核心，普遍面临以下安全风险。
（1）系统存在 SQL 注入漏洞；
（2）系统存在数据库漏洞；
（3）系统使用数据库默认账号和弱口令；
（4）数据库身份认证简单；
（5）数据库网络安全防护不到位；
（6）数据库的审计日志存在安全风险；
（7）数据库权限配置不完善；
（8）数据库安全策略配置存在缺陷；

（9）数据库存在后门程序和木马病毒；

（10）数据库越权访问控制不当，等等。

9.4.3　安全加固措施

数据库安全加固是一项复杂的工作，不但需要解决数据库存在的安全问题，更要针对每种安全问题，制定多种安全加固方案，权衡利弊，保证业务系统的正常和稳定运行。

针对数据库面临的安全威胁，要在保证数据库高性能、高可用性的同时提升数据的安全性，确保关键信息不被泄露、国家利益不受损失。建议用户在防护工作中做好自查，从漏洞排查、安全加固、监控响应三个维度，通过数据安全防护产品+安全服务形式进行加固和安全防护。

1．对数据库进行漏洞扫描

利用数据库漏洞扫描工具，对 SQL 注入漏洞、权限绕过漏洞、缓冲区溢出漏洞、访问控制漏洞、拒绝服务漏洞等进行检测，在数据库受到侵害之前为管理员提供专业、有效的安全分析和修补建议，解决存在的数据库漏洞问题。

2．加强数据库准入管理

根据数据库账户、用户指纹、主机名、IP 地址、时间、操作行为、CA 认证等实现多要素身份管理，防止密码猜测和暴力破解。

3．部署数据库防火墙

在数据库与应用服务器间部署数据库防火墙，对流经数据库的访问和响应数据进行解析，实时检测并主动防御针对数据库的各类攻击行为，包括利用数据库漏洞进行攻击、利用应用程序进行 SQL 注入攻击、数据库 DDoS 攻击、假冒应用入侵、拖库/撞库、高危操作等，消除数据库的安全隐患，保障数据库及核心数据安全。

4．对数据库进行监控

利用数据安全管理中心，对各类风险行为、各类系统运行状态进行统一监控，以避免黑客利用未知手段进行攻击而影响服务状况，同时，一旦有各类风险行为、异常运行状态发生，及时报警，并针对风险源、目标、内容进行分析统计，帮助管理员在最短的时间内对报警行为进行研判，实现快速的响应处置。

5．对数据库进行渗透测试

对于个别行业关键业务系统，建议选择专业安全服务团队针对数据库应用系统进行渗透测试，包括默认账号密码和弱口令攻击、数据库运行权限探测、提权漏洞攻击等，根据测试结果有针对性地进行数据库防护加固。

6．数据库安全加固

1）数据库漏洞加固

数据库漏洞加固是数据库安全加固的核心，也是各种检测、渗透测试的关键点。如何既消除数据库漏洞，又保证系统稳定是摆在我们面前的难题。

（1）数据库版本升级加固。

采用数据库漏洞扫描工具对数据库进行检测，可识别数据库组件、版本、补丁号等关键信息过滤出数据库存在的安全漏洞列表，形成《数据库安全检测报告》。针对数据库存在的漏洞，用户可以通过下载数据库补丁升级来消除数据库存在的漏洞。但补丁升级的方式需要做一系列的应用稳定性测试，避免数据库升级后，出现应用不稳定或无法使用的问题。

（2）使用第三方工具进行加固。

对于比较紧急的情况，不建议通过升级消除数据库漏洞，解决安全问题。建议采用有虚拟补丁功能的数据库防火墙产品，以串联方式部署于数据库之前。虚拟补丁会帮助数据库阻止针对数据库的漏洞渗透攻击，杜绝攻击者利用漏洞对数据库发起直接攻击。

2）数据库弱口令加固

（1）修改弱口令加固。

弱口令加固的最直接方法就是把弱口令修改成强口令。直接修改数据库账号的密码并不复杂，复杂的是衍生问题。如果同时有多个业务系统使用同一数据库账号，会要求多个业务系统一起修改访问数据库的密码，过程中可能会出现遗忘而导致业务中断等问题。

（2）第三方工具加固。

除了直接修改弱口令，也可以使用具有数据库密码桥功能的第三方软件解决弱口令问题。密码桥是用来做数据库和应用系统密码映射的软件，串联在应用和数据库之间。应用使用密码访问数据库，密码桥会通过改登录包的方式把应用的错误密码映射成数据库的正确密码，帮助应用连上数据库。

修改数据库密码后，不需要调整所有应用访问数据库的密码，只需要修改中间密码桥的映射表即可。使用密码桥可以有效地降低修改弱口令带来的潜在业务宕机风险。

3）数据库身份认证加固

（1）提高数据库自身身份认证能力。

数据库身份认证需要按照不同的情况进行加固。如果数据库缺乏身份认证能力，需要升级到有身份认证功能的数据库版本。如果只是数据库身份验证功能未开启，只需要通过调整参数开启数据库身份认证功能即可。

（2）第三方工具加固。

如果数据库升级遇到困难，但数据库又缺乏身份认证功能。利用数据库防火墙的IP/MAC地址绑定，锁定允许访问数据库的固定机器，在一定程度上能缓解数据库缺乏身份验证功能的问题。

4）数据库网络安全加固

（1）提高数据库网络自身加密能力。

数据库网络需要按照不同的情况进行安全加固。如果数据库缺乏网络加密功能，需要升级到有网络加密功能的数据库版本。如果只是数据库网络加密功能未开启，只需要通过调整参数开启网络加密功能即可。但请注意，数据库网络通信协议加密后会导致很多数据库监控、审计软件无法正常工作。

（2）第三方工具加固。

网络加密的目标是防止中间人攻击。利用数据库防火墙的 IP/MAC 地址绑定，锁定允许访问数据库的固定机器，在一定程度上能避免网络明文引起的安全威胁。

5）数据库审计日志安全加固

（1）开启数据库审计日志功能。

数据库审计日志有助于帮助客户对攻击进行溯源。其加固的主要方式是开启审计日志功能，并设置严格的安全策略。

（2）第三方工具加固。

审计日志功能开启会对数据库性能造成影响，除了开启数据库自身的审计日志功能外，还可以通过第三方数据库审计工具完成数据库审计日志的安全加固任务。

6）数据库权限配置安全加固

（1）数据库自身权限配置加固。

通过与数据库账号管理员和角色权限配置管理员进行沟通，按照最小化权限原则调整数据库账号的权限。

（2）第三方工具加固。

由于数据库账号和角色之间的关系错综复杂，很容易越调越乱，甚至产生新的权限问题，也可以使用有细粒度控制能力的数据库防火墙产品，在数据库之外再做一层数据库权限设置，这样既避免了数据库自身权限的混乱，又解决了数据库权限不符合最小化权限原则的问题。

7）数据库安全策略加固

在不影响业务的前提下，通过对数据库安全策略的配置，可以完成数据库安全策略加固。

8）数据库后门程序和木马病毒清理

发现疑似数据库后门程序和木马病毒的触发器或存储过程，经数据库管理员确认，确实和业务无关后，需要进行清理和追踪。

9）数据库的权限控制原则

（1）只授予用户能满足其需要的最小权限；

（2）创建用户的时候限制用户登录主机，限制绑定指定 IP 地址和 MAC 地址；

（3）初始化数据库的时候，删除没有密码的账号和无用的默认账号，修改必要的管理账号；

（4）为每个用户设置满足密码复杂度的密码；

（5）修改数据库默认账号和密码；

（6）新建数据库账号，专门给应用系统使用；

（7）对应用系统的数据库账号进行 IP 地址和 MAC 地址绑定。

10）数据库的数据备份策略

（1）数据采用镜像的方式存储；

（2）对磁盘做适当的独立磁盘冗余阵列处理（Raid0，Raid1，Raid5，Raid10）；

（3）数据要在不同的物理设备上备份。

11）采用多人管理制度

要防止数据泄露安全事件的发生，防止数据库被复制。当系统需要进行维护时，至少要两个管理人员在场，登录需二次认证，即两人都需要输入认证信息，才能进入系统维护模块。

9.4.4　数据库保险箱

数据库保险箱（Database Coffer，DBC）是数据库安全加固产品，可以实现数据高度安全、应用完全透明、密文高效访问。

1. 硬件存储引起的数据泄露

当数据以明文形式存储在硬件设备上时，无论是数据库运行的存储设备，还是用于数据备份的磁盘，若发生丢失或者维修，都会存在相应的数据丢失风险。一旦使用了数据库保险箱，无论是在数据库的硬件存储设备上，还是在数据备份的磁盘上，敏感数据都是以加密的形式存储的，从而有效地防止了硬件丢失或硬件维修等导致的无意识的数据泄露。

2. 文件引起的数据泄露

若数据以明文的形式存储在操作系统的文件中，通过对文件系统的访问，就会访问到敏感数据。这样，该主机的操作系统管理员和高权限用户都可以接触到这些敏感数据。另外，通过网络访问到这些文件的用户，也可以接触到这些敏感数据。一旦使用了数据库保险箱，敏感数据都以密文的形式存储在操作系统上，从而有效防止了由操作系统文件引起的数据泄露。

3. 特权用户造成的数据泄露

在大型网络系统中，除了系统管理员，以数据库管理员、程序员、开发方维护人员为代表的特权用户，也可以访问到敏感数据。这些特权用户的存在为数据泄露埋下了极大的安全隐患。

数据库保险箱通过独立于数据库权限的安全权限体系，对数据的加解密进行了独立的控制。由安全管理员决定哪些数据库用户有权访问敏感数据的明文信息；防止数据库管理员（Database Administrator，DBA）成为不受控制的超级特权用户，又可以使 DBA 和开发人员正常地工作。

4. 外部入侵造成的数据泄露

随着互联网、无线网络的普及，黑客有了更多方法绕过防火墙和入侵检测系统，到用户的业务系统中进行窥视。当数据以明文的形式暴露在文件系统和数据库中时，黑客会很容易获得敏感数据。若我们对数据进行了有效加密保护，再厉害的黑客，在不掌握密钥和加密算法的情况下，都无法获得敏感数据的明文信息。

9.5　应急处置预案及措施

任何事情都可能有意外发生，对于正常运行的网络系统也不例外，因此做好应对网络系统意外事件的应急处置准备是非常必要的。

9.5.1　制定应急处置预案的必要性

应急处置预案就是在突发安全事件时，能够进行应急处理的解决方案。应急处置预案就是针对具体设备、设施、场所和环境，在安全风险评估的基础上，为降低事故造成的人身、财产与环境损失，就事故发生后的应急救援机构和人员，应急救援的设备、设施、条件和环境，行动的步骤和纲领，控制突发安全事件发展的方法和程序等，预先做出的科学而有效的计划和安排。

应急处置预案分为综合应急处置预案、专项应急处置预案和现场处置方案。

准备应急处置预案是为了应对突发安全事件。当发生突发安全事件时，事先做好的应急处置预案就显得尤为重要。但是，我们还要增强网络信息系统（或数据中心）建设的标准化、可视化、自动化和智能化的运维水平，提高运维工作的效率，保证网络信息系统的正常运行，使网络信息系统始终处于良好的运行状态，尽量避免突发安全事件的发生。经验告诉我们，平时的运维工作做得再好，也抵不上在突发安全事件情况下正确的应急处理。

因为突发安全事件是千变万化、意料不到的，应急处置预案再充分也有考虑不到的地方，所以处理突发事件时还是需要人的参与。事先准备的自动化工具或者智能机器人不能在没有既定程序指令的情况下做出应急响应，也不能对故障原因、事件影响范围、可能引发的二次事故进行分析。为了提高运维人员的应急处置能力，有必要开展突发安全事件应急演练。

应急处置预案中的"预"字，即预习、演练之意。它要求运维人员提前熟练掌握应急处置流程，定期高效地组织演练培训，做好突发故障的预防预测，以及及时更新应急处置预案的演练内容，做到对突发事件的稳妥处理。

9.5.2　编制应急处置预案

在编制应急处置预案前，编制单位应当对要应急处置的事项进行事故风险评估和应急资源调查。

1．编制的依据

网络应急处置预案应以《中华人民共和国突发事件应对法》《中华人民共和国网络安全法》《国家突发公共事件总体应急预案》《突发事件应急预案管理办法》和《信息安全技术　信息安全事件分类分级指南》（GB/Z 20986—2007），以及用户对网络安全的特殊要求为依据来制定。

2．网络安全事件分级及类型

网络安全事件分为四级：特别重大网络安全事件、重大网络安全事件、较大网络安全事件、一般网络安全事件。

网络安全事件的类型有系统运行应急事件和系统运维应急事件。

（1）符合下列情形之一的，为特别重大网络安全事件。

① 重要网络和信息系统遭受特别严重的损失，造成系统大面积瘫痪，丧失业务处理能力。

② 国家秘密信息、重要敏感信息和关键数据丢失或被窃取、篡改、假冒，对国家安全和社会稳定构成特别严重威胁。

③ 其他对国家安全、社会秩序、经济建设和公众利益构成特别严重威胁、造成特别严重影响的网络安全事件。

（2）符合下列情形之一且未达到特别重大网络安全事件的，为重大网络安全事件。

① 重要网络和信息系统遭受严重的损失，造成系统长时间中断或局部瘫痪，业务处理能力受到极大影响。

② 国家秘密信息、重要敏感信息和关键数据丢失或被窃取、篡改、假冒，对国家安全和社会稳定构成严重威胁。

③ 其他对国家安全、社会秩序、经济建设和公众利益构成严重威胁、造成严重影响的网络安全事件。

（3）符合下列情形之一且未达到重大网络安全事件的，为较大网络安全事件。

① 重要网络和信息系统遭受较大的损失，造成系统中断，明显影响系统效率，业务处理能力受到影响。

② 国家秘密信息、重要敏感信息和关键数据丢失或被窃取、篡改、假冒，对国家安全和社会稳定构成较严重威胁。

③ 其他对国家安全、社会秩序、经济建设和公众利益构成较严重威胁、造成较严重影响的网络安全事件。

（4）除上述情形外，对国家安全、社会秩序、经济建设和公众利益构成一定威胁、造成一定影响的网络安全事件，为一般网络安全事件。

3．应急处置工作原则

应急处置工作原则如下。

（1）坚持统一领导，分级负责。

（2）坚持统一指挥，密切协同，快速反应，科学处置。

（3）坚持预防为主，预防与应急相结合。

（4）坚持谁主管谁负责、谁运行谁负责。

（5）要充分发挥各方面力量，共同做好网络安全事件的预防、监测、报告和应急处置工作。

4．应急处置办法

1）事件报告

网络安全事件发生后，应立即启动应急处置预案，实施处置并及时报送信息。

2）应急响应

网络安全事件应急响应分为四级，分别对应特别重大、重大、较大和一般网络安全事件。Ⅰ级为最高响应级别。

Ⅰ级响应：属特别重大网络安全事件的，及时启动Ⅰ级响应，成立指挥部，履行应急处置工作的统一领导、指挥、协调职责，24 小时值班。

Ⅱ级响应：事件发生部门的应急指挥机构进入应急状态，按照相关应急处置预案做好应急处置工作。

Ⅲ级、Ⅳ级响应：事件发生地区和部门按相关预案进行应急响应。

3）应急结束

Ⅰ级响应结束：提出建议，及时通报上级有关部门。

Ⅱ级响应结束：由事件发生部门决定，报应急办，通报相关部门。

Ⅲ级、Ⅳ级响应结束：由事件发生部门及时总结经验，做好备案，报备相关部门。

5．调查与评估

特别重大网络安全事件应组织有关部门进行调查处理和总结评估，并按程序上报。重大及以下网络安全事件由事件发生部门自行组织调查处理和总结评估，其中重大网络安全事件相关总结调查报告报上级相关部门。总结调查报告应对事件的起因、性质、影响、责任等进行分析评估，提出处理意见和改进措施。

事件的调查处理和总结评估工作，原则上在应急响应结束后 30 天内完成。

6．预防措施

1）日常管理

责任单位按职责做好网络安全事件日常预防工作，制定完善的应急处置预案，做好网络安全检查、隐患排查、风险评估和容灾备份，健全网络安全信息通报机制，及时采取有效措施，减少和避免网络安全事件的发生，提高应对网络安全事件的能力。

2）演练

责任单位的有关部门应定期组织演练，检验和完善应急处置预案，提高实战能力。责任单位每年至少组织一次应急处置预案演练，并将演练情况上报备案。

3）宣传

责任单位应充分利用各种宣传形式，加强突发网络安全事件预防和处置的有关法律、法规和政策的宣传，开展网络安全基本知识和技能的宣传活动。

4）培训

责任单位要将网络安全事件的应急知识列为有关人员的培训内容，加强网络安全特别是网络安全应急处置预案的培训，提高防范意识及技能。

5）重要活动期间的预防措施

在国家重要活动、重要会议期间，责任单位要加强网络安全事件的防范和应急响应，确保网络安全。统筹协调网络安全保障工作，加强网络安全监测和分析研判，及时预警可能造成重大影响的风险和隐患，重点部门、重点岗位保持 24 小时值班，及时发现和处置网络安全隐患。

7．保障措施

1）机构和人员

责任单位要落实网络安全应急工作责任制，把责任落实到具体部门、具体岗位和个人，并建立健全应急工作机制。

2）技术支撑队伍

责任单位要加强网络安全应急技术支撑队伍建设，要做好网络安全事件的监测预警、预防防护、应急处置工作，要提升应急处置能力。

要按照要求制定评估认定标准，组织评估和认定网络安全应急技术支撑队伍。责任单位应配备必要的网络安全专业技术人才，并加强与相关技术单位的沟通、协调，建立必要的网络安全信息共享、协调机制。

3）专家队伍

责任单位要建立网络安全应急机构，为网络安全事件的预防和处置提供技术咨询和决策建议。责任单位要加强各自的专家队伍建设，充分发挥专家在应急处置工作中的作用。

4）社会资源

责任单位要加强与教育科研机构、企事业单位、协会合作，选拔网络安全人才，汇集技术与数据资源，建立网络安全事件应急服务体系，提高应对特别重大、重大网络安全事件的能力。

5）基础平台

责任单位要加强网络安全应急基础平台和管理平台建设，做到早发现、早预警、早响应，提高应急处置能力。

6）技术研发

责任单位要加强网络安全防范技术研究，不断改进技术装备，为应急响应工作提供技术支撑。要重点支持网络安全监测预警、预防防护、处置救援、应急服务等方向，提升网络安全应急整体水平与核心竞争力，提高防范和处置网络安全事件的支撑能力。

7）建立国际、国内合作

责任单位应建立国际、国内合作渠道，必要时通过国际、国内合作共同应对突发网络安全事件。

8）物资保障

责任单位要加强对网络安全应急装备、工具的储备，及时调整、升级软/硬件工具，不断提高应急技术支撑能力。

9）经费保障

责任单位要为网络安全事件应急处置提供必要的资金保障。利用现有政策和资金渠道，支持网络安全应急技术支撑队伍建设、专家队伍建设、基础平台建设、技术研发、预案演练、物资保障等工作，并为网络安全应急工作提供必要的经费保障。

10）责任与奖惩

责任单位应对网络安全事件应急处置工作实行责任追究制。

对网络安全事件应急管理工作中做出突出贡献的先进集体和个人给予表彰和奖励。

对不按照规定制定应急处置预案和组织开展演练，迟报、谎报、瞒报和漏报网络安全事件重要情况或者应急管理工作中有其他失职、渎职行为的，依照相关规定对有关责任人给予处分；构成犯罪的，依法追究刑事责任。

8．建立定期评估制度

责任单位应当建立应急处置预案定期评估制度，对应急处置预案内容的针对性和实用性进行分析，并对应急处置预案是否需要修订给出结论，不完善的要及时进行修改、补充。

对于一个安全问题，最好制定多种应急处置预案。在制定应急处置预案时，要根据每个信息系统的特殊性，仔细研究，重点关注一些问题，比如突发安全事件时，系统运维人员可以远程切断主要设备的电源（硬切断）；切断黑客的连接，用后备系统接管主系统；要使系统可控，可随时阻断网络；可以关闭系统的进程、服务、应用；等等。

我们要不断地完善应急处置预案，健全应急响应机制，建立统一、高效的领导指挥体系和执行体系，做到指令清晰、系统有序、条块通畅、执行有力，及时精确地解决突发安全事件。

9.5.3　应急处置预案演练

应急处置预案演练的目的是应对突发安全事件，增强应急处置能力。要居安思危，加强应急处置演练。

在应急处置预案演练前，准备工作的核心是设计演练总体方案，这个演练总体方案的制定应注意以下几点。

（1）要成立演练领导小组，明确每个人的工作职责。

（2）确定工作目标。具体讲就是：谁在什么情况下需要完成什么工作任务，依据什么样的考核标准，最终应取得什么样的效果。

（3）要精心设计贴近实际的场景。也就是基于情景假设的事件设计，依据这个可能发生的事件，设计接近真实的假设情景，进行演练。

（4）做好流程设计。其中要重点做好各流程间的衔接。

（5）做好防护措施。在进行演练的时候，要切实做好防护措施，确保网络系统正常运行。为确保安全，可在模拟系统上进行演练。

（6）按设计好的方案编制演练实施方案。

（7）落实好后勤保障措施，技术、物资、后勤、经费、人员、场地等，要一一落实。此外，还要注意演练，要向有关部门进行通告。

（8）事前要做好培训。要让参与演练的人员熟悉所有的相关技能技巧、职责和流程。

（9）演练中要做好应对突发事件的准备。

（10）整个演练过程要做好记录，演练完成后，针对演练中出现的问题，要及时总结，要不断完善演练实施方案。

研判风险是防范风险的前提，把握风险走向是谋求战略主动的关键。要增强风险意识，下好先手棋、打好主动仗，做好随时应对各种风险挑战的准备。要不断提高应对突发事件的见识和胆识，对可能发生的各种风险做到心中有数、分类施策、精准拆弹，有效掌控局势、化解危机。所有的演练都是为了实战，在演练中我们应从实战出发，针对问题、现象，灵活运用所掌握的知识，"边思考，边尝试，边修改，边调整，边观察，边应用"，尽快地解决问题，提高应急处突的能力和水平，希望我们所有的准备，到时能发挥应有的作用。

当突然发生安全事件时，工作现场最好开启无线电屏蔽系统，避免无线遥控装置带来的威胁和破坏。管理员要能及时地处置各种突发安全事件，包括能切断外网连接，能停止任一服务器的工作，能停止任何一项进程、服务、应用，能及时止损，及时解除故障，使损失降到最低。

"凡事预则立，不预则废"，要常观大势、常思大局，要重视网络安全防范具体措施，把网络安全威胁想得更复杂一点，把风险挑战看得更严峻一些，把安全措施制定得更周详一些，做好应对最坏网络安全事件局面的准备。

我们要抓住网络安全风险排查这个重要环节，从具体网络安全现状出发，总结各种成功应对风险挑战的经验，做好长时间应对外部网络环境变化的思想准备和工作准备，不断增强网络安全风险意识、丰富网络安全风险防护经验、增强应对网络安全风险的本领，不断提高网络安全防范能力和水平，从最坏处着眼，做最充分的准备，朝好的方向努力，争取最好的结果。

防范化解各类风险隐患，积极应对外部环境变化带来的冲击和挑战，关键在于办好自己的事，要提高综合实力和抵御风险能力，有效维护网络安全，实现经济行稳致远。

第 10 章

组网示例

历史经验告诉我们，只有掌握在自己手里的才是最靠得住的，要坚持独立自主。组建网络系统也不例外，我们要坚持首选国产的设备，包括网络设备，采用自己的技术，这是最基本的原则。

在组建网络系统的时候，我们要根据用户对网络的需求和用途、需要防护的重点，选择不同的技术方案，采取不同的安全策略，如防火墙分 VLAN 或交换机分 VLAN。选择同样的设备，会有多种组网形式。安全设备的功能要根据安全防护需求来设定，如果所有功能都开启，对网络系统的运行效率是有影响的。在网络系统总体设计规划时，串接设备的数量要适当，否则会给网络系统造成瓶颈，如传输瓶颈、故障瓶颈，等等。

通常，服务型网络大体有三种类型：一是不对外提供服务的网络；二是对外提供特定服务的网络，其服务可以被严格控制；三是对外提供公共服务的网络，需要发布公开信息。

10.1　不对外提供服务的网络

1．需求描述

（1）保证用户上网通畅；

（2）严格审核登录的用户；

（3）系统有不同安全级别要求的工作区域。

2．需求分析

（1）为保证用户上网通畅，应采用双线上网，并采用负载均衡技术来最大限度地满足局域网内每个用户的上网需求。

（2）为保证网络系统的安全，应对网络系统内的用户（包括远程登录的用户），采用集中白名单验证的方式进行验证，凡不在白名单内的用户，均不允许登录，断掉其连接。

注册用户需下载客户端，使用客户端进行系统注册和登录。系统需获取、存储用户终端的唯一标识码。

（3）为满足不同安全级别要求，首先划分好安全区域，在安全区域边界做好防护，在安全区域边界采用不同的安全隔离措施。

3．组网示例

1）双线路上网

我们通过配置策略路由来保证上网路径的畅通。

首先申请两条上网线路，如申请中国移动和中国联通的各一条线路，通过配置策略路由，将来自 192.168.2.0/24 网段的数据包路由至中国移动的 100.0.1.2 出链路，将来自 192.168.1.0/24 网段的数据包路由至中国联通 100.0.0.2 出链路。通过这样的配置，可有选择地限制不同的 IP 地址用户访问不同的网络或使用不同的网络出口。当一条出链路发生故障时，则使用另一条出链路。

也可以这样配置：目的地址为中国移动的网络地址，选择中国移动的链路作为出链路；目的地址是中国联通的网络地址，选择中国联通的链路作为出链路。

双通路策略路由配置方案，如图 10-1 所示。

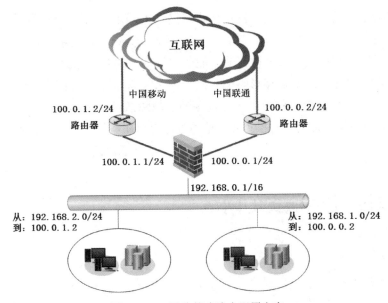

图 10-1　双通路策略路由配置方案

2）把好登录认证关

我们可以在防火墙上配置安全策略，对出入的流量进行严格管控，或使用类似 VPN 安全网关系统的进行合法性登录认证的验证系统，参见第 4 章 4.3.4 节内容。

3）对不同安全级别要求的网络规划设计

在本示例中，我们设计了三个安全等级的数据管理中心，第一个是与互联网互联互通的；第二个主要采用双向网闸做安全防护，用于处理敏感数据；第三个采用单向网闸做安全防护，用于处理核心数据，如图 10-2 所示。

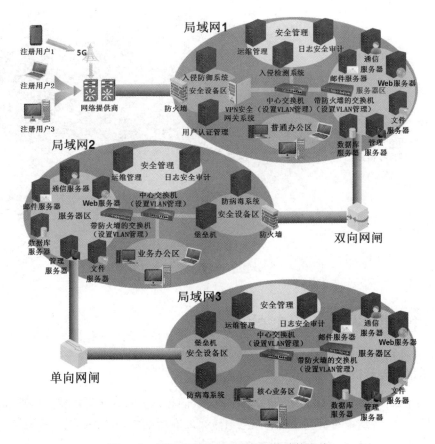

图 10-2　不同安全级别要求的网络连接方式

10.2　对外提供特定服务的网络

1. 需求描述

建立提供特定服务的网络，为指定的互联网用户提供服务。

2. 需求分析

为指定的互联网用户提供服务的关键在于要把好允许访问网站的用户关，切断一切不合法用户的连接。

3. 组网示例

为指定用户提供特定服务的网络，如图 10-3 所示。

用户通过 VPN 安全网关系统对互联网用户进行严格的管控，并对通信链路进行 VPN 加密；通过配置防火墙切断一切不合法的连接；通过 Web 防火墙对网站进行防护；通过 VLAN 管理对服务器进行有效的隔离。

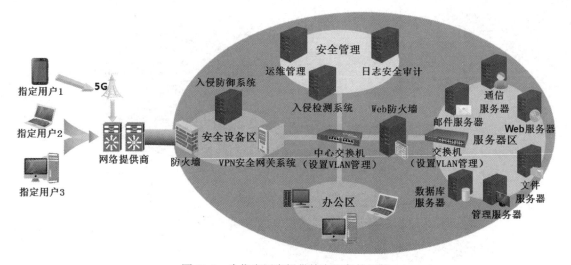

图 10-3 为指定用户提供特定服务的网络

10.3 对外提供公共服务的网络

1. 需求描述与分析

建立一个网络，为互联网用户提供公共服务，其防护的重点在于对网络系统要加强运维监管，要实时监控网络系统的状况，要对网络系统采取有效的安全防护措施。

2. 组网示例

1）对网络系统做合理的规划，采取有效措施

做好区域边界划分，为互联网用户提供公共服务的网络，如图 10-4 所示。

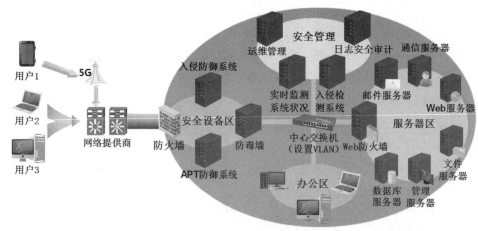

图 10-4 为互联网用户提供公共服务的网络

我们要做好网络系统的日常运维工作；加强对系统的实时监控，发现情况，及时处置；配置好系统的防火墙、APT 防御系统、入侵防御系统、防毒墙、Web 防火墙及入侵检测系统等，

对这些系统及时进行更新、定期检查，做好系统的安全防护。

2）远程维护网络

为了能对网络进行及时方便的维护，有时需要开启远程维护功能。如果网络线路出现故障，那么可以通过预留的固话或 4G/5G 上网线路，远程启动（预留双向控制功能。预留功能是把双刃剑，方便了自己，也方便了对手，会给系统带来安全隐患）拨号上网，从而达到管理员远程维护网络的目的。通过短信或远程控制，开启拨号上网功能，是一种临时接通局域网的有效措施。

管理员可通过远程拨号上网维护网络，如图 10-5 所示。

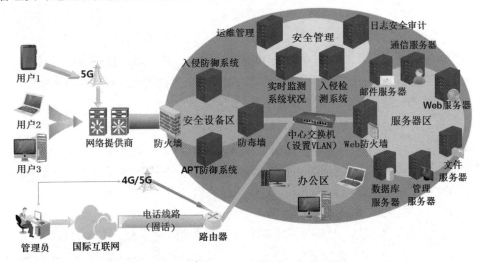

图 10-5　管理员可通过远程拨号上网维护网络

10.4　信息安全检测中心

1. 需求描述

远程采集或取证技术在司法、安全保卫、网络安全监管中被广泛使用。说到底，木马病毒采用的是一种远程采集、取证及控制技术。深入研究木马病毒对提高网络安全防护水平大有益处，因此我们要组建一个主要针对木马病毒的检测中心。

1）信息安全检测中心的建设目标

（1）具有技术研发平台（远程取证即木马病毒检测系统生成）；

（2）具有性能检测平台（行为分析、原理验证）；

（3）具有性能评估平台（生存复活能力、隐蔽性、反追踪性能、反取证性能评估）；

（4）具有数据后处理平台（处理邮件、互联网采集的数据）；

（5）具有互联网数据采集平台（收集互联网信息）。

2）信息安全检测中心应具有的技术能力

（1）对智能终端进行实时检测，看其是否含有可疑连接。

① 对智能终端进行安全风险评估（创建无线热点检测法）。

② 对手机、计算机、服务器等系统某个外部连接进行定位。

（2）对某个磁介质取证、分析，看其是否适合植入木马病毒。

（3）对木马病毒进行分析。

① 对木马病毒植入过程进行跟踪、记录、质量分析（判定木马病毒的水平）。

② 对木马病毒运行过程进行跟踪、记录、行为分析。

③ 对木马病毒的使用属性进行评估。

内容包括使用场地建设（地点、使用固定网线或 4G 等）、使用计算机终端的环境（如韩文、日文、俄文等操作系统）、使用的开发工具及备注、使用密码习惯（如有中文密码），等等。

④ 对木马病毒进行脱壳、反编译、代码分析（在内存中进行）。

⑤ 对木马病毒及使用的配套工具（分析软件、捆绑工具、属性修改器、漏洞等）的性能进行测试。具体测试内容有：内网环境下虚拟机测试、实体机测试；外网环境下实体机测试；木马病毒具有哪些功能，在某个条件下是否好用。

木马病毒的特性分析：木马病毒工作时机的选择、CPU 的占有率、木马病毒的启动方式（是主动连接——木马病毒客户端主动连接服务器控制端，还是被动连接——服务器控制端主动发出连接申请，如发特殊短消息来激活木马病毒）、木马病毒客户端的可变异性、防嗅探器的能力、环境检测能力、升级能力、上传文件能力、运行效果，等等。

⑥ 对木马病毒的反追踪性能进行测试。

木马病毒的反追踪性能：木马病毒被发现后，不被追踪的能力。

⑦ 对木马病毒的反取证性能进行测试。

木马病毒的反取证性能：木马病毒被发现后，不被取证的能力。

根据木马病毒本身的痕迹和对"操作系统、使用习惯、大数据分析等"的挖掘，不能被认定为某人。

⑧ 对木马病毒生存性能的测试：木马病毒的隐蔽性测试，木马病毒被删除自动恢复的能力测试。

⑨ 对木马病毒是否含身份信息的技术检测。

检测木马病毒是否含有提供木马病毒的公司信息、编程人员信息、存储路径、工作场所信息、工作场所 IP 地址、合作单位信息，等等。

（4）提供技术检测和测试服务。

对某项技术或产品制定技术检测方案，并具体实施。

事先制订测试计划；编制技术检测方案，制作检测样本（用各种语言编译样本），用适当的工具对样本进行检测。

（5）承担系统的安全检测任务。

（6）开办网络安全防护培训学校。

熟悉木马病毒攻击的手段、方法，深入系统地培训网络安全策略知识。制定完善的教学大纲，内容包括：磁介质取证分析、木马病毒隐藏痕迹分析（扫描木马病毒疑似信息）、反跟踪属性测试、反取证技术测试、内网测试（虚拟机测试、实体机测试、沙箱测试、各种环境木马病毒实用性测试、手机测试、计算机测试、各种操作系统测试，等等）、外网测试（智能终端安全性测试、后门测试、实体机测试，等等）、虚拟机更新且向内网传输、根据测试策略通过自动打分对木马病毒性能进行评估，等等。通过培训，使学员能较全面地掌握木马病毒技术，从而提高网络安全防护水平。

（7）信息安全检测中心组网。

将各地的检测中心联网，这样能更好地整合资源，便于技术交流。

（8）对互联网上设备的攻击策略、攻击方法、攻击技巧进行研究。

2．需求分析

要想把网络安全建设工作做好，一般应分为如下几个步骤：做好需求分析，做好系统的总体设计，规划好工作区域，划清工作区域边界，做好系统的功能分析，着重做好系统的整体安全防护、边界安全防护和工作区域内安全防护的统筹规划和设计，等等。

1）业务需求内容

根据信息安全检测中心的需求描述，除了需要专业的追踪、检测、分析、评估、漏洞检测工具及一些小工具外，为了实现信息中心的功能，现规划数据库、文件和应用管理等"中心"的业务需求内容，如图 10-6 所示。

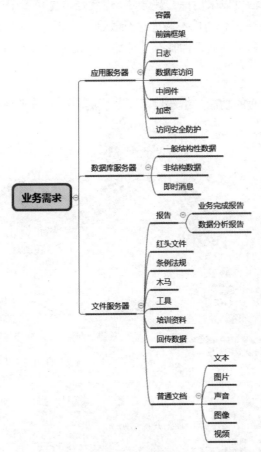

图 10-6 "中心"的业务需求内容

2）应用系统的基础架构

根据业务需求，拟准备采用的应用系统基础架构和运行环境，如图 10-7 所示。

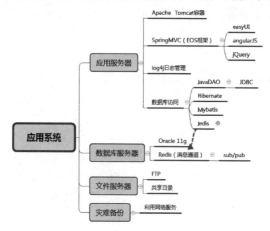

图 10-7　应用系统基础架构和运行环境

3）对木马病毒性能的评估方法

对木马病毒性能的评估可以采用综合评分法，也就是事先对每个检测项设置好加权值（每项的加权值要根据其重要性、合理性不断地进行改进、修正），再针对每个检测项进行检测、评分，最后根据综合评分和木马病毒的特有的性能，给出被检测木马病毒的综合评定结果。

3．组网示例

根据信息安全检测中心的功能，组建信息安全检测中心的技术网络，如图 10-8 所示。

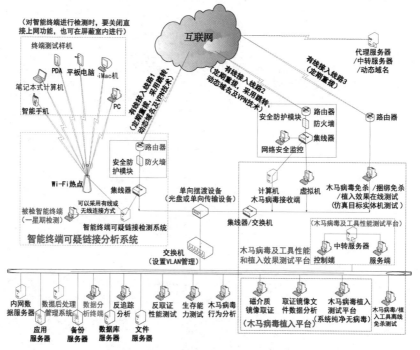

图 10-8　信息安全检测中心的技术网络

10.5　数据采集系统

1．需求描述

有一些用户需要实时地收集海量的信息，这些信息非常丰富，具有多种文件格式，符合多种协议。

2．需求分析

（1）为了满足实时收集海量信息的要求，该采集系统应具有足够的带宽。

（2）由于收集的信息非常丰富，因此需要有解析多种协议格式文件的能力。

3．组网示例

根据用户的需求，设计了如图 10-9 所示的数据采集网络系统拓扑图。

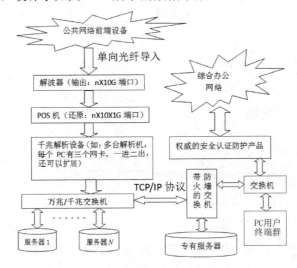

图 10-9　数据采集网络系统拓扑图

系统说明：

（1）应用系统软件采用 B/S 架构。

（2）收集的海量信息通过协议解析、数据治理被存储在服务器组（1～N）中，用户终端用浏览器登录应用系统，使用该数据。

（3）用户的办公网络通过安全防护设备，与该系统连接。

（4）系统的安全防护措施。

① 在采集网络与处理网络之间增加摆渡设备。摆渡设备主要实现以下目的：

a．在采集网络和处理网络之间实现物理隔离。

b．保证采集网络与处理网络之间单向传输。

② 在办公网与数据处理网络的接入网络之间增加边界防护系统（BPS）、入侵检测系统（IDS）及防病毒系统，加强访问控制，要加强防病毒检测，防止系统遭到破坏。

第 11 章

新形态、新技术、新挑战

创新发展是当代的主旋律，科学技术突飞猛进、日新月异，各种网络新形态、新应用、新技术、新业态不断涌现，网络安全防护面临新挑战。

11.1 网络的发展变化

11.1.1 中国互联网的发展

1. 互联网 IPv4 时代

1969 年 11 月，美国国防部高级研究计划署（ARPA）创建第一个单个网络，即分组交换网络 ARPAnet。在 1983 年，有了现在的互联网标准协议，即 TCP/IP 协议。1986 年，美国国家科学基金会（NSF）建立了 NSFnet 网络。NFSnet 于 1990 年 6 月彻底取代了 ARPAnet 成为国际互联网（Internet）的主干网。1990 年，ARPAnet 正式宣布关闭。如今，NSFnet 已成为 Internet 的重要骨干网之一。

当时国际互联网由三级结构的网络，即主干网、地区网和校园网（或企业网）组成。后来研究人员觉得互联网不应该局限于这些平台使用，应该扩大其使用范围，于是美国政府决定将主干网交由私人公司来经营，并可以收费。

到 20 世纪 90 年代，出现了多层次网络服务提供商（ISP）。ISP 可以从互联网的管理机构申请到很多互联网协议（IP）地址、通信线路及路由器等网络设备。任何个人和组织机构都可以向 ISP 支付费用来租用 IP 地址和网络设备，并通过 ISP 接入互联网。

中国正式引入互联网是在 1994 年，经过二十几年快速发展，互联网已经成为中国重要的社会基础设施，为促进经济社会发展发挥了重要作用。ISP 在中国就是指中国电信、中国移动、中国联通等电信公司。

此时互联网协议地址是 IPv4（第四代互联网协议）模式。在 IPv4 互联网环境下，全世界只有 13 台 IPv4 根服务器。根服务器是用来管理互联网主目录的，唯一的主根服务器架设在美国，而辅根服务器有 9 个架设在美国，剩下 3 个分别位于英国、瑞典和日本。所有根服务器均由美国政府授权的互联网域名与号码分配机构（ICANN）统一管理，它是全球互联网的最高管理机构。ICANN 负责全球互联网域名根服务器、域名体系和 IP 地址等的管理。美国政府对其管理拥有很大发言权。截至 2019 年 11 月，全球 43 亿多个 IPv4 地址已全部分配完毕。

此时美国掌握互联网的路由器、电信交换机、域名服务器、地址解析系统等网络的核心软硬件技术。对于掌握互联网核心技术的美国来讲，互联网上的一切都是透明的。

目前世界各国都已经认识到网络安全的重要性，网络安全已成为各国国家安全的一个重要制高点。在 10 多年前，我国就已经开始镜像 IPv4 根服务器，实际上就是搭建自己的 DNS 服务器，即把全球 13 个 IPv4 根服务器中的域名和 IP 地址信息全部复制过来。目前国内的 DNS 服务器较多，通常使用国内的 DNS 服务器就可以满足国内的需要。这样就能从根本上解决一部分网络安全问题。

2．互联网 IPv6 时代

2003 年，由工业和信息化部、科学技术部、国家发展和改革委员会、教育部、国务院信息化工作办公室、中国科学院、中国工程院和国家自然科学基金委员会八个部委联合发起并经国务院批准启动"中国下一代互联网（China's Next Generation Internet，CNGI）示范工程"项目。该项目的主要目的是以 IPv6（第六代互联网协议）为核心搭建下一代互联网的（试验）基础平台。此项目的启动标志着我国的 IPv6 进入了实质性发展阶段。

经过多年建设，华为等公司的 IPv6 路由器等产品在中国下一代互联网示范工程中担当了主力，并形成了从设备、操作系统到应用系统等较为完整的研发及产业化体系。

2015 年 6 月，我国联合日本 WIDE、国际互联网名人堂入选者、互联网域名工程中心等全球组织和个人共同创立和发起了"雪人计划"。该计划在全球 16 个国家新设立 25 台 IPv6 根服务器，从而形成了 IPv4 的 13 台根服务器及 IPv6 的 25 台根服务器的局面（新增的 25 台 IPv6 根服务器是 IPv4 根服务器的延伸，继承了 IPv4 根服务器的基础数据，IPv4 的根服务器对 IPv6 的根服务器拥有解释权，IPv6 根服务器的地位是要低于 IPv4 的 13 台根服务器的），形成了"多边共治、一超多强"的互联网新局面。

"雪人计划"中 IPv6 根服务器全球分布情况如表 11-1 所示。

表 11-1　"雪人计划"中 IPv6 根服务器全球分布情况

国家	主根服务器	辅根服务器	国家	主根服务器	辅根服务器
中国	1	3	西班牙	0	1
美国	1	2	奥地利	0	1
日本	1	0	智利	0	1
印度	0	3	南非	0	1
法国	0	3	澳大利亚	0	1
德国	0	2	瑞士	0	1
俄罗斯	0	1	荷兰	0	1
意大利	0	1			

目前，中国正在积极参与 IPv6 网络建设，坚持自主技术创新，坚持国产化（从芯片到网络设备、服务器和计算机终端硬件、操作系统、应用系统等）。2021 年 10 月 11 日，中国 IPv6 创新发展大会在北京开幕，工业和信息化部指导基础电信企业完成了骨干网络、LTE 网络、城域网络 IPv6 互联互通升级改造，实现了全国 14 个骨干网直联点 IPv6 互联互通，IPv6 国际出入口带宽"从无到有"，云服务企业、手机厂商、固定终端等方面已全面支持 IPv6，可以说中国的 IPv6 网络"高速公路"已经全面建成，进入全新时代。

3. 华为的技术进步

华为对 5G 技术的突破，让中国在网络和通信领域前进了一大步。

其实在互联网诞生之初就确立了"三层架构"，即物理设施层、基础资源层及应用层。其中，物理设施层是指由服务器、存储设备、网络设备等共同构建的底层硬件；基础资源层是指互联网域名服务体系（该体系是由根域名、顶级域名、二级及以下域名组成的）和互联网地址空间（IP 地址）组成的寻址解析系统等关键基础设施；应用层是指基于互联网形成的各种应用。

华为的成就在于华为在研究网络的物理设施（网络设备和技术），即网络基础架构，在研究网络底层。华为的网络设备在全球电信网络中的部署使互联网的基础运作环境增添了新成员，华为网络设备产品的大量应用对中国互联网安全起到了重要作用。

11.1.2 无边界网络

无边界网络是指能随时随地向任何人提供无缝、可靠、安全的服务和应用的网络。无边界网络是互联网企业面临的一个重要问题，对它的管理和防护是使用者和企业的需求。对无边界网络的安全管理和安全防护是需要研究的一个课题。

对于提供网站服务的企业来说，其面临庞大的终端规模，错综的网络环境，复杂的应用需求，要解决这些问题，发展无边界网络技术完全符合信息技术未来发展的趋势。新一代无边界网络的着眼点，在于平衡安全与效率。为了解决无边界网络的安全防护问题，我们采取让安全检测的颗粒下沉到每一台设备和每一个用户的措施。假设所有用户访问均不可信，把用户、设备、应用、访问目标等一一对应进行多方验证，对无边界网络实施扁平化管理，使无边界网络内外一致，即一张企业网内外访问一致，既可全面改善用户体验，也能有效应对 APT 攻击。

在无边界网络中部署具有快速接入、低 CPU 占用、快速威胁响应特性的终端管控产品（如基于互联网的自动化协同办公系统）是一种值得采用的办法。它不但可以保护企业网资源，规避各种威胁，有效防范新的安全风险，还能支持超大企业网络用户规模，保障用户在大量终端同时在线的情况下仍能高效、安全的办公，使其成为驱动无边界网络的超级终端，它对无边界网络能起到较好的安全防护作用。

11.1.3 暗网

互联网的表面层，也称为可见网，即明网，已被各国长期监管。

互联网的隐蔽层，也称不可见网，即暗网或深网，暗网上的信息不能被直接访问，它需要特定的访问技术。因为数据并未保存在任何单一计算机上，而是在数据库中，所以难以用普通的搜索方式查到。它通过连接到互联网的计算机共享文件来提供访问服务，比如使用 Tor 软件（第二代洋葱路由的实现），暗网设计的原意就是保障用户的个人隐私，以及不受监控地进行秘密通信，达到隐藏用户真实 IP 地址、避免网络监控及流量分析的目的。

> 提醒大家：暗网可能存在丰富的信息，但是应该对你要找的东西保持警惕，走得越深，你遇到的麻烦可能就越多。

对暗网管控的设想：我们可以尝试建立暗网服务器，参与暗网的运行，从而实现对暗网的管控。一是使用暗网木马病毒，控制暗网服务器和终端，获取暗网使用证据；再通过暗网木马病毒，将明网木马病毒植入暗网使用者计算机终端，获取其明网和暗网的使用证据，从而实现虚拟网络（暗网）与现实网络（明网）的 IP 地址对应，即通过暗网找到真实物理 IP 地址，实现对暗网操作人的一一对应及控制。二是利用暗网漏洞，入侵到暗网中，获取信息、控制暗网，该想法有待于研究。

加强对暗网的管控有利于治理网络安全环境、打击违法犯罪活动，保证合法经济发展。

11.1.4　"互联网+"计划

"互联网+"是指利用互联网平台、信息通信技术把互联网和包括传统产业在内的各行各业结合起来，从而在新领域创造一种新生态，它依托互联网信息技术实现互联网与传统产业的联合，以优化生产要素、更新业务体系、重构商业模式等途径来完成经济转型和升级。"互联网+"的目的在于充分发挥互联网的优势，将互联网与传统产业深度融合，以产业升级提升经济生产力，最后实现社会财富的增加。

"互联网+"中的"+"意为添加与联合。一方面，将互联网与传统产业进行联合和深度融合；另一方面，"互联网+"作为一个整体概念，其深层意义是通过传统产业的互联网化完成产业升级。

通俗来说，"互联网+"就是"互联网+各个传统产业"，但这并不是简单的两者相加，而是利用信息通信技术及互联网平台，让互联网与传统产业进行深度融合，创造新的发展生态。

"互联网+"是对新一代信息技术与创新 2.0 相互作用，共同推进经济社会发展新形态的高度概括。新一代信息技术发展推动了知识社会以人为本、用户参与的下一代创新（创新 2.0）演进。创新 2.0 以用户创新、开放创新、大众创新、协同创新为特征。随着新一代信息技术和创新 2.0 的交互与发展，人们生活方式、工作方式、组织方式、社会形态正在发生深刻变革。

2015 年 7 月，国务院发布了《国务院关于积极推进"互联网+"行动的指导意见》，在国家层面有了推动"互联网+"的计划。

在新冠肺炎疫情防控期间，我国的线上经济，即"互联网+"的应用体现，发挥了积极作用，线上办公、线上购物、线上教育、线上医疗等蓬勃发展，并同线下经济深度交融。借助这个发展机遇，国家乘势而上，加快了数字经济、数字社会、数字政府建设，推动了各领域数字化优化升级，积极推动了数字货币、数字税等国际规则制定。2020 年 4 月，中国人民银行发行数字形式的法定货币——数字人民币（数字人民币是纸币的"电子版"），加快了我国数字化经济转型。

在发展经济的同时，我们应时刻注意网络的安全防护，不然可能会给我们带来意想不到的巨大损失。

11.1.5　工业互联网和物联网

工业互联网和物联网是互联网发展和演进的产物。

1．工业互联网

工业互联网由网络、平台、安全三部分构成。

网络是实现工业全系统、全产业链、全价值链深度互联的基础。

平台是工业全要素连接的枢纽，也是工业资源配置的核心。

安全是工业互联网健康有序发展的保障。

工业互联网作为新一代信息技术与制造业深度融合的产物，已日益成为新工业革命的关键支撑和深化"互联网+先进制造业"战略的重要基石。

2021年12月9日，在工业和信息化部网络安全管理局指导下，工业互联网产业联盟、工业信息安全产业发展联盟、工业和信息化部商业密码应用推进标准工作组共同发布了《工业互联网安全标准体系（2021年）》。

2．物联网

物联网是新一代信息技术的高度集成和综合运用，是一个庞大的综合性技术体系，涉及多个门类和学科的基础技术和应用技术，对新一轮产业变革和经济社会绿色、智能、可持续发展具有重要意义。

智能生活与物联网的发展是当今社会的大趋势，万物互联给我们带来机遇和挑战，方便了我们的生活，也给我们带来了巨大的风险。享受科技带来的进步，也要看到其带来的潜在危险，如万物有可能被远程控制，人工智能机器（超级机器人）有可能控制"世界"、控制人类。重要基础设施联网，其安全性非常重要，如车联网，一旦连网车辆被入侵、被控制，对社会交通安全将产生重大影响，而且车联网的管理者掌握着大量的信息资源（车辆管理者会收集大量的社会信息），对国家安全存在重大的安全隐患，车联网的安全是值得重视的安全因素。

3．物联网与互联网的区别

物联网技术是继计算机技术、移动通信技术和互联网技术之后的又一次信息技术革命，是现代电子信息技术发展到现阶段后出现的一种聚合性应用与技术提升，是传感器与感知、计算机与通信网络、自动化与人工智能等技术的"大融合"。技术集成与应用创新是物联网发展的核心。未来无处不在的物联网将更好地实现人与物、物与物之间的沟通和连接，将给人类的生产和生活带来巨大影响，推动实现数字地球、智慧地球的宏大目标。

互联网是连接人的，而物联网不只连接人，也连接物；互联网连接的是虚拟世界，物联网连接的是物理世界、真实世界；物联网是互联网的下一代，物联网将取代互联网，也可以说物联网是传统互联网的自然延伸，因为物联网的信息传输基础仍然是互联网，只不过其用户端延伸到物品与物品之间，人与物之间，而不再是单纯的人与人的相连。

物联网和互联网的最大区别在于前者把互联网的触角延伸到物理世界。互联网是以人为本的，是人在操作互联网的运行，信息的制造、传递、编辑都是由人来完成的；而物联网则以物为核心，让物来完成信息的制造、传递和编辑。

未来物联网的发展，一方面是物理世界的联网需求，另一方面是信息世界的扩展需求。通过物理世界的信息化和网络化，对传统上分离的物理世界和信息世界实现互联和整合。

与互联网一样，工业互联网和物联网同样存在安全问题，因此对它们的防控要与网络"同步规划，同步建设，同步运行"，这样才能达到最佳的效果。

11.1.6　卫星网络

卫星网络就是由通信卫星组成的通信骨干网络。

1. 星链太空互联网

太空探索技术公司（SpaceX）的"星链太空互联网"宏伟蓝图的核心是 SpaceX 计划利用猎鹰 9 号可回收火箭，将 12000 颗卫星送到轨道平面，组成卫星通信群，为全球用户提供高速宽带服务。这样一个庞大的卫星群将实时围绕地球运转，它们的使命是替代光纤，给全球提供高速、稳定又便宜的网络连接。2020 年 6 月，SpaceX 正式向人们发出邀请，来帮他们测试这个太空互联网。

2. 天基物联网

中国航天科工集团有限公司实施的"五云一车"工程项目，即飞云工程（以临近空间太阳能无人机来构建空中局域网）、快云工程（以快速发射的浮空器来构建可达到平流层的浮空机动平台）、行云工程（以低轨卫星、中继卫星组网，构建天基窄带物联网，实现智能手机与卫星直接进行短信、语音通信）、虹云工程（利用多颗低轨卫星组成星座，提供全球覆盖的宽带互联接入服务，构建天基宽带互联网）、腾云工程（打造空天往返飞行器）以及高速飞行列车工程（打造高速磁悬浮运输系统），这是我国空间基础设施建设的重要组成部分。

2020 年 5 月 12 日，快舟一号甲运载火箭在酒泉卫星发射中心发射，以"一箭双星"方式，成功将"行云二号"01 星和 02 星两颗卫星送入预定轨道。

"行云二号"01 星、02 星在低轨星座中采用星间激光链路技术，即在轨卫星之间可通过激光通信技术实现远距离通信，可以不依赖地面站的转转，从而提高通信服务的实时性。此外，两颗卫星采用星载数字多波束通信载荷，实现卫星海量短数据接入，从而成为实现运营、管理、服务一体化集成的星座物联网。

3．通信、导航卫星系统

1）鸿雁全球卫星星座通信系统

鸿雁全球卫星星座通信系统，又称全球低轨卫星移动通信与空间互联网系统。该系统由300颗低轨道小卫星及全球数据业务处理中心组成，具有全天候、全时段在复杂地形条件下的实时双向通信能力，可为用户提供全球实时数据通信和综合信息服务。2019年12月16日，由中国航天科技集团联合中国电信、中国电子信息产业集团、中国国新控股有限责任公司等企业打造的东方红卫星移动通信有限公司在重庆两江新区投入运营，标志着全球低轨卫星移动通信与空间互联网系统（鸿雁星座）正式启动运营。

鸿雁星座系统将集成多项卫星应用功能。其卫星数据采集功能，可实现大范围地域信息收集，满足海洋、气象、交通、环保、地质、防灾减灾等领域的监测数据信息传送需求，并可为大型能源企业、工程企业等提供全球资产状态监管、人员定位、应急救援和通信服务。其卫星数据交换功能，可提供全球范围内双向、实时数据传输，以及短报文、图片、音频、视频等多媒体数据服务。该系统将搭载船舶自动识别系统，可在全球范围内接收船舶发送的信息，全面掌握船舶的航行状态、位置、航向等，实现对远海海域航行船舶的监控及渔政管理；还将搭载广播式自动相关监视系统，可从外层空间对全球航空目标进行位置跟踪、监视及物流调控，提高飞行安全性及突发事故搜救能力。此外，该系统将具备移动广播功能，能向全球覆盖区域进行音频、视频、图像等信息广播发送，将是实现公共及定制信息一点对多点发送的有效手段；其导航功能可为北斗导航卫星增强系统提供信息播发通道，提高北斗导航卫星定位精度。

2）北斗卫星导航系统

中国北斗卫星导航系统的建设分"三步走"。第一步是覆盖国内，第二步是覆盖亚太地区，第三步是覆盖全球，这就是北斗一号、北斗二号、北斗三号。北斗全球星座由35颗卫星构成，其中5颗是地球静止轨道卫星，3颗是地球同步倾斜轨道卫星，27颗是地球中轨道卫星。

北斗卫星导航系统能够为地表和近地空间的广大用户提供全天时、全天候、高精度的导航、定位和授时服务，是拓展人类活动和促进社会发展的重要基础设施。作为独立自主的大国，建立自己的卫星导航、定位和授时系统对保障国民经济的正常运行和国防安全是至关重要的。一个国家必须有自己独立的坐标系统，要确定这个坐标系统，全球卫星导航是最重要的手段之一。如果没有自己的导航系统，势必要用别人的，这样可靠性和安全性都没有保障。

2020年7月31日，北斗三号全球卫星导航系统全面建成并开通服务，标志着"三步走"发展战略取得决战决胜，我国成为世界上第三个独立拥有全球卫星导航系统的国家。

3）5G+北斗高精定位系统

2020年10月22日，中国移动在"5G新基建·智驾新未来"5G自动驾驶峰会上发布了"5G+北斗高精定位系统"，启动了国家5G新基建车路协同项目，开启了全国常态化运营5G无人公交项目。

5G+北斗高精定位系统基于实时动态差分定位技术（该技术依赖于手机系统芯片和地面上接收卫星信号的增强基站来实现）提供亚米级、厘米级、毫米级高精度实时定位服务，构建全天候、全天时、全地理的精准时空服务体系，用于车辆管理、车路协同、自动驾驶、自动泊车等交通领域，赋能数字社会发展。这是"北斗导航+增强地基定位"系统的完美诠释。

4）反卫星武器发展

卫星网络有不受地域限制的优势，但是一旦发动战争，人类在这几十年内建立的基于卫星网络的通信、指挥、情报、定位、导航系统，都可能在第一时间瘫痪，这就需要我们有应急的备用解决方案。首先，我们要有保卫国土安全的备用方案，比如要有覆盖国土范围内的通信、作战指挥、情报保障、定位、导航、武器控制、综合保障、预警感知、防护救援等系统，此时完备的地面固定中继系统、移动中继系统就显得尤为重要了。其次，我们还应制定新的、备用的作战模式，将作战思路调整回最原始的时期，来探寻没有卫星网络支持下最适合我军的作战方案。最后，我们还要有抗衡太空霸权的手段，即具有摧毁卫星的能力，就如同拥有原子弹一样，我们要具有这种威慑力。我国研究反卫星武器虽然起步较晚，但也是后来居上，伴随着卫星技术的发展，反卫星技术也得到相应的发展。我国首次进行反卫星试验是在 2007 年，将一枚东风-21 改造成为 SC-19 反卫星导弹，并将其命名为"动能-1"，我们通过它摧毁了轨道高度865 千米的一颗报废气象卫星。之后的几年，我们不断地改进"动能-1"，最终在 2012 年衍生出第二代反卫星导弹"动能-2"。"动能-2"已经可以对高轨道的卫星进行攻击了，其主要攻击目标就是高轨道的导航卫星和间谍卫星，攻击方式是动能撞击方式，而非核爆炸方式。"动能-2"有更精准的目标定位和精巧的制导功能。目前我们最新的反卫星导弹已是"动能-3"了，这是第三代反卫星武器，"动能-3"已经可以覆盖到地球同步轨道的高度了，可以直接击落同步轨道的卫星。

未来卫星网络与地面通信系统的结合将会发挥巨大的作用，但是卫星网络的广泛应用也为网络的安全防护提出了新的挑战。

11.2　新技术

11.2.1　区块链技术

区块链就是用来共同记录公共数据的，区块链技术的核心就是一个共同记账的账本，大家共同记账，区块链技术具有可追溯性、不可篡改性，其核心特征就是去中心化。因为人人都记账，且账本的准确性由程序算法决定，而非某个权威机构，所以区块链技术有利于保存公开信息，保护信息的版权；但不利于保存隐私。

创新区块链技术、拓展区块链应用方向、完善区块链治理与监管是区块链未来发展的三大重点。

区块链承载可信数据，将打造可信任数字社会新型基础，我们要重视区块链技术的研究、发展，避免再次受到技术霸权的限制，同时我们要重视对区块链的管控、安全防护和防攻击技术研究。

11.2.2 拟态安全防御

当前网络安全发展不平衡，面临未知的漏洞、攻击等安全威胁，静态的、相似的、确定的信息技术系统架构成为网络空间最大的安全黑洞。

生物拟态现象为破解安全网络难题提供了启示，网络空间拟态安全防御的目标是在开源模式的后全球化时代，以不确定防御应对网络空间中不确定的安全威胁。拟态安全防御（免疫平台）不是一个单纯的防御架构，而是具有集约化属性的普适意义的信息系统架构，可针对未知的风险及威胁提供安全防护机制，从根本上改变网络空间攻防不对称的现状。

我国的网络和信息化建设经过多年发展取得了举世瞩目的成就，但是，我国目前网络安全建设过程中仍面临一个战略"囧境"：一方面，不用进口的产品，网络先进性、成熟性和及时性得不到保障；另一方面，用进口的产品，又不能避免"有毒带菌"构件的威胁，网络安全性难以保障。

究其原因，一是漏洞存在的普遍性，理论上讲，人为设计的软件、硬件、网络、平台、系统、工具、环境、协议、器件、构件等都有可能存在缺陷和错误，很难从根本上去避免。二是后门的易安插性，产品的设计者可以通过产品的设计链、工具链、制造链、加工链、供应链、销售链、服务链等多个环节，有意地植入各种隐蔽的后门。三是信息系统基因的单一性，整体的信息系统基本上依托两个理论，理论上是图灵-邱奇-哥德尔的可计算性理论，结构上是冯·诺依曼的体系或等效结构，这是主流体系机制，多样化的缺乏导致网络空间一元化基因环境极易遭受大规模的攻击。四是防御模式的被动性，目前的防御体系都是基于先验知识（包括攻击者的特征、行为、指纹等）实施的被动防护，本质上是一种亡羊补牢、守株待兔的机制。对于检测和防范预先安插的后门没有有效的办法。五是架构缺陷的遗传性，现行的防御体系设计基本是克隆的产物，对体系设计思想不清楚，相关问题的折中机制不了解，何处是薄弱环节和"命门"不清楚，副作用和遗传性疾病完全茫然，所以一个基本的结论就是，只要有依靠或利用外部产品的环节，在当前的技术框架下，"被后门"是一种常态化，这种情况在相当长的时期内无法根本地改变。

拟态安全防御（Mimic Security Defense, MSD）能从主动性、变化性和随机性中获得有利的防御态势。所谓拟态安全防御，是指在主动和被动触发条件下动态地、伪随机地选择执行各种硬件变体和相应的软件变体，使得从内、外部观察到的硬件执行环境和软件工作状况非常不确定（类似于动态的虚拟网络系统），无法或很难构建基于漏洞或后门的攻击链，以达到降低系统安全风险的目的。从本质上来讲，拟态安全防御是一种主被动融合防御体系，即拟态安全主动防御与传统被动防御相融合的引入"安全基因"的防御体系。

拟态安全防御的核心就是目前的攻击链必须依赖目标系统的 3 个特性，即静态性、确定性和相似性，任何一个特性的改变，都无法达到攻击目的。

拟态安全防御的基本思想就是在功能等价的条件下，以提供目标环境的动态性、非确定性、异构性和非持续性为目的，通过网络、平台、环境、软件、数据等结构的主动跳变或快速迁移来实现拟态环境，以防御者可控的方式进行动态变化，对攻击者则表现为难以观察和预测目标变化，从而大幅度增加包括未知的可利用的漏洞和后门在内的攻击的难度和成本。

拟态安全防御的技术路线：设想将动态性、多样性、随机性作为一种安全基因，对信息通信技术实施"转基因工程"，在网络、平台、环境、系统、软件、硬件和数据等相关层面及核心节点和重要设施导入"安全基因"，使得"基因受体"获得主动防御功能。

拟态安全防御主要针对基于未知的可利用漏洞或后门的攻击进行防御，其有效性的基础一是变化的多样性，迷惑攻击者，使其无法锁定目标；二是变化的随机性，使攻击者很难把握目标的变化规律；三是变化的快速性，让攻击者来不及采取恰当的应对策略。

拟态安全防御的革命性表现在，一是动态防御，从静态的体系结构转变为动态的体系结构；二是主动防御，即从被动感知的安全机制转变到主动设障的安全机制；三是随机防御，即从规律性的运行方式转变到随机化的运行方式。其基本目标是针对基于未知漏洞和后门的外部攻击实施主动防御。

拟态防御对基于"后门工程和隐匿漏洞"的"卖方市场"攻势战略具有颠覆性意义。

11.2.3 量子技术

量子技术是量子物理与信息技术相结合发展起来的新学科，主要包括量子计算和量子通信两个领域。量子计算主要研究量子计算机和适合于量子计算机的量子算法；量子通信主要研究量子密码、远程量子通信技术。

1. 量子计算

"量子计算"给网络加密数据传输和传统密码文件保护带来了严峻的挑战！

1）谷歌的"悬铃木"

2019 年 10 月，谷歌宣布已完成 53 比特超导量子计算原型机"悬铃木"。据悉，超级计算机"顶点"1 万年才能完成的运算，它只需要 200 秒。

而此前，瑞典皇家理工学院利用量子计算机，在 8 小时内就破解了被认为最安全的加密算法 RSA-2048。这也说明，在量子计算机强大的运算能力面前，总有一天传统密码都将形同虚设。

由此可见，现代技术水平已逐渐具备对用传统加密方法加密的文件快速破解的能力，因此通过技防和人防来防止信息在传输过程中被窃密，同时防止数据库文件被复制是防止数据泄露的重要措施。单一的密码加密保护时代已经彻底结束了——只单纯采用密码加密的文件或数据已无密可保。

此外，由于计算能力的迅速提高，局域网公开、暴露的链路，将成为局域网被攻击的最薄弱的入手点，即局域网数据泄露的"脆弱点"之一。

目前，使用人工智能（AI）技术保护数据隐私正在成为新的技术热点。

2）中国的量子计算"双子星"——"九章二号""祖冲之二号"

2021 年 2 月，中国国产量子计算机操作系统——"本源司南"正式发布，标志着国产量子软件研发能力已到达一个新阶段。

2021 年 10 月，中国科学技术大学研究团队，与中国科学院上海技术物理研究所合作，构建了 66 比特可编程超导量子计算原型机"祖冲之二号"，实现了对"量子随机线路取样"任务的快速求解。中国科学技术大学研究团队，与中国科学院上海微系统与信息技术研究所、国家并行计算机工程技术研究中心合作，构建了 113 个光子 144 模式的量子计算原型机"九章二号"，实现了对"高斯玻色取样"任务的快速求解。中国的科研团队在超导量子和光量子两种系统的量子计算方面取得了巨大的进步。

2. 量子通信

1）量子通信点燃了"绝对安全"通信系统的希望

2020 年 5 月，中国科学技术大学研究团队利用"墨子号"量子科学实验卫星，实现了安全时间传递的原理性实验验证，为未来构建安全的卫星导航系统奠定了基础。

高精度时间传递是导航、定位、网络稳定运行等应用的核心技术，各种网络系统都需要统一的时间基准。如果各种应用系统的时间基准遭到恶意攻击，后果不堪想象，时间错误会导致网络崩溃、金融交易混乱、导航定位错误等重大事故。

理论上讲，经过量子加密的通信无法被秘密窃听。如果我们应用了量子安全时间传递技术，就再也不用担心别人对我们的各种网络系统进行干扰了。

2）实现了千千米级基于纠缠的量子密钥分发

2021 年 1 月，中国科学技术大学研究团队在量子保密通信京沪干线与"墨子号"量子卫星成功对接的基础上，构建了集成 700 多条地面光纤量子密钥分发（QKD）链路和两个星地自由空间高速 QKD 链路的广域量子通信网络，实现了地面跨度 4600 千米的星地一体的大范围、多用户量子密钥分发，并进行了长达两年多的稳定性和安全性测试、标准化研究以及政务、金融、电力等不同领域的应用示范。这标志着中国的量子通信技术已经进入实际应用的轨道，为构建量子互联网打下坚实的基础。

11.2.4 新系统助力数字化转型

"坚持创新驱动发展"是新时代主要目标之一，要打好关键核心技术攻坚战，其中高端芯片、操作系统等就是"卡脖子"技术。我们回顾一下操作系统的发展历程。

1946 年，世界上第一台计算机诞生，人类开始走向数字化时代，但此时计算机没有操作系统，而是采用手工操作方式处理任务。

1956 年，出现第一代单道批处理系统，即联机和脱机批处理系统——GM-NAA I/O。

到 20 世纪 60 年代中期，出现了多道批处理系统，比如 IBM 的 OS/360 系统。多道批处理系统的出现，标志着操作系统趋于成熟。

20 世纪 60 年代中后期，出现了采用分时技术的分时操作系统，比如 UNIX 和 Linux。

20 世纪 60 年代后期，通用操作系统出现，它兼有多道批处理、分时、实时处理功能，可综合实现资源高效利用、实时可靠的快速响应，以及便捷的人机交互。

1973 年，人类历史上第一台真正意义的个人计算机诞生了，它是由施乐公司开发的。

随着实时控制与实时信息处理的应用，实时操作系统诞生了，比如 QNX、VxWorks、uCOS、WinCE、FreeRTOS、RT-Thread 等。

20 世纪 80 年代，家用计算机开始普及，苹果公司和微软公司分别于 1984 年和 1985

年推出了各自经典的 MacOS 和 Windows 操作系统，并推动图形界面操作系统走入了寻常百姓家。

2007 年苹果公司发布了第 1 代 iPhone，同年 6 月发布了基于 UNIX 内核的 iPhone Runs OS X 移动操作系统。2007 年 11 月，谷歌公司发布了基于 Linux 内核的 Android 移动操作系统，以 Apache 开源许可证的授权方式，公开了源代码，并于 2008 年 9 月正式发布 Android 1.0 系统。

随着高速网络连接、廉价、功能强劲的芯片及硬盘、数据中心的发展，云计算作为一种能够降低硬件投资的新型商业模式快速兴起，云操作系统应运而生。比如 Microsoft Azure、VMware VDC-OS、阿里云飞天操作系统、腾讯云 vStation、华为云 FusionSphere、华三 CloudOS、浪潮云数据中心操作系统云海 OS 等。

随着射频识别、无线通信、人工智能等技术的发展和成熟，出现了实现物品信息实时共享的实物互联网，即物联网，从而形成了物联网操作系统（如车联网操作系统、工业互联网操作系统等）。

云计算、5G、物联网等技术的迅猛发展推动了数据爆炸式增长，数据成为一种"新能源"，它催生了人们日益强烈的管理和价值挖掘需求。在万物互联的数字智能时代，操作系统对设备的依赖性逐渐下降，而与数据的相关性逐渐增强，尤其是面对巨量且不断增长的数据，传统的操作系统疲态尽显，数据智能操作系统呼之即出。

1. 华为助力数字化转型

1）鸿蒙矿山操作系统

2021 年 9 月，国家能源集团携手华为公司在北京共同举办"矿鸿操作系统"发布会，宣布推出鸿蒙矿山操作系统——矿鸿。

华为鸿蒙系统（HUAWEI Harmony OS）是一款基于微内核的面向全场景的分布式操作系统。矿鸿操作系统是华为在鸿蒙系统基础上为煤矿领域定制的一款产品。矿鸿操作系统的使命和目标是将不同的设备互连，通过独特的"软总线"技术，在煤矿领域实现了统一的设备层操作系统，以统一的接口和协议标准，解决了不同厂家设备之间协同与互通的问题。这使鸿蒙操作系统的应用从面向个人（ToC）扩展到面向企业（ToB），矿鸿操作系统将助力煤炭行业智能化。

部署"矿鸿操作系统"将助力煤炭产业的数字化转型，这重点表现在以下几个方面：一是共同打造煤炭工业互联网、建设未来煤矿，有效解决产业安全问题；二是通过制定煤矿行业接口、协议标准，有效推进行业适配；三是打磨煤矿工业互联网操作系统，实现工业控制体系的国产化、安全可信；四是构建煤矿工业互联网生态体系，推进数字经济和能源经济的融合，实现煤矿行业高质量发展。

2）欧拉操作系统

面向企业端，2021 年 9 月华为推出欧拉操作系统最新版。欧拉操作系统的定位是瞄准国家数字基础设施的操作系统和生态底座，承担着构建领先、可靠、安全的数字基础的历史使命。欧拉操作系统是面向服务器的操作系统，是一个开源、免费的 Linux 发行版平台。其以开放社区的形式与全球的开发者共同构建一个开放、多元和架构包容的软件生态体系，目的是推动软硬件应用生态繁荣发展。

华为的面向数字基础设施的开源操作系统欧拉和开源的智能终端操作系统鸿蒙的无缝对接，实现了内核技术共享、生态互通。

国产操作系统正在从"从无到有"向"从弱变强"转变。未来，国产操作系统将汇聚更多创新力量，从开放治理走向自治繁荣，加速操作系统产业发展，更好地满足千行百业数字化转型的需求，服务于数字全场景，为数字基础设施建设筑牢"安全底座"。

2. 全面助推实现数字化

数据智能操作系统以数据为核心，提供资源管理和应用支撑，围绕数据感知、传输、存储、处理和服务等各个环节，实现协同网络内部计算与数据资源的高度弹性化、大范围可共享和全局可管控。

目前，典型的数据智能操作系统有优易数据的 DataOS、百分点的 BD-OS、第四范式的 Sage AIOS、京东数科的智能城市操作系统、云从科技的人机协同操作系统、旷视科技的 AIoT 操作系统等。

数据智能操作系统的优势在于能够屏蔽底层的基础技术和基础架构的差异，广泛接入各信息系统的数据，并对接入数据进行治理，提供给上层的数据应用调用，助推业务、辅助决策。

随着数字经济的快速发展，全球经济活动的数字化变革正在加速演进，生产、研发、制造及消费等价值链不同环节的数字化水平显著提高。在新一轮科技革命和产业变革的推动下，中国产业结构转型已到关键阶段，要抓住数字化转型契机，助推中国迈向全球价值链中高端。

11.2.5 6G 网络

尽管实现 6G 技术可能还需要很长时间，但中国移动、中国电信、中国联通等运营商，华为、中兴、小米等通信企业均表示已开始 6G 通信技术的研究。

每一代的无线通信都发展出新的能力，4G 是数据能力，5G 是面向万物互联的能力，6G 会是什么呢？无线电波有两个作用：一是通信，二是探测感知。我们过去只用了通信能力，没有用探测感知能力。6G 未来的增长空间可能不只是大带宽的通信，可能也有探测感知能力，通信感知一体化，这是一个比通信更大的场景，是未来一种新的能力，这会不会开创一个新的方向呢？

与 5G 网络相比，预计 6G 将包括移动蜂窝、卫星通信、无人机通信、可见光通信、激光通信等多种网络接入方式；构建空天海地一体化网络，实现全球无缝连接；传输速率、端到端延时、可靠性、连接密度、定位精度等方面比 5G 会有更大幅度的提升，以满足千行百业的多样化需求。6G 将与人工智能技术深度融合，构建智能化网络；将实现真实世界与虚拟世界的连接，实现人、机、物、虚拟空间互联互通互感，来满足全息通信、元宇宙等新型应用需求。

2021 年 6 月 6 日，由工业和信息化部、中国信息通信研究院牵头成立的 IMT-2030（6G）推进组发布了《6G 总体愿景与潜在关键技术白皮书》，这标志着中国的 6G 预研工作将迈入新阶段。

未来当 6G 时代到来，网络安全、隐私保护仍然会是一个严峻的课题！

第 12 章

结束语

【本书是笔者多年经验的积累，本书能对信息安全的发展起到积极的推动作用，是笔者最大的心愿！】

目前，绿色低碳循环发展已成为人类共同发展的目标，人工智能、大数据、5G 等新技术与新能源发电、电动汽车等深度融合发展。我国已成为世界上工业门类最全的中端制造业大国（已基本实现机械化，正在发展信息化，加速向智能化演变），正处在 5G 商用、人工智能产业、城际高速铁路、车联网、物联网、大数据平台等新型基础设施建设阶段，而这些基础设施建设都需要一个安全的运行平台做保障。在这种大背景下，我们提出研究企业网络安全建设问题是及时的、必要的。我们认为：在进行企业网络安全建设前，调研工作应务求做到"深、实、细、准、效"。"深"就是深入调研；"实"就是做到扎实，实实在在；"细"就是不能走马观花，要仔细考虑到方方面面；"准"就是要对调研的东西认真研究，要有针对性，要触类旁通、举一反三；"效"就是调研要有效果。在企业网络安全建设过程中，用户应根据自己的需求，在满足安全的条件下，再考虑经费预算等因素，对欲采取的技术要进行适当的取舍。在企业网络安全建设和使用中，要建立以信任为前提的项目专家责任负责制，给他们充分的人、财、物自主权和技术路线决定权，鼓励优秀人才勇挑重担，要充分发挥网络的设计者、建设者、使用者的积极性、主动性、创造性等主观能动性；同时管理者要加强监管，要不断提高科学决策能力，要做到科学决策，看得远、想得深，这样才能达到事半功倍的效果。

科学的判断是做出正确决策的前提，是推动决策实施的基础。不是所有的技术措施都用才是最好的，要根据自己的需求、人力、物力、财力等进行取舍，使其达到最好的匹配，要牢牢地把握企业网络安全建设的主动权和主导权，使其产生最大的效益才是我们追求的目标。对企业网络安全中的短板、弱项和风险挑战，要有前瞻性规划，要坚持统筹发展和安全，要坚持预防、预备和应急处突相结合，抓住时机，因时而谋、应势而动、顺势而为，主动作为，干在实处，走在发展前列。要学习网络信息安全的基本原理和方法论，要掌握科学的网络安全分析方法，认识网络信息安全的发展规律，提高驾驭网络安全风险的能力，要科学运用、精准施策，更好地解决企业网络信息安全的各种问题，只有想不到的，没有做不到的。要敢于正视问题、克服缺点，要勇于刮骨疗毒、去腐生肌，将企业网络安全工作推向新阶段。企业网络安全需要系统思维、统筹思维和发展思维，统筹发展和安全需要更高的系统思维，要看整体，明目标，抓要点，咬定青山不放松，脚踏实地加油干。

要加强企业网络安全防范，关键在于：一是人防，要解决人的问题，所有的一切都是由人来决定的。要对人加强教育和管理，增强安全管理能力，增强自我保护意识，网络安全为人民，网络安全靠人民，守护网络安全，你我皆是"守门员"。二是技防，要采取有效的技术措施，从技术上来保证网络安全，增强网络安全防御能力和网络安全运维能力。三是制度防，在国家层面要立法，强化监督，监督制度的执行，检查制度的执行情况，采取有效措施，建立长效机制，坚决制止网络违法行为。在企业层面，要加强制度建设，加强安全管理，要落实好管理制度的执行，要做好检查、监督工作。

归根结底，人是一切事物的决定因素，技术和制度再好，人要是出了问题，那一切都是枉然，但是加强技术建设、制度建设，采取安全防护措施，加强安全管理能力、安全防御能力和安全运维能力建设，通过技术手段亡羊补牢，增加威慑力，也能避免人犯错误。

"技防安全"的重要任务之一就是在系统运维人员严格执行安全管理规定的前提下，即使是系统设计者、建设者在系统交付使用后，也没有有效的办法对其进行攻击。我们研究系统的安全性，就是要提供能够让使用者放心的网络安全策略和措施。所有的网络安全都是为了数据安全，我们研究局域网安全问题就是为了尽可能地加强局域网内的信息安全。研究局域网安全的目标就是保护局域网内的信息不会泄露。

做网络安全工作，要细致、周到、严谨，精益求精，细节决定成败。网络安全工作做得好不好，还要看最终的效果，要切实落实好网络安全的评估审查工作。

网络安全工作评估框架，如图 12-1 所示。

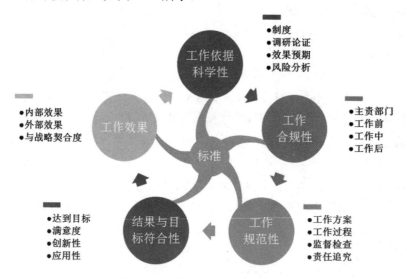

图 12-1　网络安全工作评估框架

本书是笔者多年研究的心得，本书从实用的角度出发，探讨企业（局域网）网络如何建设，建设中应重点关注哪些要点，以及应采取哪些技术措施，其为企业网络安全建设提供了完整的解决方案。打仗讲究的是战略战术，网络安全防护就如同打仗一样。纵观全书可以看出，本书从战略的角度着重强调企业网络安全建设的重要性，想要呼吁更多部门重视企业网络安全平台的建设，但是企业网络安全平台的建设要在一定的标准规范下，才能有效地延伸，才能真正地实现企业网络安全一体化协同管理和服务。在进行企业网络安全建设时，一要有系统观念，要从全局考虑；二要有辩证思维，要从正、反两个方面考虑周详；三要有创新意识，不进则退；四要有钉子精神，不达目的誓不罢休。要牢牢把握"想得到，找得准，抓得住，顾得全"的原则，认真研究，周密策划部署，要做到"调查不够不决策，条件不具备不行动"，要在用户需求与安全措施之间、安全防护效果与投入成本之间（处理能力强、大吞吐量的高质量安全防护技术和设备的选用与系统投入成本要统筹考虑）、系统必须满足的安全要求与完美安全防护要求之间做好平衡、做好取舍，要深入分析、全面权衡，准确识变、科学应变、主动求变，善于从繁杂的需求中、从众多的技术中提炼出符合要求的方案，将企业网络安全做实做好。网络攻防的技术是不断变化的、不断发展的，网络安全工作是持续的、连续的，我们要不断地研究网络安全攻击和防护技术，形成良性循环，要不断增强辩证思维能力，提高驾驭复杂局面、处理复杂问题的本领，要不断地创新，唯有变是不变的。我们要在危机中育新机，于变局中开新局，将网络安全防护技术向前推进。

笔者在创作时，在主体架构和主体内容上坚持以"原创性、时代性、指导性"为主线；在一些概念和知识性的内容上借鉴了一些互联网上的知识点；在信息安全技术方面，易军凯教授是笔者的良师益友，他在信息安全技术上给予了笔者很大的支持和帮助，使笔者对信息安全技术有了深刻的理解和认识，在此深表感谢！如果本书能为有企业网络安全建设方面需求的读者提供一点网络建设的经验，给予一些指导性的建议，提供一些有益的帮助、借鉴和参考，为企业网络的信息化建设起到积极的推动作用，那将是本书笔者最大的心愿。

社会发展日新月异，网络防护技术也需要不断地创新，人民安全是国家安全的基石。要强化底线思维，增强忧患意识，时刻防范重大安全风险。网络安全防护体系不是一个静态、一成不变、停滞不前的体系，也不是自发、被动、不用费多大气力自然而然就形成的体系，而是一个动态、主动、积极有为、始终洋溢着蓬勃生机活力的体系，是一个阶梯式递进、不断发展进步、日益接近质的飞跃、量的积累和发展变化的体系。只有构建起强大的安全体系，健全预警响应机制，全面提升防控和应急处置能力，织密防护网、筑牢筑实隔离墙，才能切实为维护国家和人民安全提供有力保障。

当前，国家对建设网络强国、数字中国、智慧社会已经做出战略部署，为加快数字中国建设，我们要全面贯彻新的发展理念，以信息化培育新动能，用新动能推动新发展，以新发展创造新辉煌。推动科技创新、促进融合发展，推动发展新一代移动通信网络、推进信息网络演进升级和优化新一代数据中心布局，推动构建工业互联网产业生态、智能交通、智慧能源、智慧医疗、智慧水利、智慧农业、智慧城市、智慧管理、智慧物流、智慧教育、智能末端配送设施及社会治理领域信息化应用，开创数字合作新局面，打开网络安全新格局，共同努力构建网络空间命运共同体，携手创造人类更加美好的未来，为建设新时代中国特色社会主义现代化强国，为实现中华民族伟大复兴的中国梦扬帆起航、砥砺前行。

历史是勇敢者创造的，让我们拿出信心，采取行动，携手向着未来前进，不断地超越自我，使中国成为更好的中国。

笔者从 2018 年 5 月开始编写本书，经过较长时间的创作，今天终于与您见面了，但它总有不尽人意之处，望您能多提宝贵意见。您有什么建议和见解，请与我们联系，我们将虚心接纳，愿我们能在信息化建设的路上走得更远！

参考文献

[1] 黄永峰，李松斌．网络隐蔽通信及其检测技术[M]．北京：清华大学出版社，2016．

[2] 曾凡平．网络信息安全[M]．北京：机械工业出版社．2015．